발달사 지형학

Historical Geomorphology

by Sohei Kaizuka

Published by Acanet, Korea, 2023

한국연구재단총서　학술명저번역　641
Academic Library of NRF

발달사 지형학

發達史 地形学

가이즈카 소헤이 지음

김태호 옮김

아카넷

일러두기
모든 주는 옮긴이 주이다.

게이코에게
본서를 완성으로 이끈
모든 것에 대한 감사와 함께

머리말

지구의 표면은 유라시아 대륙·태평양 해저라는 세계 지도에서나 볼 수 있는 대지형부터 주변에서 쉽게 볼 수 있는 중·소지형까지 같은 모양이라고는 하나도 없는 지형들로 이루어져 있다. 이들 지형은 지구라는 특이한 행성의 환경 아래에서 지구사의 최종 생산물로 펼쳐져 있으며, 그 자체로 다시 생물과 인간에게 환경이 되고 있다. 본서는 이런 존재로서의 지형이 어떤 형태와 분포의 규칙성을 갖고 있고, 어떤 과정을 거쳐 현재에 이르렀는지를 새로운 지형 자료가 급증하고 있는 현시점에서 체계화하고 연구 방법까지 포함하여 한 권의 책으로 정리한 것이다.

본래 지형학의 체계화는 약 100년 전부터 시작되었다. 초기에는 중위도의 육상 지형이 체계화의 대상이었지만, 20세기 중엽이 되자 극지부터 열대, 고산부터 심해저에 이르기까지 모든 지형이 대상에 편입되었다. 또한 고속도로를 비롯하여 각종 구조물의 기초 조사로 인해 지구 표층의 구조가 알려지게 되었다. 자연 조건에서의 실험이라고도 할 만한 자연을 대상으로 진행된 크고 작은 공사들 예컨대 거대 댐의 건설, 삼림의 벌채, 경지와 나지의 확대로 인해 비로소 밝혀진 현상도 있다. 이런 식으로 체계화해야 할 지역과 현상은 지난 50년간 크게 확대되었다. 더욱이 달과 행성의 지형도 새롭게 대상에 더해져 지구 지형과 비교할 수 있게 되었다. 본서에서는 이렇게 확대된 지형 지식도 체계에 집어넣고자 노력했다.

그런데 지형 연구는 개개의 지형 형성 작용 내지는 지형 형성 과정(프로세스)의 원리·원칙의 규명에 중점을 두는 프로세스 지형학과 지형의 역사적 변천 과정에 중점을 두는 발달사 지형학으로 구분된다. 프로세스 연구에서는 본서의 제2부, 특히 4장과 5장에서 다루고 있는 내·외적 작용이 주요 대상이다. 이쪽 분야에서는 부족함도 있지만 그래도 일단 시야에 넣어 체계화했다. 따라서 본서를 통독하면 지형학이 지질학을 비롯한 지구과학 전반에 도움이 되고 특히 어떤 지역 현상을 살펴보기 위해 첫발을 내딛거나 총괄할 때 중요성을 갖고 있다는 사실을 인식할 수 있게 될 것이다.

나는 지형, 특히 지형의 발달사적 이해는 지구 전반 및 각지의 과거·현재·미래를 이해하는 데 중요하다고 생각하기에 그 보급을 염두에 두고 본서를 집필한 셈이다. 그러나 새로운 체계화에 대한 이상과 이해하기 쉬운 표현이라는 바람이 필자의 능력 부족으로 제대로 달성되었는지 두려움이 앞선다.

내가 지형학 연구에 종사해온 지 약 50년이 지났다. 그동안 은사·선배를 비롯하여 많은 분으로부터 지형학과 주변 과학에 대한 가르침을 받았다. 이제 긴 세월의 정리라고 해도 될 책을 간행하면서 이 모든 분에게 고마움을 전하고 싶다. 그러나 여기에서는 본서를 집필할 때 원고를 읽고 의견을 주셨거나 자료와 문헌 이용에 편의를 봐주신 다음 분들의 성함을 밝히는 것으로 갈음하겠다(일본어 오십음 순, 존칭 생략).

아시이 다츠로, 이와타 슈지, 오타 요코, 이케다 야스타카, 기쿠치 다카오, 하시모토 도시히코, 시라오 모토마로, 스즈키 다케히코, 진제이 기요타카, 도쿠나가 에이지, 나카니시 마사오, 나카무라 야스오, 나루세 도시로, 노가미 미치오, 히라카와 가즈오미, 히라노 마사시게, 미즈타니 히토시, 마치다 히로시, 마츠다 도시히코, 모리야마 아키오, 야마다 슈이치, 요네쿠라 노부유키

끝으로 복잡하게 뒤얽힌 원고·그림·표·스케치·사진 등을 이토록 알아보기 쉽게 정리해주신 도쿄대학 출판회의 고마츠 미카 씨와 여러분들에게 사의를 표한다.

1998년 6월
가이즈카 소헤이

차례

머리말 | 007

제1부 서론

1장 지구 표면의 개관과 지형 변화의 주요 개념

    1. 고체 지구와 대기·물과의 경계 | 018

    2. 지구의 지형과 수성·금성·화성·달의 지형 | 025

    3. 지형학과 주변 과학의 연구사, 특히 개념들의 형성 | 032

    4. 지형과 그 변화에 관한 주요 원칙과 개념 | 043

    노트 1.1 자연계에 존재하는 네 가지 상호 작용과 지형 형성 작용 | 057

제2부 발달사 지형학의 기초

2장 지표 형태와 지형의 연대

    1. 지형면과 지형형(지형 유형) | 063

    2. 지형의 신구와 연대 | 074

    노트 2.1 유체와 물질 입자의 움직임 – 휼스트롬 그래프 | 089

3장 지형 물질

1. 지형 물질의 조성 | 093

노트 3.1 화성암의 광물 조성·화학 조성과 분류 | 099

2. 지형 물질의 내적 작용에 대한 반응 | 102

노트 3.2 지형 물질의 지구조 응력에 의한 변위·변형 양식 | 112

3. 지형 물질의 외적 작용에 대한 반응 | 115

노트 3.3 마찰력과 지형 물질 | 119

4장 내적 작용과 지형

1. 판 운동과 대규모 변동 지형 | 124

2. 지각 변동에 의한 중·소 변동 지형 | 133

3. 화산 활동에 의한 지형 | 139

5장 외적 작용과 지형

1. 풍화 작용과 중력 지형 | 154

2. 유수가 만드는 지형 | 163

노트 5.1 유속의 수직 분포(경계층과 마찰 속도) | 174

3. 지하수의 작용과 용식 지형 | 176

4. 빙하의 작용과 빙하 지형 | 185

노트 5.2 빙하의 국제 분류 | 198

5. 동결·융해 작용과 주빙하 지형 | 201

6. 바람이 만드는 지형 | 208

7. 파랑·해수류의 작용과 해안·천해저 지형 | 216

8. 생물과 인간에 의한 지형 개변 | 223

6장 외래 작용에 의한 지형

    1. 충돌 크레이터 ┊ 229

    2. 크레이터 연대학 ┊ 232

    3. 지구에서 볼 수 있는 충돌 크레이터 ┊ 237

제3부 지형 발달사의 구성과 모델

7장 지형의 시·공 계열과 지형 변화의 속도

    1. 지형학도와 지형 발달사의 구성 ┊ 245

    2. 지형의 공간 계열과 그 변화: 기후-식생 환경의 경우 ┊ 253

    3. 지형 변화의 빈도와 속도 ┊ 264

    4. 지형 변화의 모델 ┊ 271

    노트 7.1 등변위선(isobase) ┊ 284

제4부 지형 발달사의 사례들

8장 중·소지형의 발달사

    1. 해안 지형의 발달사:
    최종 간빙기~후빙기의 미나미간토 ┊ 293

    2. 퇴적 분지의 육화에 의한 지형:
    왕가누이·보소 반도·니가타 ┊ 307

    3. 산지의 침식 지형과 대비 지층:
    미노·미카와 고원과 간토 ┊ 318

4. 화산회와 뢰스가 만드는 지형: 간토 평야와 황토 고원 | 329

5. 빙하 지형·해수면 변동에 의한 지형 발달사:
   칠레 남부와 뉴질랜드 | 335

9장   대지형의 발달사

1. 도호의 지형 발달사:
   일본 열도를 사례로 한 도호 상(像)의 구축 | 341

2. 태평양 해저의 발달사 | 349

10장 달의 지형 발달사

1. 달의 지형 발달사 | 357

추천도서 | 367

참고문헌 | 373

옮긴이의 글 | 389

찾아보기 | 395

제1부

서론

캐나다 로키 산맥의 권곡들

- 지구 표면은 본래 어떤 곳일까?
- 수성·금성·달·화성 등과 비교함으로써 지구 지형의 특이성이 선명해진다.
- 20세기는 지구 발견의 시대였다. 이 발견을 집어넣어 발달사 지형학을 구성한다면……
- 발달사 지형학의 여러 개념 – 본서의 내용을 총괄한 것이라고도 볼 수 있다.

1장
지구 표면의 개관과
지형 변화의 주요 개념

지형은 고체 지구 표면의 요철(凹凸)이다. 이 요철은 다음 세 가지 작용에 의해 형성된 지형이 겹쳐져 만들어지고 있다.

(1) 지구 내부의 열과 중력에 기인하는 작용(내적 작용)이 지구 표층부를 변위·변형시켜 생긴 변동 지형·화산 지형.

(2) 태양 에너지와 중력을 원동력으로 하며 대부분 대기·물을 매체로 삼아 지표 물질을 이동시키는 작용(외적 작용)으로 만들어진 침식 지형·퇴적 지형. 이 작용은 넓게 보면 지형을 평탄하게 만드는 방향으로 작동하므로 평활화 작용이라고도 불린다.

(3) 지구 밖으로부터 온 물체가 충돌하여 지표 물질을 비산시키는 작용(외래 작용 또는 충돌 작용)으로 생긴 충돌 크레이터와 그 흔적이 침식 작용을 받아 만들어진 지형(둘을 합쳐 충돌 지형이라고 부르겠음). 이 지형은 현재의 지구 지형으로는 극히 적어 140개 정도만 알려져 있다.

이런 지구의 지형은 기체와 액체로 이루어진 목성형 행성[1] 또는 그 위성의 표면 형태와 다른 것은 물론이거니와 지구 이외의 지구형 행성(수성·금성·화성)이나 달과도 매우 다른 독자적인 형태를 지니고 있다. 이 장에서는 이런 독특함을 낳은 기본적인 요인인 지구 표층부의 구성을 먼저 소개하고, 더불어 지구와는 다른 조건에서 형성된 수성·금성·화성 그리고 달의 지형과 우리 지구의 지형을 비교해본다. 이어서 지형학과 주변 과학에서 태어난 주된 개념을 소개한 후에 지구의 지형 형성에 관한 주요 개념을 제시하여 본서의 도입부로 삼고자 한다. 이 주요 개념은 본서의 주제인 발달사 지형학을 저자 나름대로 종합한 것이라고도 할 수 있다. 그런 의미로 본다면 본서 마지막에서 읽어야 하는 것이 아닐지 모르겠다.

1. 고체 지구와 대기·물과의 경계

지구의 표층부는 고체인 지각, 고체인 얼음, 액체인 해수·육수 그리고 기체인 대기로 구성되어 있다. 이외에도 지표를 덮고 있는 식물과 여러 가지 모습으로 지표를 변화시키는 동물과 인간이 있어 지표 상황을 다채롭게 만들고 있다. 이들 고체(주로 암석)·액체(대부분 물)·기체(공기)·생물이 차지하는 공간을 각각 암권·수권·기권·생물권이라고 부르기도 한다. 이들 용어를 사용한다면 지형은 암권과 수권·기권의 경계면이며, 생물권도 어떤 모습으로로든 관련되어 있다.

---

1 수소와 헬륨 등 주로 기체로 이루어져 단단한 표면을 갖지 않는 행성으로 태양계에서는 목성, 토성, 천왕성, 해왕성이 해당한다. 반면에 표면이 단단한 암석으로 이루어진 수성, 금성, 지구, 화성은 지구형 행성으로 구분한다.

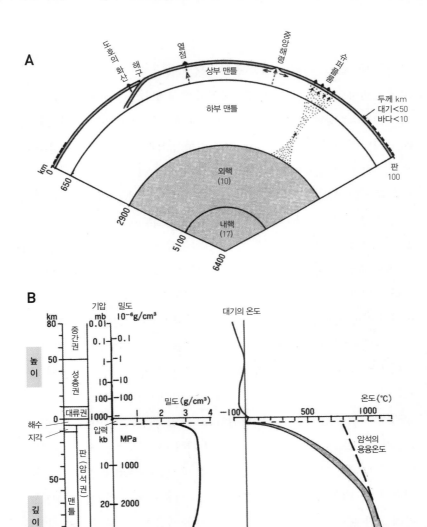

그림 1.1 지구의 구성(A)과 지구 표층부의 압력·밀도·온도의 수직 분포(B) B의 지하 온도 분포는 평균적인 값을 보여주는데, 해양저와 순상지의 지하에서는 그림의 폭보다 큰 차이가 있다. 오른쪽 암석의 용융(융해) 온도는 실제로는 녹기 시작할 때의 온도(고상선)와 끝날 때의 온도(액상선)가 다르며, 더욱이 암석에 포함되어 있는 수분에 의해서도 크게 달라진다(그림 3.2 참조).

이들 네 권역은 각각 상이한 조성·성질과 운동 양식·운동 속도를 지니고 있으면서도 상호관계하고 변천하면서 현재에 이르러 지금의 지표 자연(지구 환경으로 불리는 경우가 많음)을 만들고 있다. 지형이야말로 변천해 온 지표 자연의 생산물임에 틀림이 없다. 지형 형성의 조건이 되는 환경을 앞으로 지형 형성 환경이라고 부르겠다.

그림 1.1A에는 지구의 구성을, 그리고 그림 1.1B에는 약권 최상부로부터 암석권(즉 맨틀 최상부와 지각)·해수·대기의 밀도·압력·온도의 수직 분포를 나타냈다. 밀도, 압력 및 온도는 다른 지구 현상들과 마찬가지로 지형 변화에서도 기본적인 물리량이다. 기본적인 장(場)의 또 다른 특성으로 중력의 크기와 구성 물질의 화학 조성·광물 조성이 있는데, 이들은 지구에서의 지형 비교에서도 또 행성 간의 지형 비교에서도 문제가 된다. 이하 암권·수권·기권의 지형 형성 환경으로서의 동태를 살펴보겠다.

암권은 두께 약 100km의 암석권(또는 판)이라고 불리는 단단한 지각으로 구성되어 있으며, 암석권 밑에는 융점에 가까워 물러진 데다 밀도도 암석권보다 0.1g/cm³ 정도 작은 약권이 있다. 암석권의 상부에는 지각이 있다. 지각은 조성·두께와 윗면의 높이에 의해 대륙 지각과 해양 지각으로 구분된다. 해양 지각은 대륙 지각보다 얇고(약 5km) 주로 현무암으로 이루어져 있다. 대륙 지각은 두껍고(20~70km) 위쪽 반은 화강암질 암석으로, 아래쪽 반은 현무암질 암석으로 이루어져 전체적으로 비중이 해양 지각보다 작다. 해양 지각을 지닌 판을 해양판, 대륙 지각을 지닌 판을 대륙판이라고 한다. 하나의 판이 대륙 지각과 해양 지각을 모두 가질 수도 있다.

그림 1.1A에 나타냈듯이 판이 확장되는 중앙 해령의 지하에서는 약권으로부터 녹아 가벼워진 암석(마그마)이 부력(마이너스 값의 중력)으로 상승한 후 굳어져 새로운 판이 생성되고, 다시 좌우로 펼쳐져간다. 새로 만들어진

판은 해저 밑에서 냉각됨에 따라 마치 연못의 얼음이 찬 공기에 냉각되어 아래쪽으로 두꺼워지듯이 반쯤 녹아 있던 약권이 굳어져 판 아랫면에 부가되므로 두꺼워진다. 이렇게 바다의 판은 중앙 해령으로부터 멀리 떨어질수록 두꺼워지고 밀도 불안정이 높아진다. 그리고 대륙 가장자리에서 맨틀 안으로 침강한다. 침강으로 인해 끌려가면서 해구 지형이 만들어진다. 중력에 의한 이 침강이 판 운동의 최대 동력원이므로 판구조론이란 지하로부터의 열(방사성 물질에서 유래), 지표로부터의 냉각(마이너스 값의 열) 및 중력에 의한 고체 지구 표층의 운동에 입각한 변동(텍토닉스)인 셈이다.

두 개의 판이 서로 다가가 사이가 좁아지는 판 경계에서는 지각에 수평 압축력이 작용하여 지각의 단축 변형·두께 증가·지표 융기를 초래하는 일이 많다. 습곡·역단층 운동 또는 전체적으로는 조산 운동이라고 부르는 변동이 이런 식으로 일어난다. 반면에 사이가 넓어지는 판 경계에서는 지각에 수평 신장력이 작용하여 정단층 운동 등이 일어난다. 판의 경계부는 변동대이지만 이곳을 제외한 판 내부에서는 변형이 없어 안정 지괴라고 부른다. 판의 운동 속도는 대부분 수cm/년 수준으로, 중앙 해령에서 생성된 판이 해구에서 소실되는 데는 1억 년 정도 걸린다.

수권의 대부분은 바다이다. 지구상의 물의 총 체적은 $1.4 \times 10^6 km^3$ 정도이며, 이 가운데 97%는 바다에 존재한다. 그리고 약 2%는 빙하이며, 1%에도 미치지 않는 나머지가 육상의 호소·하천·지하수·토양수와 대기 중의 수증기이다. 수증기는 0.001%(약 $1.4 \times 10^4 km^3$)에 불과하다. 그러나 대기 중의 수증기는 순환 속도가 빠르다. 일 년 동안 대기를 통과하는 물의 양은 연간 지구 전체 표면이 받아들이는 강수량이며, 전체 표면(이렇게 말할지라도 주로 해수면)으로부터의 연간 증발량이기도 하다. 이 물의 양은 약 $50 \times 10^4 km^3$이므로 대기 중 수증기의 36배 정도의 양이다. 즉 대기 중의 수증기량은 약 10일분의 강수량에 해당하며, 따라서 대기 중에서 수증기의 평균 체류시간은 약 10일인 셈이다. 이를 수증기의 교체 주기라고 할 수 있다. 물이 지표면에서 체류하는 시간은 하천·호소·바다 각각의 수체 규모와 유속에 따라 크게 다른데, 하천수는 평균 약 30일, 해수는 약 3,200년이다.

물의 순환은 하천과 빙하에 의한 육상에서의 침식과 바다에서의 퇴적의 주요 요인이다. 이 순환은 태양 에너지에 의한 물의 증발과 역시 태양 에너지를 주원인으로 하는 대기의 운동 그리고 중력에 의한 강수에 의해 일어난다. 해수면의 높이는 해수의 증발량과 바다로의 강수량 및 육수 유입량의 합이 균형을 이루면 평형을 유지하지만, 기후 변화는 빙하의 크기와 호소수의 양을 바꾸어 평형을 깨고 해수면을 변동시킨다. 해수면은 육상의

표 1.1 기권·수권·암권의 비교와 지형의 위치

	상태 〈상〉과 주 조성			개략적 두께(km)	개략적 밀도(g/cm³)
기권	공기(N_2, O_2, H_2O 등) 〈기상〉			10	0.001
		〈기상〉	수증기		
수권	물	〈액상〉	육수	—	1.0
			해수	평균 3.8	1.02
		〈고상〉	빙하		0.92
	지표 (지형)				
암권	판 (암석권)	지각 〈고상〉	해양저	5	} 2.0~3.0
			대륙	20~70	
		맨틀 〈고상〉	해양저	10~100	} 3.0~3.3
			대륙	100~150	

* 대기·물·지각의 운동을 일으키는 구동력 가운데 주된 것은 지표면보다 위에서는 태양열, 중력, 코리올리의 힘이며, 지표면보다 아래에서는 방사성 원소로부터 나오는 열(지열)과 중력이다. 열은 온도 변화와 잠열을 통해 기체·액체·고체의 상태 변화를 일으키고, 이로 인한 밀도 변화는 중력·부력(마이너스 중력)

침식 기준면으로 불리는데, 해수면의 변화는 해안선의 위치를 바꾸고 하천과 천해에서의 침식·퇴적 양상을 변화시킨다.

해수는 평균 깊이가 4km가 채 안 되고 최심부에서도 12km에 미치지 못하므로 그림 1.1A의 지구에서는 0.1mm 이하의 두께밖에 되지 않는다. 해수는 얇은 두께에도 불구하고 표층과 심층에서 서로 다른 흐름을 가지고 있다. 심층에서의 유속은 느려 얕은 해저를 별도로 친다면 해저 지형을 거의 변화시키지 못한다. 원양에서는 퇴적 속도도 100만 년에 1~10m 정도로 느리고 풍화 작용도 거의 없으므로 원양의 해저 지형은 대부분 화산 활동과 해양판의 운동으로 만들어지며, 과거 1억~2억 년 전 이후에 만들어진 지형이 잘 보존되어 있다. 육지에서는 중력에 의한 사면 붕괴·사태 등

점성률(푸아즈)	평균체류시간 (년)	주 구동력*	수열량 (10^{20} J/년)
10^{-5}	10^{-1}–10^{-2} 10^{-1}(10일)	태양복사 기조력	54,000
} 10^{-3} 10^{13}	10^{-1}(30일) 10^3(3,200년) 10^4(14,000년)	코리올리의 힘 중력(부력)	
10^{21}–10^{22} (마그마는 10^3–10^{10})	10^8–10^9 >10^9	중력(부력) 방사성원소	10

지표

에 의해 대기, 물, 판의 수직·수평 이동을 일으킨다. 평균적인 수직 이동 속도는 어느 상(相)에서든 수평 이동 속도보다 자릿수가 다를 만큼 느리다.

의 평탄화 작용, 유수와 바람의 침식·퇴적 작용 그리고 화산 활동·지각
변동이 계속 일어나 과거 1,000만 년 이전에 만들어진 지형이 거의 남아
있지 않는 것과 큰 차이가 있다.

이번에는 기권으로 가보자. 대기도 바다와 마찬가지로 광대한 지구 표
면에 비하면 두께가 매우 얇다. 대기의 질량 대부분은 대류권 10km 이하
에 있으므로 대기의 얇은 두께는 바다의 얇은 두께와 거의 같다. 우주에서
촬영한 일출·일몰 시 지구를 덮고 있는 얇은 대기의 모습은 인상적이다.
이 얇은 대기도 해수와 똑같이 작은 외래 물체(운석 등)의 지표로의 충돌을
줄이고, 또 자외선 등 암석의 풍화와 관련된 방사선을 약화시키거나 지표
의 온도 변화를 감소시키는 작용 등을 통해 지형 형성에 관여한다. 대기의
운동은 전술했듯이 육상에 내리는 강수의 원천일 뿐 아니라 바람의 작용
에 의한 풍성 지형을 만들고 또 풍파에 의해 해안·호안과 천해의 지형을 변
화시킨다. 더욱이 대기의 온도·습도·강수량 등의 지역적 차이는 생물과 토
양을 변화시키고, 이들 모두의 총체적 작용을 통해 기후 지형으로 불리는
다양한 지형(빙하 지형·주빙하 지형·건조 지형·습윤 지형 등)을 낳는다.

이상과 같이 암권·수권·기권은 각각의 조성과 물성의 차이 그리고 그
림 1.1에 나타냈듯이 온도·압력 조건 등에 규정되어 각각의 운동 방식과
운동 속도가 다르다. 이들의 주요 차이를 표 1.1에 정리하고 그 안에서 지
형의 위치를 나타냈다.

또한 지형에는 대륙과 대양저라는 대규모의 것이 있는가 하면 물가에서
물결이 칠 때마다 변하는 미지형도 있다. 지형의 대소 규모의 차이는 성인
과 관련이 있으며, 지형 형성 환경의 차이를 반영하고 있다. 따라서 대기·
해수·빙하·지각과 맨틀 상부에서 생기는 여러 현상의 시간 규모와 공간
규모의 관계를 그림 1.2에 나타냈다. 이 그림에서 볼 수 있듯이 대규모 현

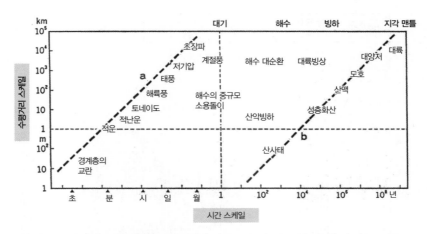

그림 1.2 지구 현상의 시간 스케일과 공간(수평 거리) 스케일의 관계(貝塚, 1990a 추가) 양 대수 그래프로 눈금이 새겨져 있으며, 45°의 파선 a, b는 변화의 속도를 나타낸다. a: 10^6km/년, b: 10^6km/10^{10}년. 대기·해수·빙하·지각과 맨틀에서 각각의 변화 속도가 세 자릿수 정도 다르다.

상은 소규모 현상보다 변화 속도가 느리다. 또한 네 권역의 현상 사이에는 a선(10^6km/1년)과 b선(10^6km/10^{10}년)에서 볼 수 있듯이 변화 속도가 세 자릿수씩 달라진다. 이 변화 속도는 표 1.1에 나타낸 대기·물·얼음·암석의 점성이나 각각의 구동력과 관계가 있는 것으로 생각된다. 지형은 거의 b선을 따라가는 현상이며, 내적 작용에 의한 변동 지형은 지각·맨틀의 변동에서 직접 유래한다. 반면에 대기·물·빙하에 의한 지형은 이들 외적 작용이 장시간 진행됨으로써 만들어진다.

2. 지구의 지형과 수성·금성·화성·달의 지형

지구의 지형과 수성·금성·화성·달의 지형의 차이를 각각의 지형 형성

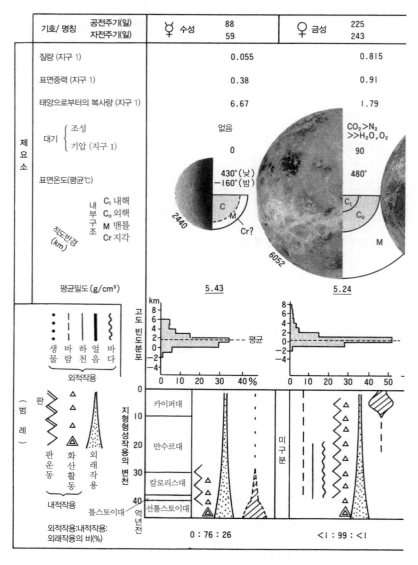

기호/ 명칭	공전주기(일) 자전주기(일)	☿ 수성	88 59	♀ 금성	225 243
제요소	질량 (지구 1)		0.055		0.815
	표면중력 (지구 1)		0.38		0.91
	태양으로부터의 복사량 (지구 1)		6.67		1.79
	대기 { 조성		없음		$CO_2 > N_2$ $\gg H_2O, O_2$
	대기 { 기압 (지구 1)		0		90
	표면온도(평균℃)		430°(낮) −160°(밤)		480°
	평균밀도 (g/cm³)		5.43		5.24

그림 1.3 지구와 수성·금성·달·화성의 지형 비교 특히 지형 형성 환경과 지형 형성 작용의 변천 비교.
[고도의 빈도 분포, 외적 작용:내적 작용:외래 작용의 현재 지형에서 차지하는 면적비(%) 및 사선을 넣어
표시한 그림 〈현재 지형의 형성 시대와 비율〉은 우추피와 에머리(Uchupi and Emery, 1993)를 이용했고,
이외는 각종 자료를 인용함.]

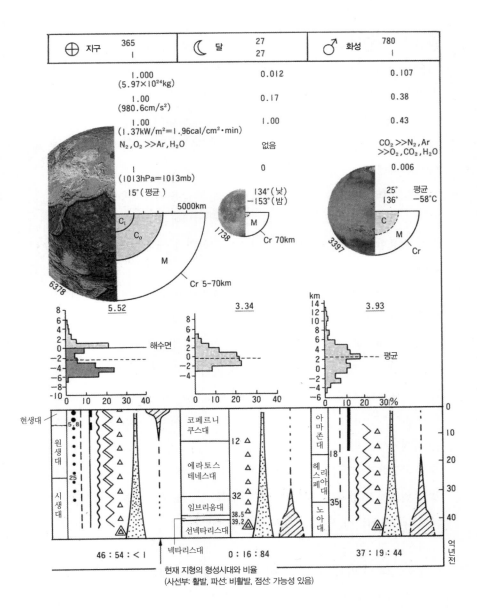

⊕ 지구	365 1	☾ 달	27 27	♂ 화성	780 1

1.000
(5.97×10²⁴kg)

1.00
(980.6cm/s²)

1.00
(1.37kW/m²=1.96cal/cm²·min)

$N_2, O_2 \gg Ar, H_2O$

1
(1013hPa=1013mb)

15°(평균)

0.012

0.17

1.00

없음

0

134°(낮)
−153°(밤)

0.107

0.38

0.43

$CO_2 \gg N_2, Ar$
$\gg O_2, CO_2, H_2O$

0.006

25°   평균
136° −58°C

5000km

C₁
C₀
M
Cr 5-70km
6378

1738
M
Cr 70km

3397
C
M
Cr

5.52

3.34

3.93

해수면

평균

8
6
4
2
0
-2
-4
-6
-8
-10
0 10 20 30 40

8
6
4
2
0
-2
-4
0 10 20 30 40

km
14
12
10
8
6
4
2
0
-2
-4
-6
0 10 20 30 %

현생대

원생대

시생대

5.8

25

코페르니
쿠스대

에라토스
테네스대

임브리움대

선넥타리스대

넥타리스대

12

32

38.5
39.2

아마존대

헤스페리아대

노아대

18

35

46 : 54 : < 1

0 : 16 : 84

37 : 19 : 44

현재 지형의 형성시대와 비율
(사선부: 활발, 파선: 비활발, 점선: 가능성 있음)

0

10

20

30

40

억
년
전

환경과 그 변천이라는 관점에서 개관해보자. 이렇게 하면 지구 지형의 특질을 밝힐 수 있을 것이다. 여기에서 거론하는 행성과 달 각각의 지형 형성 환경에 관해서는 이하 각 장에서도 다룰 것이며, 특히 마지막 장에서는 달의 지형 발달사를 소개하겠다. 또한 지구를 포함하여 각각의 지형이라고 할 때는 현재의 지형을 가리키며, 과거의 지형을 언급할 때는 형용사를 붙이기로 하겠다.

그림 1.3의 하단에는 다섯 천체의 지형 형성 작용(외적 작용·내적 작용·외래 작용)과 그 추정되는 변천을 나타냈으며, 상단에는 이들의 형성 환경에 관한 필요한 정보를 정리했다. 그림을 참고하면서 아래의 해설을 보기 바란다.

이들 천체를 멀리서 보면 대기와 물의 유무에 따라 모습이 달라진다. 잘 알려져 있듯이 지구에는 흰 구름·푸른 바다·녹색과 갈색의 육지가 있다.

지구와 비슷한 크기에 중력도 커 높은 밀도의 대기를 놓치지 않고 갖고 있는 금성에는 백색~회색의 구름이 유동하며 행성 전체를 둘러싸고 있다. 금성의 대기는 주로 이산화탄소로 구성되어 있고 물은 거의 없으므로 바다도 없다. 과거에는 바다가 있었으나 대기가 고온(지금은 480℃ 정도)이 되는 과정에서 증발되고 자외선에 의해 분해된 것으로 생각된다. 고온이 된 것은 이산화탄소의 온실 효과 때문이다. 이로 인해 주야간 온도 차가 크지 않고 위도에 따른 지역 차도 작다. 지구와 금성을 제외하면 회색~갈색~적색으로 보이는데, 이는 암석과 암설의 색이다.

화성의 대기압은 지구 대기압의 1/150 정도이고 구름도 거의 없지만, 적도와 극의 온도 차가 크고 강풍이 불어 사구가 이동하며 모래 먼지가 날린다. 때로는 모래 먼지가 화성 표면 전체를 가리는 일도 있다. 평균 지표 온도는 −60℃로 낮고 액체인 물은 없으며 드라이아이스(CO_2)와 얼음이 존재한다. 극관²이라고 불리며 하얗게 보이는 것이 바로 그것이다. 화성에는 기온 차로 인해 만들어진 기후 지형대³가 있는 것 같다.

1950년대에 시작된 달·행성 탐사를 통해 달의 뒷면이나 구름 밑 금성의 지형 그리고 화성·목성의 지형도 점차 밝혀지고 있다. 또한 지형을 만드는 표층 물질도 대개는 현무암을 주로 하는 규산염 암석으로 구성되어 있음이 알려졌다.

다섯 천체 가운데 규모가 큰 두 개(지구와 금성)와 작은 두 개(수성과 달) 사이에는 지형에 큰 차이가 있다. 작은 행성에는 전면에 걸쳐 충돌 크레이터가 분포하는 반면 지구와 금성에는 거의 보이지 않는다. 달과 수성의 시대 구분은 충돌 크레이터에 의해 이루어진다고 해도 과언이 아니다. 큰 두 행성에서는 형성 초기의 중력 수축과 그 후의 방사성 물질에 의한 열로 인해 화산 활동·지구조 운동(내적 작용)이 활발했던 데다 지구에서는 현재까지 또 금성에서는 과거 수억 년 전까지 내적 작용이 탁월하여 이들이 한때 많았던 크레이터를 지워 없앴기 때문으로 볼 수 있다. 금성에는 오래된 지형이 남아 있지 않기 때문에 시대 구분이 이루어지고 있지 않다. 그림 1.3에서 금성에서는 10억 년 전 이후, 지구에서는 특히 5억 년 전 이후의 내·외적 작용이 현재의 지형을 만들었다고 표현되어 있다.

화성의 지형은 큰 천체와 작은 천체의 중간형으로 크레이터도 있거니와 (큰 것은 직경 1,000km를 넘음), 화산 지형·변동 지형 게다가 유수·빙하·주

---

2 화성의 양극 부근에 하얗게 빛나는 부분을 가리킨다. 계절에 따라 모양이 달라지는 극관(極冠, polar cap)은 이산화탄소가 얼어붙은 드라이아이스와 얼음으로 구성되어 있다. 사계절 녹지 않는 부분이 얼음에 해당한다.
3 기후 조건에 지배되어 그 안에서 여러 지형 형성 작용의 강도와 구동하고 있는 지형 형성 기구의 종류가 거의 똑같은 지역을 가리킨다. 지형 형성 지역(morphogenetic region)과 같은 의미이나 기후 지형대라고 할 때는 기후대, 토양대와 같이 대상으로 분포하는 것으로 본다.

빙하 지형과 풍성 지형도 존재한다. 앞에서 말했듯이 기후·지형의 대상 분포도 있는 것 같다.

다음으로 대지형을 보자. 그림 1.3 중단의 고도 빈도 분포도에 나타냈듯이 지구만 2개의 피크를 갖고 있다. 이는 대륙과 대양저라는 두 기준면의 존재와 이에 대응하는 지각의 두께 차이 때문이다. 다른 천체들은 하나의 피크만 갖고 있다. 지구에서 두 개의 기준면으로 나타나는 대지형의 성인은 판구조와 바다의 존재 때문이라고 볼 수 있다(4장 1절 참조).

금성과 화성에는 다양한 변동 지형과 화산 지형은 있을지라도 판구조 운동은 없는 것 같다. 이는 지구에는 존재하는 길게 뻗은 선상의 볼록 지형(호상 산맥)·오목 지형(해구) 또는 선상으로 이어진 화산열이 없다는 사실로부터 추정할 수 있다. 그러나 열점을 만드는 마그마 상승류(플룸)는 있는 듯해 대화산이 존재한다. 화성의 대화산은 직경이 500km를 넘고 높이도 20km를 넘는다. 화성에는 판의 수평 운동이 없는 데다 중력도 작으므로 큰 화산체가 성장할 수 있었다고 생각된다. 대화산의 존재로 인해 화성에서는 지형의 수직 고도차가 30km를 넘을 만큼 크다. 지구에서는 고도 차이로 인해 식생의 수직 분포대와 마찬가지로 수직 기후 지형대가 나타나는데 화성에도 이런 종류의 기후 지형대가 있을지 모른다.

이상으로 지구의 지형과 수성·금성·화성·달의 지형의 차이를 아주 개략적으로 비교했다. 그림 1.3에는 비교를 위한 기초 자료도 소개하고 있는데, 지형 형성 환경이라는 관점에서 환경 조건의 항목을 들어보자.

천체의 질량과 중력   천체의 크기와 질량의 대소는 내적 작용을 일으키는 열원의 양적 크기를 결정하고 중력의 차이를 가져오므로 천체 진화와 지형 진화의 최대 요인이다. 작은 천체에서는 화성 활동·판구조 운동 모두 일찍 멈추었다. 따라서 형성 초기에 모든 행성에 있었던 것으로 알려진 소천체의 '대폭격[4]' 흔적이 잘 남아 있고, 초기에 왕성했던 다량의 마그마 분출이 지형에 기록되어 있다. 또한 중력의 크기는 천체가 형성된 초기 이후 마그마로부터 방출된 물을 비롯한 휘발성 물질이 물이나 대기로 남게 될지를 결정하는 요인으로 작용했다.

천체의 조성과 구조　　　이들은 어떤 화성 활동과 판구조 운동을 낳게 될지를 결정하는 요인이다. 천체의 표층 구조는 상기한 질량, 내부로부터의 열 및 조성뿐 아니라 외부로부터의 냉각 방식도 관련되어 있는 것 같다. 금성에서 암석권과 약권이 구분되지 않는 것은 금성 대기의 온실 효과가 냉각을 방해하여 판을 만들지 않았기(또는 아직 만들고 있지 않기) 때문이라는 견해가 있다. 금성 대기의 고온은 암석의 변위·변형에도 영향을 주는 것으로 보인다. 또한 높은 압력은 지구에서라면 수심 800m에서의 수압에 상당하므로 화산의 분화 양식을 지구와는 다른 모습으로 만드는 조건이 되었을 것이다(현재의 화산 활동은 알려져 있지 않다).

대기와 물의 존재 및 조성·온도·압력·순환　　　외적 작용에는 대기와 물이 불가결하다. 이들이 없다면 지형은 내적 작용과 외래 작용으로 생긴 기복이 지표 온도의 변화, 소천체의 충돌, 중력에 의한 평탄화 작용으로 약간 바뀔 뿐이다. 물이 있더라도 기온이 액체인 물의 존재를 허용할지가 중요하다. 물의 존재와 물의 순환은 대기의 조성(예를 들면 산소의 유무)과 함께 암

---

4 후기 대폭격(Late Heavy Bombardment, LHB)으로 불리는 41억~38억 년 전에 비정상적으로 많은 소행성이 내행성계의 지구형 행성들과 충돌한 사건을 가리킨다. 달 표면의 감로주의 바다, 비의 바다, 평온의 바다 등이 이 시기에 형성된 충돌 크레이터들이다.

석의 화학적 풍화 작용의 기본적인 조건이다. 또한 물의 순환은 외적 작용에서 가장 중요한 매체이며, 하곡과 충적평야라는 지구에서는 어디에서나 볼 수 있는 지형을 만든다. 해저에서의 침식 지형(해저곡 등)과 퇴적 지형(심해 선상지 등)도 유수에 기인한다. 지구의 지형에 근거하여 유추하면 화성에는 과거 유수가 있었음을 지형으로부터 판단할 수 있다.

지구에서 바다의 존재가 지형에 대해 갖는 의미는 본서 여러 곳에서 언급되고 있는데, 심해저가 내적 작용에 의한 지형의 '냉(冷)·암(暗)·고압 보관소' 역할을 맡고 있다는 사실은 육상 지형과의 비교에도 중요할 것이다. 해저 지형의 탐사와 연구는 달·행성 지형의 탐사와 거의 나란히 진행되어 왔는데, 금후에도 커다란 진전을 볼 수 있음에 틀림이 없다. 기온의 일변화·연변화와 강수의 연변화는 위도·고도 등에 따른 지역적인 변화를 통해 지구의 육상 지형을 다양하게 만들어 왔다. 다른 행성에서는 화성에서만 일종의 기후 지형을 확인할 수 있을 것 같다.

행성 지형의 탐사가 진전됨에 따라 지구의 지형 형성 환경에서는 상상할 수 없었던 크고 작은 다양한 지형의 존재가 밝혀지고 있다. 이들 지형이 어떤 형성 환경에서 어떤 작용으로 만들어졌는지는 앞으로의 탐구를 더 기다려야 할 대목이 많다. 행성 지형의 탐구는 지구 지형의 이해를 심화시켜줄 것이다.

3. 지형학과 주변 과학의 연구사, 특히 개념들의 형성

이 절에서는 표 1.2를 보완하는 방식으로 지형 변화에 관한 연구의 진전을 해설하여 본서 전반은 물론 특히 다음 절의 도입부로 삼고자 한다.

지형에 대한 과학적 연구는 지구 표면의 여러 현상에 관심을 갖게 되면서 시작되었다. 18세기 후반의 산업 혁명기에 영국에서는 허튼[5]과 플레이페어가 골짜기는 유수의 작용으로 만들어진다는 생각을 유역의 크기와 골짜기의 합류 현상을 들어 설명했다.[6] 19세기가 되자 지질 현상을 체계적으로 기술하기 시작했는데, 예컨대 라이엘[7]은 『지질학 원리(*Principles of Geology*)』에서 '노아의 홍수'로 대표되는 대지의 창조를 자연의 작용 때문인 것으로 보았다. 대홍수의 퇴적물로 알려져 있던 거대 바위를 유빙에 의한 운반물, 즉 표석[8]으로 설명한 것이 그런 사례이다. 그러나 이는 유빙이

---

5 허튼(J. Hutton, 1726~1797)은 영국 스코틀랜드의 지질학자이다. 1788년 *Theory of the earth, or an investigation of the laws observable in the composition, dissolution and restoration of land upon the globe*, 1795년 *Theory of the earth with proofs and illustrations*를 출간했으며, 이들 저서에서 동일과정설에 대한 생각을 밝혀 당시까지의 주류 학설이었던 격변설과 대립했다. 침식 작용, 퇴적 작용, 육지의 지속적인 융기 등도 중시했으며, 이런 기본 사상은 근대 지질학의 확립에 큰 영향을 미쳤다. 허튼은 지구 내부의 불의 작용을 강조하여 마그마의 관입과 지표 분출에 의해 암석이 형성된다고 생각했으므로 수성론자(neptunist)인 워너(A. G. Werner) 일파에 대비하여 화성론자(plutonist)로 불렸다. 그러나 그는 퇴적층을 만드는 물의 작용도 중시했다. 허튼의 이론은 플레이페어(J. A. Palyfair)가 1793년 출간한 *Illustration of the Huttonian theory of the earth*를 통해 널리 받아들여지게 되었다.

6 플레이페어는 골짜기는 하천에 의해 형성되었다는 허튼의 견해를 "모든 하천은 하나의 본류와 각각의 크기에 비례하는 골짜기를 흐르는 여러 지류로 구성되어 있다. 모든 지류들은 서로 연결되어 하나의 골짜기 시스템을 만드는데, 지류 골짜기들은 본류 골짜기와 동일한 높이에서 합류하도록 경사가 조정되어 있다. 이런 현상은 골짜기들이 그 안을 흐르는 하천에 의해 만들어진 것이 아니라면 일어날 수 없다."라고 소개했다. 하천의 협화적 합류(accordant junction)로도 알려진 플레이페어의 설명을 흔히 '플레이페어의 법칙'이라고 부른다.

7 라이엘(C. Lyell, 1797~1875)은 영국의 지질학자이며, 그의 최고 업적으로 평가받고 있는 『지질학 원리』(1830~1833)에서 허튼과 마찬가지로 동일과정설에 입각하여 명쾌한 이론과 수려한 문장으로 지구의 진화를 설명했다. 이 책은 라이엘 생존 중에 12판이 나올 만큼 당시에도 높은 평가를 받았다.

8 과거 영국에서는 빙하 퇴적물을 유빙(流氷, pack ice)에 의해 바다로부터 운반되어 온 퇴적물이라고 생각했기 때문에 표석(漂石, drift)이라는 용어가 사용되었다.

표 1.2 지형학과 주변 과학의 역사, 특히 개념의 형성사

주 요인	외적 작용(풍화·침식·운반·퇴적)·지형물질		환경변화
발현장소	육상	해안	지구 일반
1800	환경변화와 내외적 작용에 의한 지형변화 모델		
1850	지질과정의 동일과정설적 해석 (C. Lyell)		빙기의 존재 (J. L. R. Agassiz)
	침식기준면 (J. W. Powell) / 하천의 평형 (G. K. Gilbert)		
			다빙기설 (A. Penck) / 다우기설 (G. K. Gilbert)
1900	침식윤회 (W. M. Davis)		
	유수의 작용↓ (G. K. Gilbert)	해안의 작용↓ (D. W. Johnson)	빙하성 해수면 변동 (R. A. Daly) / 밀란코비치 사이클
	펭크 모델 (W. Penck) / 사면 프로세스↓ 바람의 작용↓ 수로망 법칙↓ (R. E. Horton)	해안선 변화의 오츠카(大塚)모델	
1950	킹 모델 (L. C. King) / 빙하·주빙하작용↓ 암석제약↓		심해저 코어에 의한 동위체 스테이지
	기후지형 (J. Büdel, J. Tricart 등) / 기후 단구 모델(환경변화·해수면 변화·지각 변동에 의함)	해안 단구 모델(해수면 변화와 지각 변동에 의함)	
			대량 멸종을 초래한 천체 충돌설
2000			

↓ 이 무렵부터 활발해짐

내적 작용(지구조·화산)		외래 작용 외	방법과 기술	사회적 배경
육상	해저	행성·달	지구 일반	
			지형 측량↓	— 1800
지반 융기의 누적 (C. Darwin)	산호초 침강설 (C. Darwin)		지질도↓	산업혁명
지각 평형설			지층 편년↓	— 1850
지향사·조산대설				
				식민지 쟁탈↓
	챌린저호의 심해 조사			진화 사상의 보급
도호의 지체구조 (E. Naumann 등)		달의 크레이터 연구 (G. K. Gilbert)		
			극지 탐험↓	— 1900
세계의 지체구조 (E. Suess)				
대륙이동설 (A. Wegener)	산호초 빙하제약설 (R. A. Daly)			제1차 세계대전
활단층·활경동			삭박면 편년	
			빙호연대학	
도호−해구 시스템			연륜연대학	
			화산회편년학	
활습곡 (大塚彌之助)	심해저 조사		항공사진	제2차 세계대전
	해저곡의 성인	인공위성	방사연대학↓	— 1950 냉전
	중앙 해령계		위성 영상	식민지 독립
	해양저 확대설	달·행성 탐사	고지자기편년학	
	판구조론		해양저·빙상굴착↓	
광역 응력장	하이드로 아이소스타시	크레이터연대학		
			DEM (수치표고모델)	
			GPS↓	
				— 2000

아니라 빙하가 운반한 것으로 나중에 밝혀졌다. 19세기 전반에는 과거와 현재의 빙하 퇴적물을 비교하여 곡빙하가 과거에는 크게 확장했었다는 사실이 스칸디나비아와 알프스에서 밝혀졌다. 과거의 것을 현재 알려져 있는 물리 법칙과 그에 따라 지금 형성 중인 것을 비교하여 생각하는 소위 '현재는 과거의 열쇠'라는 원칙, 즉 동일과정설[9]의 성공이었다.

표 1.2는 지형 변화의 요인으로서 외적 작용, 내적 작용 및 외래 작용과 이들 작용이 일어나는 지표의 환경, 작용을 받는 지형의 구성 물질, 연구 수법으로서의 연대학 등으로 항목이 구분되어 있다. 이렇게 현상과 그 변화 요인을 분류하는 것은 현상을 이미 완성된 것이 아니라 만들어지고 있는 것으로 보게 하는 데 필요하며, 그 기초는 18세기에 세워졌다. 먼저 내적 작용에 관한 연구사부터 설명을 시작하겠다.

비글호 항해 시 라이엘의 책[10]을 소지했던 다윈은 대지진과 함께 발생한 지반 융기가 누적되어 해안 단구 높이까지 육지가 융기한 것을 꿰뚫어 보았다. 이런 생각은 20세기가 되어 빙하성 해수면 변동설의 확립과 함께 지진 발생 시의 융기와 해수면 변동의 양쪽 모두가 해안 단구의 높이를 결정한다는 생각으로 수정되었다. 또한 다윈은 지반 침강에도 생각이 미쳐 그 당시 산호초 유형으로 알려져 있던 안초·보초·환초는 이 순서대로 섬이 침강하면서 만들어진다는 산호초 침강설을 처음으로 주장했다. 다윈의 침강설도 20세기 전반 데일리[11]의 제4기 빙하성 해수면 변동설[12]에 의해 수

---

9 저자는 현재주의(現在主義)라고 표현했으나 이 용어는 중의적인 해석이 가능하므로 라이엘의 말에 요약된 uniformitarianism의 번역어로 잘 알려진 동일과정설을 사용했다.

10 다윈은 "이 책의 진가는 우리 정신의 풍조를 완전히 바꾸어 놓았다는 것이다. 라이엘이 보지 못한 것을 우리가 보았다면 그중 일부는 여전히 그의 눈을 통해 보는 것이다"라고 언급했을 만큼 라이엘의 『지질학 원리』를 높게 평가했다.

정되었으나 1960년 이후 해양판의 침강이라는 새로운 사실이 알려지면서 10^6~10^7년이라는 기간에는 침강설이 맞는다는 것이 밝혀졌다.

발트해 연안에서는 지반이 서서히 융기하고 있다는 사실이 17~18세기부터 알려져 있었다. 융기를 둘러싼 여러 가설이 제시되었고, 19세기 중반 과거의 해안선이 알려져 빙기에 발달했던 빙상의 하중으로부터 해방됨으로써 발생하는 융기라는 생각이 등장했다. 이런 생각은 히말라야 산록에서의 측량과 중력 이상으로부터 알려진 지하 구조와도 조화를 이루며 훗날 지각 평형(isostasy)이라는 용어가 생겼다.[13] 19세기 후반이 되자 지반의 변동은 지층과 그 변형에 관한 연구, 특히 애팔래치아와 알프스에서의 연구에 의해 지향사─조산 운동이라는 개념을 낳았다.[14] 그러나 이 개념은 1910년대에 중생대 이후 전 세계의 고지리를 설명했던 베게너[15]의 대륙 이

---

11 데일리(R. A. Daly, 1871~1957)는 캐나다 태생의 미국 지질학자이다. 화성암·화산·지진·해양 등 연구 분야가 광범위한데 지형과 관련된 업적으로 산호초 연구가 유명하다.

12 지반의 침강만을 고려했던 다윈의 침강설에 대해 기후 변화와 해수면 변동이라는 새로운 시점에서 산호초 형성 문제를 검토한 데일리의 이론으로 빙하 제약설(glacial control theory of coral reefs)이라고도 부른다.

13 19세기 중반 히말라야 산맥 아래에는 주변보다 밀도가 작은 물질이 존재하고 있음이 중력 측정을 통해 알려졌으며, 이를 설명하는 과정에서 밀도가 크고 유동성을 지닌 맨틀 위에 밀도가 작은 지각이 떠 있다고 보는 지각 평형의 개념이 등장했다.

14 지향사(geosyncline)는 조산 운동에 의해 습곡 산지가 형성되기 이전에 수천m의 두께로 퇴적암층이 쌓인 퇴적 분지를 가리킨다. 홀(T. Hall)이 1859년 애팔래치아 산지의 연구를 통해 지향사 개념을 처음으로 밝혔고, 1873년 다나(J. D. Dana)가 이 용어를 명명했다. 1900년에는 하우그(E. Haug)도 알프스의 연구를 통해 지향사에 논의에 참여했다.

15 베게너(A. L. Wegener, 1880~1930)는 독일의 지구물리학자·기상학자·지질학자이다. 4회에 걸친 북극 탐험을 통해 극지방의 대기와 빙하를 조사했고 1911년『대기의 열역학(Thermodynamik der Atmosphäre)』을 출간했다. 지각의 구조, 대륙과 해양의 기원 등 지질학에도 깊은 관심을 보여 브라질과 아프리카 해안선의 정합성, 두 지역의 고생물과 지질 구조의 연관성 그리고 고생대 빙하의 분포를 현재의 대륙 분포로 설명할 수 없다는 점으로부터 하나의 대륙이 분열·이동했다는 대륙이동설을 1912년 지질학회에 발표했다. 1915년

동설이 1950~1960년대에 전 세계적으로 진행되었던 해저 및 지진·고지자기 연구와 결합하여 판구조론으로 태어나자 대폭 수정되었다(판구조론의 탄생에 관한 이야기는 우에다上田의『새로운 지구관新しい地球觀, 1971』을 참고하기 바람).

판구조론이 태어나는 데는 중앙 해령과 도호-해구 시스템이라는 대규모 지형이 한몫을 했으며, 중·소규모의 변동 지형은 광역 응력장 개념을 통해 판구조론과 결합되었다. 지각 변동의 각종 형태는 20세기 초에 이미 유럽과 북아메리카에서도 알려져 있었다. 그러나 그 동태가 변동 지형으로서 명확하게 눈에 들어오게 된 것은 일본, 캘리포니아, 뉴질랜드 등 변동대(판의 경계)에서였고, 1920~1930년대에는 활단층·활습곡[16]이라는 용어(개념)가 생겼다. 변동 지형[17]이라는 말은 1947년 뉴질랜드의 코튼[18]이 처음으로 사용했다.

에는 이를 바탕으로『대륙과 해양의 기원(*Die Entstehung der Kontinente und Ozeane*)』을 출간했다.

16 제4기에 계속 활동하고 있는 습곡을 가리키며, 지형학 및 측지학적 방법에 의해 그 존재를 알 수 있다. 1942년 일본의 오츠카(大塚)는 습곡축을 가로지르는 하안 단구면이 제3기층에 나타나는 습곡의 구조와 같은 방향으로 변위되어 있는 지형학적 사실로부터 활습곡을 찾아 냈다. 활습곡은 뉴질랜드와 미국의 서해안에서도 하안 단구와 해안 단구의 변형을 통해 그 존재가 확인되었다.

17 지각 변동을 반영하고 있는 지형을 가리킨다. 20세기 전반까지 지형학계에서는 지질 구조를 반영한 침식 지형인 조직 지형과 변동 지형을 총괄하여 구조 지형(structural landform)이라고 불렸으나 코튼의 견해를 좇아 지각 변동에 의한 지형을 변동 지형(tectonic landform)으로 구분하여 부르기 시작했다.

18 코튼(C. A. Cotton, 1885~1970)은 뉴질랜드의 지형학자·지질학자이다. 뉴질랜드가 배출한 최고의 과학자 가운데 한 명으로 평가되고 있다. *Geomorphology of New Zealand*(1922), *Landscape*(1941), *Geomorphology*(1942), *Climatic Accidents in Landscape Making*(1942), *Volcanoes as Landscape Forms*(1944), *New Zealand Geomorphology*(1955) 등 다수의 지형학 관련 저서를 남겼다.

그런데 지형학이 체계화된 것은 변동 지형과 같은 내적 작용의 분야에서가 아니다. 오히려 육상에서의 외적 작용, 특히 유수의 침식에 의한 산지 지형의 변화를 필두로 빙하 지형, 해안 지형, 평야의 퇴적 지형 등에서 그 변화 과정이 체계화되기 시작했다. 해저 지형은 아직 암흑기였던 19세기 말부터 20세기 초 무렵이었다. 당시 북아메리카 서부의 건조·반건조 지역에서 탐사와 조사가 진행되면서 산과 골짜기의 다양한 형태가 알려졌으며, 동시에 지형과 지질과의 관계가 분명해졌다.[19] 예를 들면, 콜로라도강 탐사에서는 대지가 수평 퇴적층으로 이루어져 있고, 수평 퇴적층 밑에 평탄하고 광대한 선캄브리아기 암석과 캄브리아기 퇴적층의 부정합면이 발견되었는데, 이는 지표가 침식에 의해 광범위하게 평탄화되었음을 의미했다. 또한 산지를 둘러싼 채 아래쪽으로 완만하게 기울어져 있는 침식 완사면(지금은 페디멘트 또는 페디플레인[20]이라고 부름)의 존재도 알려졌으며, 지질 구조와 암질이 어떻게 지형에 나타나는지도 알려지게 되었다. 콜로라도강과 그 지류인 그린강이 산지와 대지를 횡단하는 메커니즘이 문제가 되어 선행곡과 적재곡 등의 개념이 생겼다.[21]

---

19 미국의 지형학자 파웰(J. W. Powell, 1834~1902)은 1867년 로키 산맥, 콜로라도강과 그 지류인 그린강의 탐사를 시작으로 1869년에는 3개월에 걸쳐 콜로라도강의 그랜드 캐니언을 보트를 이용하여 탐사했으며, 1871년에 다시 2차 콜로라도 탐사를 실시했다. 탐사 결과는 1875년 『서부 콜로라도강과 그 지류 탐사(Explorations of the Colorado River of the West and its tributaries)』라는 보고서로 간행되었다. 이 보고서에서 그랜드 캐니언은 서서히 융기하는 산지를 하천이 파고 들어가는 하방 침식에 의해 형성된 것으로 소개했으며, 이를 설명하기 위해 침식 기준면과 같은 개념도 처음으로 사용했다.

20 페디멘트가 확대되어 나타나는 매우 넓은 평탄면 지형으로서, 건조 지역에서 지형 변화 모델의 마지막 단계에 형성되는 종지형(end landform)으로 간주되고 있다.

21 1875년 파웰은 우인타(Uinta) 산맥을 가로지르는 그린강의 하곡에 대해 처음으로 선행곡이라는 용어를 사용했다. 그러나 현재 그린강은 선행 하천(antecedent river)보다는 적재 하천(superposed river)으로 해석되고 있다.

이와 같이 육상의 침식 기준면이 해수면이라든가 또는 산지로부터 공급된 암설과 하천의 운반력이 평형 상태(정상 상태)를 이루면 평활한 그레이드(grade)라고 부르는 완사면이 생긴다는 것을 알게 되었다. 이들 지식을 종합하여 어느 고지가 낮은 평지로 바뀌어가는 지형 변화 모델로 제시한 것이 데이비스[22]의 침식 윤회설이다. 그의 모델에서는 습윤 지역에서의 침식을 규범으로 삼고 건조·반건조 지역의 침식 윤회를 건조 윤회, 빙하 지역의 경우는 빙식 윤회라고 불렀다. 해안의 지형 변화는 해식 윤회라고 불렀다. 침식 윤회설에서는 지각 변동을 단순화하여 생각했다.

이에 대해 지형의 형성에는 지각 변동의 역할이 중요하다고 보고 오히려 지형 자체로부터 지각 변동을 찾아내려고 생각한 펭크[23]의 지형 변화 모델이 등장했으며, 아프리카를 야외 조사 지역으로 연구한 킹은 페디멘트·페디플레인의 형성을 중시한 모델을 제시했다. 이들 모델에 대해서는 7장에서 소개한다.

상기와 같은 지형 변화 모델은 주로 많은 지형의 관찰과 비교로부터 얻은 것이었다. 반면에 지형을 변화시키는 유수·파랑·바람 등에 대한 관측·실험은 20세기 전반부터 시작되었다. 길버트[24]의 수로 실험은 그 선구

---

22 데이비스(W. M. Davis, 1850~1934)는 미국의 지리학자·지형학자로 1904년에 미국 지리학회를 창설했다. 데이비스는 지형 발달의 변화 계열을 계통적으로 설명하는 침식 윤회설을 제창했다. 이 이론은 "The rivers and valleys of Pennsylvania"(1989), "The geographical cycle"(1989), "Geographical essays"(1909) 등의 논문을 통해 발표했으며, 특히 1908~1909년 베를린대학에서 강의한 내용을 정리하여 출간한 『지형의 설명적 기재(*Die erklärende Beschreibung der Landformen*)』(1912)에 잘 드러나있다.

23 펭크(W. Penck, 1888~1923)는 독일의 지형학자로 펭크(A. Penck)의 아들이다. 데이비스의 침식 윤회설에 대해 격렬하게 반대론을 펼쳤으며, 그의 견해가 담긴 『지형 분석(*Die morphologische Analyse*)』은 펭크 사후인 1924년에 간행되었다.

24 길버트(G. K. Gilbert, 1843~1918)는 미국의 지질학자·지형학자이다. 1874년 파웰의 콜

적인 사례이다.[25] 1950년 무렵에는 극지에서도 지형 연구가 진행되어 빙하와 주빙하 지형 연구가 활발해졌다. 주빙하 지형이란 물의 동결·융해를 주요 작용으로 하여 만들어진 미지형과 그 집합체를 가리키므로 관측·실험의 대상이 되기 쉽다. 이런 지형 형성 작용이 세계 도처에서 관찰·관측됨에 따라 기후−식생−토양과 지형의 관계가 밝혀졌으며, 기후 지형이라는 개념으로 각종 지형을 다루게 되었다.

기후 지형의 일부로 볼 수 있는 지형에 기후 단구가 있다. 하천이 기후 변화에 반응하여 만든 단구를 가리키는데, 하천은 기후 변화 이외에 해수면 변동과 지각 변동에도 반응하여 침식·운반·퇴적 작용을 바꾸고 그 변화 과정을 지형에 남긴다. 이런 연구는 지형 형성 환경의 변화, 특히 제4기의 기후 변화·해수면 변동·지각 변동(이는 연대학 연구와 함께 발전했다)이 밝혀짐에 따라 상호 보완적으로 발전했다. 해안 단구와 해저 지형에 대해서도 같은 말을 할 수 있다. 이런 연구는 일본 열도와 같이 지반이 빠른 속도로 상승하는 경향이 있는 곳일수록 적합하다. 이는 과거의 지형 변화가 위쪽으로 계속 들어 올리어져 지표에 기록되기 때문이다.

라로도 탐사에 참여했으며, 1881년 파웰이 미국 국립지질조사소 초대 소장이 되자 선임 지질학자로 초빙되어 지질조사소에서 같이 근무했다. 길버트는 지질학뿐 아니라 지형학 분야에서도 많은 연구 업적을 남겼다. 초기의 연구인 서부 일대의 지질학 관련 보고 중에 분지와 산지의 형성에 관한 지괴 운동을 고찰하고 삭박 작용과 하천의 침식 작용을 논했다. 특히 *Report on the geology of the Henry Mountains*(1877)에서 다룬 하천 작용의 메커니즘은 높은 평가를 받았다. 본네빌호의 변천사를 다룬 유명한 논문인 "History of Lake Bonneville"(1890)에서는 구정선의 지형학적 의의와 단구의 형성 등이 소개되었다.

25 길버트 만년인 1914년 수로 실험의 결과를 정리하여 발표한 『유수에 의한 암설의 운반(*The transportation of debris by running water*)』은 하천 지형에 역학적 고찰을 도입한 프로세스 관점의 연구 사례로서 20세기에 들어와 급속하게 발전한 정량적 지형학(quantitative geomorphology)의 기초가 되었다.

당연한 사실이지만 지구과학에서는 특정 연구에 특히 유리한 지역이라는 것이 있다. 연대학과 관련하여 말하면 1년을 단위로 편년이 가능한 빙호 점토 연구는 빙하 주변호가 많은 발트해 연안에서 발전했고,[26] 연륜 연대학은 건조·습윤 변화가 큰 북아메리카 서부에서 발전했다. 화산회 편년학은 화산과 화산회가 풍부한 아이슬란드·일본·뉴질랜드·북아메리카 서부에서 진전을 보았다. 빙상과 심해저의 시추 자료 분석에 근거한 연대학도 퇴적의 연속성이나 보존 등에서 적지가 있다. 크레이터 연대학이 달에서 발달한 것은 앞 절에서 기술한 조건이나 탐사가 비교적 용이했던 때문이다.

이와 같이 지형 변화 연구의 진전을 살펴보면 한쪽에는 지형 형성 작용에 대한 연구와 이들 작용을 좌우하는 지구 환경 변화에 대한 연구가 있고 또 지구 연대 연구가 있다. 이와 더불어 지형 자체가 갖고 있는 법칙성에 관한 연구와 지형 분류 연구 그리고 발달사 연구가 있다. 지형 자체의 법칙성에 대한 연구로는 호튼의 수로망 연구를 들 수 있다.[27] 발달사 연구는 종합적·역사적인 연구이기 때문에 그 체계를 밝히기 위해서는 모델·유형

---

26 빙호(varve)는 조성과 조직이 다른 얇은 2개의 퇴적층이 세트가 되어 1년 치 퇴적층을 만들고, 이것이 규칙적으로 반복되어 쌓인 퇴적층의 단면을 가리킨다. 스웨덴의 지형학자인 드 엘(G. de Geer)이 1912년 명명한 용어이며, 스웨덴어 바브는 원래 "주기적인 반복"을 의미한다. 용어의 정의에는 성인이 들어 있지 않으나 일반적으로는 빙하 전면의 호소 바닥에 쌓인 점토와 실트로 이루어진 퇴적층을 가리킨다. 퇴적물 자체를 가리킬 때는 빙호 점토(varved clay)라고 한다.

27 미국의 지형학자이자 수문학자인 호튼(R. E. Horton)은 1945년 유역에 관한 정량적 연구의 효시라고 할 수 있는 유명한 논문 "Erosional development of streams and their drainage basins; hydrophysical approach to quantitative morphology"을 발표했다. 이 논문에는 흔히 호튼의 제1, 제2 및 제3 법칙으로 불리는 하천 수의 법칙, 하천 길이의 법칙, 하천 구배의 법칙이 기술되어 있다. 이후 호튼이 시사했던 내용에 근거하여 숨(S. A. Schumm)이 추가한 유역 면적의 법칙은 호튼의 제4 법칙으로 불린다.

등으로 불리는 연구 방법이 도움이 된다. 데이비스, 펭크, 킹 등의 모델도 이런 부류에 속하지만, 일본의 해안선 유형에 관한 오츠카의 모델도 그 가운데 하나라고 할 수 있다. 5장 7절에서 다시 상세하게 설명하겠으나 오츠카가 1933년에 일본 해안선의 형태를 설명하기 위해 제시한 이 모델은 해수면 변동, 해안 암석의 경연, 하천 퇴적 등을 요인으로 포함하고 있다. 모델에서 암석의 경연으로 다루었던 것을 나중에는 암석 물성과 유수나 파랑의 작용과의 관계라는 측면에서 분석적으로 해석하게 된다. 일반적으로는 암석의 제약을 받는 지형 연구라고 할 수 있다.

4. 지형과 그 변화에 관한 주요 원칙과 개념

1절에서 설명한 지구 표층의 암권·수권·기권 각각의 구성 물질과 그 운동에 의해 생긴 지형은 자연계(우주) 전반에 통용되는 원리와, 2절에서 설명한 지구라는 행성의 조건 아래에서 구동하는 원칙에 지배되고 있다. 또한 지형의 성립이나 성질을 이해하기 위해서는 그 나름의 보는 방식과 생각하는 방식, 즉 개념이 있다. 원칙도 보는 방식도 지형 연구의 영역 확대와 연구의 진전에 따라 변해왔으나 이하 저자가 현재 중요하다고 생각하는 8개 항목을 들어 해설하겠다. 항목 가운데 몇 가지는 2장부터 다시 상세하게 설명하겠다. 아래에서 거론한 항목들은 달리 표현하면 발달사 지형학 연구가 어떤 성격의 연구인지에 대한 소개이기도 하다.

여기에서는 지형 발달사 연구가 지형학 안에서 차지하고 있는 위치를 소개하겠다. 지형이란 고체 지구, 더 일반적으로 표현하면 고체인 천체의 표면 형태이며, 야외에서 볼 수 있는 실물은 물론 스케치, 사진, 지형도는 그 형태에 대한 일종의 객관적인 표현이다. 형태학 전반에 걸쳐 공통적으로 나타나듯이 지형 또한 먼저 기재·분류부터 시작되었으며(학문이 진보함에 따라 기재·분류도 진보하므로 지금도 이 작업은 계속 진행되고 있지만), 이와 더불어 성인에 대한 고찰도 시작되었다. 성인 연구는 크게 두 가지로 구분할 수 있는데, 하나는 지형 형성의 역사를 쫓아 현재를 설명하는 것이며, 다른 하나는 지형 형성의 메커니즘(지형 형성 작용)을 연구하는 것이다.

상기한 내용을 도식적으로 표현한 것이 그림 1.4이다. 지형 그 자체(A)를 어떤 틀로 잘라낸 지형도와 사진의 위치(B)가 있으며, 이를 분석적·현재적(역사적 시간 없이)으로 보는 지형학(프로세스 지형학)과, 종합적·역사적으로 보는 지형학(발달사 지형학)의 위치(D)가 있음을 보여준다. 지형학도·지형지는 A와 D의 중간(C)에 위치한다. 그림 하단의 주석과 같이 C와 D는 단일 평면이 아니라 두께를 갖고 있다. 즉 추상화 정도가 달라질 수 있음을 뜻한다.

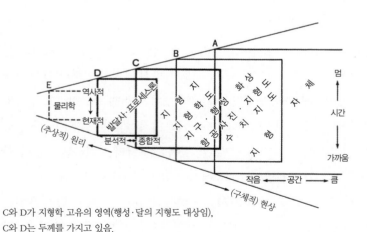

C와 D가 지형학 고유의 영역(행성·달의 지형도 대상임),
C와 D는 두께를 가지고 있음.

그림 1.4 지형학과 지형 발달사의 체계(貝塚, 1996)

지형 형성 작용에 대한 연구는 발달사 연구에도 필요한데, 발달사 연구는 형성 작용 연구의 성과를 포괄함으로써 보다 종합적·역사적인 것이 된다. 반대로 그 성격상 형성 작용 연구(프로세스론)는 발달사 연구를 포괄할 수 없다. 또한 여기에서 기술한 프로세스론·발달사의 자리매김은 그림과 같은 개념의 틀 속에서 살펴보는 한 야츠(谷津, 1992, 93쪽)가 제시한 자리매김과는 크게 다르다.

이하 8개의 주요 원칙과 개념을 든다. 이런 종류의 개념을 열거한 사례로는 쏜버리(Thornbury, 1954)가 지형학 개론서에서 소개한 9개 항목, 브라운(Brown, 1980)이 지형 발달사 개념으로 작성한 7개 항목 그리고 썸머필드(Summerfield, 1991)가 제시한 6개 항목 등이 있다. 항목의 정리 방식과 수는 임의성이 커 편의적인 것으로 봐주기 바란다.

1. 고체 지구(고체 별)의 표면인 현재의 지형은 지구사(별의 진화사)를 통해 표층 물질에 작용해 온 내적 작용·외적 작용·외래 작용이 모두 합쳐져 만들어진 형태이며, 현 시점까지의 최종 생산물이다.

지구상 어느 곳에나 있고 해저·빙저와 같은 곳을 제외하면 관찰이나 계측, 사진 촬영도 어렵지 않은 지형은 지구과학 현상 가운데 가장 많은 정보량을 갖고 있다. 위치 정보와 함께 지형은 지구과학 연구를 시작하는 데 없어서는 안 되는 요소이다. 지구 환경에서 일어나는 각종 작용의 최종 생산물로서 지형은 지구사 속에서 지표에 나타난 기록물이다. 비유해서 말하면 지형은 어느 토지에 대한 이정표임과 동시에 그 토지의 역사를 지형이라는 문자·문법으로 표시한 기록이기도 하다. 본서는 이런 의미에서 사전·문법서가 될 것을 목표로 삼고 있으며, 이를 바탕으로 일부 지형을 해설한 판독 사례집이라고도 할 수 있다.

2. 지형 F의 변화는 지형 구성 물질(줄여서 지형 물질) M, 지형 형성 작용 P, 시간 T, 지형 형성 환경 E를 요인으로 해서 생긴다. 지형 형성 작용 P는 내적 작용 Pi, 외적 작용 Pe, 외래 작용 Px으로 이루어져 있다. 지형 형성 환경 E는 암권 환경, 수권·기권 환경, 기권 밖 환경으로 크게 나누어지며, 이들은 M과 P를 변화시키는 요인이 된다.

구체적인 지형은 지형 물질 M에 어느 지형 형성 작용 P가 일정 시간 동안 일어나거나 또는 M을 P가 가져와 만들어진다. 지형의 형태는 M과 P의 특성에 따라 특징이 지워지는데, 다음과 같은 명칭으로 불린다.

내적 작용 Pi에서는 판구조(판의 운동·지각 변동)에 의한 변동 지형과 화산 활동에 의한 화산 지형이 만들어진다. 변동 지형과 화산 지형 모두 각각의 지형 물질과 관계가 있다. 예컨대 동일한 압축력이 작용해도 고결암과 미고결암은 변형 양식이 다르며, 화산 지형은 화산 분출물의 성질에 따른 차이가 크다.[28]

외적 작용 Pe에서는 물과 공기 등의 매체가 관여하지 않고 직접 중력의 작용에 의해 M이 움직이는 중력 이동(영어로 매스무브먼트)으로 만들어지는 중력 지형(산사태·랜드슬라이드 등의 지형)과 물·빙하와 공기의 운동을 매개자로 삼아 만들어지는 지형이 있다. 후자는 매체의 작용에 따라 하천 지형·해안 지형·빙하 지형·풍성 지형 등으로 분류된다. 또한 각각의 작용과

---

28 분화를 일으키는 마그마의 조성에 따라 분화 양식과 화산 분출물이 달라지고, 그 결과 상이한 화산 지형이 만들어진다. 예를 들면, 판의 수렴 경계에서는 산성 마그마의 폭발적인 분화로 방출되는 화산 쇄설물이 성층 화산을 만드는 반면 발산 경계와 열점(hot spot)에서는 가스 함량이 낮은 염기성 마그마가 용암으로 흘러나와 용암 대지와 순상 화산을 만든다.

지형은 침식 작용·침식 지형과 퇴적 작용·퇴적 지형으로 구별된다. 외적 작용 Pe의 일종으로 풍화 작용이 있는데, 풍화 작용이 앞의 작용들과 다른 것은 고형 물질의 이동을 동반하지 않은 채 암석을 물리적·화학적으로 분리하거나 용해한다는 점이다.[29] 태양 복사와 우주 방사선에 의한 암석의 약화를 제외하면 풍화는 대체로 공기와 물이 관여하고 있다. 풍화 작용은 중력 이동이나 유수 등에 의한 침식 작용 전반에 걸친 일종의 사전 준비라고 할 수 있다. 풍화·중력 이동·침식을 종합하여 삭박 또는 삭박 작용이라고 한다.

외래 작용 Px는 소행성·운석 등(총칭하여 소천체)의 충돌 작용이며, 이로 인해 만들어지는 특징적인 지형이 크레이터[30]이다. 이외에 운석의 충돌로 인한 지형의 평탄화도 들 수 있다. 현재 지구상에는 140개 이상의 크레이터와 그 흔적이 발견되고 있으나 충돌에 의해 직접 생긴 것은 많지 않고 대부분 충돌 흔적에서 유래하는(흔적이 이후의 침식으로 파이는 등) 원형의 침식 지형이다.

3. 지형에는 대소의 규모가 있으며, 규모마다 변화를 일으키는 요인(P와 M)이 다르고 형성에 필요한 시간을 달리한다. 지형은 규모의 대소를 불문하고 곡면과 평면의 집합으로 볼 수 있는데, 이들을 지형면이라고 부른다. 각각의 지형면은 구성 물질·형성 작

---

29 풍화는 '암석이 지표에서 위치를 바꾸는 일 없이(*in situ*) 지표로부터의 영향으로 붕괴, 분해되어 토양이 되는 작용'으로 정의한다. 이 정의에 '그 자리에서'를 뜻하는 *in situ*가 들어 있는 것은 매체에 의해 운반되는 도중에 침식으로 발생하는 암설의 세립화와 구분할 필요가 있기 때문이다.

30 충돌 크레이터(impact crater)라고도 부른다. 직경 1,300m, 깊이 175m 크기를 지닌 미국 애리조나주의 배링거(Barringer) 크레이터가 유명한데, 충돌한 운석의 질량은 10^9kg 정도로 추정되고 있다.

용·형성 시대에 따라 특징이 지워지며, 지형에 대한 분석적 및 종합적 이해를 위한 기준 단위이다. 지형면이 모여 지형형·지형계 등으로 불리는 소~대규모의 지형 유형 Ft 를 만든다. 지형 유형은 각종 형성 작용 P의 힘 그리고 지형 물질 M의 결합력이 상호작용한 결과로서 시간 T가 경과하는 중에 만들어져 간다. 이는 자기 조직적인 면이 있고 피드백 기능을 가질 수 있다(예를 들면, 산맥·수계).

지형은 지구 규모부터 발밑의 미세한 규모까지 크기가 다양하며, 각각의 지형을 만든 작용 P, 관계한 물질 M, 형성에 필요한 시간 T가 다르다. 지형과 그 변화를 이해하기 위해서는 규모(스케일)라는 관점을 빠뜨릴 수 없다. 또한 대규모 현상과 소규모 현상의 관계도 고찰하지 않으면 안 된다.

표 1.3에 지형의 규모와 각각의 특징을 발현시키는 요인·연대를 개략적으로 나타냈다. 이 표로 지형의 규모와 P, M, T의 관계에 대한 개요를 이해

표 1.3 규모에 의한 지형 분류

지형 규모	최소 지형의 범위	지형 특성을 발현시키는 주된 요인의 예*	사례(지형형)	지형 형성에 필요한 시간(년)
거대 지형	100km	지각의 두께, 판의 운동	순상지, 중앙 해령, 심해 평원	$10^8 \sim 10^7$
대지형	10km	대규모의 지각 운동	도호, 해구	$10^7 \sim 10^6$
중지형	1km	지각 변동, 지질 구조, 화산 활동	산지, 구릉, 대지, 저지, 성층 화산	$10^6 \sim 10^5$
소지형	100m	기후(외적 작용), 암질, 분화	단구, 선상지, 삼각주	$10^5 \sim 10^3$
미지형	10m	기후, 암질, 토양	하상, 자연 제방	$10^3 \sim 10^1$
미세지형	1m	소기후, 토양, 생물	사력퇴, 구조토	$<10^1$

* 작용과 구성 물질에 따라서 또 지역에 따라서도 차이가 크다.

할 수 있을 것이다. 대규모 지형일수록 내적 작용에 의해 발현하는 경우가 많고 소규모 지형일수록 외적 작용과 구성 물질에 달려 있는 경우가 많다.

표 1.3에 있는 지형형은 거대 지형부터 미세 지형에 이르기까지 지형면의 집합으로 볼 수 있다. 예를 들면, 단구는 단구면(이라는 평탄면)과 단구애(라는 사면)의 집합이며, 각각의 지형면이 독자적인 구성 물질·형성 작용·형성 시대를 갖고 있다. 특히 평탄한 지형면은 그 시대의 침식 기준면과 관련되어 만들어진 지형이며, 연대의 지시자로서 지형 발달사에서 중시된다. 그림 1.5의 편년도에 표시되어 있는 ○○면이 이런 평탄면이다.

4. 지구상에는 다양한 지형 구성 물질 M이 있고, 게다가 지형 형성 환경 E에 대응하여 형성 작용 P가 일어나기 때문에 지역과 시대에 따라 특징적인 지형 유형 Ft가 만들어진다. 육상에서는 기후와 관련된 외적 작용 Pe와 지질 구조(M의 일종)가 특징적인 Ft(예를 들면, 기후 지형·암석 제약 지형)를 그리고 대륙과 해양저에서는 판의 운동이 특징적인 Ft(예를 들면, 중앙 해령·도호—해구 시스템)를 만드는 주된 요인이 된다.

지형 물질 M은 먼저 풍화 작용을 받고 나서 침식되는 경우가 많다. 이때 지형 물질이 삭박 작용 또는 용해 작용에 대해 어떤 반응을 보이는가에 따라 지형의 특징이 결정된다. 그러나 이런 반응은 풍화 작용·침식 작용의 종류에 따라 달라지며, 반응이 같다고 획일적인 지형이 만들어지는 것은 아니다. 지형 물질(암석)의 성질에 제약을 받아 생기는 특징적인 침식 지형을 본서에서는 암석 제약 지형이라고 부르겠다. 이 지형은 지질 구조를 반영하는 구조 지형과 암질을 반영하는 조직 지형으로 크게 나눌 수 있다.[31] 석회암의 용식에 의한 카르스트 지형은 조직 지형의 일종이다. 암석 제약 지형은 육상의 삭박(침식) 지형에 잘 나타나지만 해안 지형에도 나타난다. 항공사진을 이용한 지질 판독(사진 지질학)은 암석 제약 지형에 그 기초를 두고 있다.

지형은 지역성을 갖고 있다. 육상에서는 외적 작용이 기후의 강력한 지배를 받기 때문에 기후에 따라 달라지는 지형, 즉 기후 지형의 개념이 성립한다. 기후는 위도·고도·내륙도에 의해 대상으로 배열되므로 기후 지형도 대상으로 나타나기 쉽다. 열대 해역에서 발달하는 산호초도 일종의 기후 지형이라고 할 수 있다. 한편, 변동 지형은 판의 경계 지대에 생기기 쉬우므로 기후 지형대에 성격이 다른 지형대가 겹쳐진다. 또한 안정 지괴에서는 특히 지질 구조에 유래하는 순상지·탁상지·고기 조산대나 카르스트 지형 등의 암석 제약 지형의 계열이 기후 지형대에 겹쳐진다.

지구의 지형, 특히 육상 지형에는 이렇게 성인을 달리하는 지형 계통(다른 유형의 지형 지대)이 겹쳐 있다. 더욱이 다음 항목에서 소개하듯이 지형 유형을 달리하는 지대, 특히 기후 지형대는 크게 이동하여 시대에 따라 다른 기후 지형대의 중첩을 가져온다.

5. 지형 변화를 일으키는 주된 원동력은 중력 그리고 열에서 유래하는 부력(마이너스 값의 중력)이며, 지형, 특히 수직 방향의 기복은 각종 내·외적 형성 작용에 의해 중력적으로 '평형'(정상 상태)을 향해 변화한다. 그러나 각각의 내·외적 형성 작용이 반드시 협력하며 조화롭게 일어나지는 않으므로 평형은 깨지거나 달성이 늦추어지기도 한다. 환경 E의 변화(예를 들면, 기후 변화·해수면 변화)도 평형을 깨고 새로운 평형으로 유도한다. 육상 기복의 평탄화는 국지적으로는 달성되지만, 광역적으로는 달성하기 어려

---

31 여기에서 저자는 수평층, 습곡, 단층, 절리 등의 지질 구조가 반영되어 만들어진 침식 지형을 구조 지형으로 그리고 삭박에 대한 암석의 물성 차이로 인해 만들어진 침식 지형을 조직 지형으로 구분하고 있다.

운 도달점이라고 할 수 있을 것이다.

지각 내지 암석권에서 중력 상의 안정은 아이소스타시(지각 평형) 상태를
가리킨다. 이 평형은 상부 맨틀에 속하는 약권의 어느 깊이에서 달성되는
데, 그 위쪽의 하중이 같아지는 방향으로 맨틀 물질이 이동한다. 이에 동
반하여 지표도 융기 또는 침강을 일으킨다. 잘 알려진 사례로는 빙기에서
후빙기 또는 간빙기로의 이행과 함께 빙상이 축소되어 평형면에서의 하중
이 감소하고(마이너스값의 중력 이상이 발생함), 이를 해소하고자 맨틀 물질
이 이동함으로써 과거 빙상역의 지표가 돔 모양으로 융기한다. 반면에 과
거 빙상역의 주변은 침강한다. 후빙기에 스칸디나비아와 캐나다에서 발생
한 이런 변동의 속도로부터 맨틀 물질의 점성률을 구할 수 있다(표 1.1). 이
사례는 기후 변화라는 지표 환경의 변화가 맨틀 유동이라는 내적 작용을
통해 지표 변화를 일으켰음을 보여주고 있다. 내적 작용도 외적 작용(여기
에서는 빙하의 소장)과 전혀 관계가 없는 것은 아니다.

육상에서 일어나는 외적 작용은 하천의 침식·운반·퇴적 작용으로 대
표되듯이 중력 상의 평형면(등포텐셜면)인 해수면을 향해 지표의 평탄화를
일으켜 육상 지형을 해수면에 근접시켜 간다. 해수면을 침식 기준면이라
고 부르는 것은 이 때문이다.[32] 단 내륙 유역(5장 2절 참조)에서와 같이 국
지적·일시적으로 해수면 이외의 수준이 침식·운반의 기준면이 될 수 있는
데, 이 경우에도 국지적으로 중력 안정화를 향해 지형이 변화한다.

내·외적 작용 모두 활발한 지역의 지형은 각각의 작용에 의해 평형을

---

32 침식 작용의 하한이 되는 기준면은 침식 작용의 종류에 따라 달라진다. 하식의 경우에는 해
   수면이지만 용식의 경우에는 지하수면, 산악 빙하의 경우에는 설선, 해식의 경우에는 파랑
   의 침식이 미치는 하한으로 해수면보다 낮아질 수 있다.

향하는 과정에서 부조화가 생기므로 전체적으로 평탄화를 달성하기는 어렵다. 여기에 지형 변화 과정을 이해하는 실마리가 있고 지형 발달사의 묘미가 있다.

판구조 운동과 관련된 지형을 살펴보자. 해양판은 시간과 함께 중력 불안정이 커지면 침강하여 안정을 찾으려 하지만, 이것이 조산 운동의 원인이 되어 호상 산맥[33]과 해구라는 불안정한 대지형을 초래한다.

산지의 융기는 산의 평균적인 경사를 증가시키는데, 이는 다시 하천의 경사를 증가시켜 운반력·침식력을 키우므로 골짜기는 깊어지고 하상 경사는 감소하는 방향으로 향한다. 그러나 이로 인해 곡벽에 급사면이 생기고 중력 붕괴가 발생한다. 붕괴 물질로 골짜기가 메워지고 댐이 만들어질 수도 있다. 댐에서의 급경사는 다시 하천의 침식력·운반력을 키워 하방 침식을 증대시킨다. 이런 과정이 반복되어 장기적으로 보면 삭박에 의한 공급 물질과 운반, 퇴적된 물질 사이에 평형 관계가 만들어지는 방향으로 하천이 조정되어 간다.

지각 변동과 화산 활동은 많은 경우 지표의 경사를 증가시키는 반면 외적 작용은 장기적으로 보면 경사를 감소시키는 방향으로 일어난다. 그러나 외적 작용 자체에도 변동이 일어나는데, 기후 변화와 해수면 변화 등 지형 형성 환경의 변화에 동반하여 발생한다. 기후 변화에 따른 빙하의 소장과 이에 동반된 해수면 변화는 외적 작용뿐 아니라 앞에서 설명했듯이 내적 작용까지 변화시킨다. 기후 변화에 대한 지형의 반응은 발달사 지형학의 커다란 주제이다. 이는 인위적인 환경 변화에 대한 지형의 반응과도

---

33 산맥호(mountain arc)라고도 부르며, 호상 열도 또는 도호(island arc)는 산맥호의 대표적인 사례이다.

공통된 바가 있다.

6. 육상에서는 대기와 물의 순환이 빠르므로 활발한 내적 작용과 어우러져 침식·퇴적 작용이 과거 1,000만 년 이전에 만들어진 오래된 지형 상당수를 침식·매몰시키므로 새로운 지형이 탁월하다. 반면에 해저에서는 침식·퇴적 작용이 느려 과거 1억 년 이전에 만들어진 오래된 지형도 원래의 형태를 남기고 있다(달이나 수성·화성에는 10억 년 이전의 지형까지 남아 있다). 어떤 장소의 환경은 지질 시대의 기후·해수면 변화에 더해 판의 이동에 따른 환경 변화도 받게 되는데, 제4기에는 빙기·간빙기가 반복되었기 때문에 결과적으로 형성 작용·형성 강도를 달리하는 지형이 겹쳐지게 되었다. 즉 지구의 지형은 젊은 데다 다성인적이다.

지구의 지형이 젊은 것은 1장 2절에서 살펴봤다. 그림 1.5에 지형의 형성 시대와 지형 형성 환경을 주제로 구성한 지질 시대의 편년을 나타냈다. 이 그림에서는 시대가 현재에 가까워질수록 눈금이 확대되어 있다. 육상에 계속 노출된 지형으로서 남아 있는(매몰 지형이나 매몰되어 있다가 다시 노출된 박리 지형을 제외하고) 가장 오래된 침식면은 아마도 아프리카에서 전형적으로 나타나는 곤드와나면(쥐라기~백악기에 형성)이며, 가장 오래된 퇴적면은 데칸고원의 용암 대지면(팔레오세)일 것이다. 반면에 해저에서 가장 오래된 지형면은 마리아나제도 동쪽의 북서태평양 해분저(태평양판에서 가장 오래된 부분, 9장 2절 참조)로 쥐라기의 용암으로 이루어져 있다. 그 윗면은 두께 200~300m 정도의 퇴적물로 덮여 있으나 대지형 차원에서 보면 용암의 유출로 만들어졌고 오랜 시간이 지나 침강하고 있는 지형면이 본질적인 형태를 만들고 있다.

지형 형성 환경은 판의 이동(대륙 이동)에 의한 기후 변화, 기후 자체의

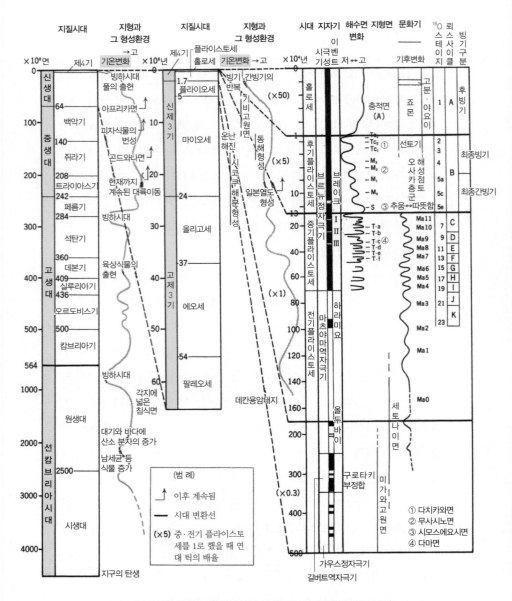

그림 1.5 지질 시대와 지형 및 지형 형성 환경의 편년(貝塚 외, 1985 가필)

변화 그리고 해수면 변화로 인해 달라진다. 약 2억 년 전부터 북반구의 육지는 대체로 북쪽으로 이동했고 기후의 한랭화가 진행되었다. 바다에서의 기후(해수 온도 등)도 태평양 북부에서는 태평양판이 북서진한 탓에 역시 한랭화했으며, 해저의 침강으로 인해 판 위의 섬들도 가라앉았다. 한때 열대 해역의 섬에 생육했던 산호초는 침강으로 인해 안초에서 보초, 환초로 모습이 바뀌었으며, 동시에 산호초의 생육 북한계에 도달하자 생육을 멈추고 해수면 아래로 가라앉게 되었다.

중·고위도 지역에서는 빙기의 빙하 지형과 그 전면에 융빙수 하천이 만든 퇴적 지형을 후빙기의 하천이 침식으로 파고들거나 퇴적물로 덮음으로써 지형들이 겹쳐져 있다. 일본의 해안에는 최종 간빙기의 해저가 지금은 해안 단구로 변한 곳이 많다. 이런 곳에서는 최종 빙기(해수면 저하기)에 해안 단구를 파고든 골짜기와 후빙기(해수면 상승기)에 그 골짜기를 메운 충적 저지를 볼 수 있다. 즉 지형 형성 작용이 해저에서의 침식과 퇴적으로부터 육상에서의 하천 침식으로 다시 해안 부근에서의 하천 퇴적으로 변화하여 지형이 다성인적으로 만들어져 있음을 알 수 있다.

7. 지형 발달사를 조직하기 위한 소재로는 현재의 지형과 그 구성 물질 이외에 매몰된 지형(부정합면과 층리면), 지층, 각종 연대 자료가 있다. 지형 형성 환경의 복원에는 다른 지역의 각종 자료(예를 들면 식물 화석)도 이용된다.

매몰 지형 가운데 지하에 감추어져 있는 것은 시추와 지진 탐사에 의존할 수밖에 없지만, 지상에 부정합면으로서 과거의 침식 지형이 드러나는 수도 있다. 또한 지층의 층리면은 한 시대의 퇴적 표면이며, 그 지층의 모습(암상·화석상 등)이 지시하는 퇴적 환경에서 만들어진 것이다.

부정합면과 층리면을 경계로 하여 위에는 침식 받기 쉬운 지층·암석이, 아래에는 침식 받기 어려운 지층·암석이 있는 경우에는 부정합면이나 층리면이 지표에 다시 드러나 박리면(화석면이라고도 한다)[34]이 되는 수가 있다. 이런 사례로 넓은 것은 대륙의 순상지와 탁상지에서 종종 볼 수 있는 박리 준평원면[35]이다.

기권과 수권의 환경은 지구 규모로 순환하고 있으며, 지구조적인 환경은 판의 운동과 관련되어 있다. 이는 국지적인 지형 발달사를 이해하는 데 광역의 각종 자료와 지식이 도움이 된다는 것을 의미한다.

8. 현재의 지형 형성 작용에 대한 연구는 과거의 지형 변화를 이해하는 '열쇠'가 된다. 또한 현재 지구상에서는 좀처럼 발생하지 않더라도 과거에는 발생했던 지형 변화(예를 들면 거대 분화)에 대한 연구 그리고 현재의 지형 환경과는 다른 환경에서 만들어진 지형 연구(예를 들면, 행성의 지형 연구)는 지구의 과거·현재·미래의 지형 변화를 이해하는 데 도움이 된다.

지형의 변화, 예를 들면 침식에 의한 산지의 변화는 매년 조금씩 발생하는 표토의 유출에 따른 변화를 모두 합한 것보다 수십 년 또는 수백 년에 한 번 발생하는 산사태로 인한 변화가 더 크다. 따라서 일상적인 변화에 대한 연구와 함께 매우 드물게 일어나는 대사변에 대한 연구도 필요하

---

34 박리면(stripped surface)은 퇴적물 밑에 매몰되었던 지형면이 삭박 작용에 의해 다시 지표로 드러나게 된 것을 가리킨다. 화석 지형의 하나이며, 화석면(fossil plain) 또는 화석 박리면이라고도 한다.
35 매몰되었다가 이후의 삭박 작용으로 다시 노출된 준평원에 박리면의 개념을 적용하여 표현했다.

다. 이는 지각 변동에 대해서도 화산 활동에 대해서도 똑같이 말할 수 있다. 과거의 대사변에 대한 연구가 중시되는 이유이다.

달과 행성의 지형 연구도 지구 환경의 특이성과 지구의 지형 형성 작용의 특성을 이해하는 데 도움이 된다. 또한 지구사 초기에 일어났거나 혹은 미래에 일어날지도 모르는 지구에서의 지형 변화를 추정하는 데도 유용하다. 그림 1.3의 하단에 그려진 행성과 달의 환경 변화의 상당 부분은 현재 알려진 지형을 바탕으로 지구 지형의 지식을 이용하여 추정한 것이다.

다양한 지형이 어떤 환경 조건에서 만들어지는지를 아는 지식은 지구와 행성을 이해하는 데도, 또 인위적인 지형 개변이 어떤 결과를 초래할지를 이해하는 데도 더욱더 필요해질 것이다.

노트 1.1 자연계에 존재하는 네 가지 상호 작용과 지형 형성 작용

자연계(우주)에는 표 1.4에 나타낸 네 가지의 기본 상호 작용이 존재한다. 이 가운데 강한 핵력은 원자핵을 만들기 때문에 물질 전반에 걸쳐 근원적이며, 약한 핵력은 원자핵 붕괴·방사선 발생을 통해 태양 복사와 지구 내부로부터의 발열과 관련된다. 그러나 지형 물질·지형 형성 작용과의 관련은 일부 풍화 작용을 제외하면 간접적이다.

지구를 포함하여 별, 은하계, 우주와 같은 거대한 물체에서는 지배적인 결합력이 중력이며, 소행성·위성 등 작은 물체(지름 수백km 이하)를 제외한 별의 구형(球形)은 중력으로 인해 유지된다. 거대한 두부가 무너지듯이 돌출부는 자체 무게로 인해 붕괴하기 때문이다. 그러나 광물과 암석 같은 미세한 물체는 전자력이 최대 결합력이 되어 물체의 모양을 만들고 있다. 전

자력의 상호 작용은 지구 표면에서의 중력보다 그 세기가 자릿수가 다를 정도(30 자릿수 이상)로 강력하다. 와이어 한 가닥이나 접착제 한 방울의 결합력이 몇 톤씩이나 나가는 자동차를(중력을 이기고) 공중으로 끌어올릴 때 버티어내는 것은 전자력의 세기를 보여주는 일례이다.

그러나 전자력은 같은 부호의 전하 사이에서는 척력으로 작용하므로 넓은 영역에서는 인력과 상쇄되어 제로가 되므로 거대한 물체 사이에서는 중력이 최대 결합력이 된다. 열에 의해 밀도가 작아진 물질의 부력(마이너스값의 중력)과 마찰력(의 일부)도 중력으로 인해 발현된다.

지구라는 대질량 물체 표면에서의 중력은 상당히 크다. 쉽게 찾을 수 있는 예로 석축 건조물이 아치로 고정된다거나 건물에 작용하는 지진의 가속도는 세로 방향이든 가로 방향이든 대체로 수직 가속도(중력 가속도)보다 작다고 생각되는 것 등이 그 발로이다. 또한 지구의 인력은 물(H_2O)과 공기(N_2, O_2 등)라는 가벼운 분자를 중력권 안에 붙잡아두고 있다. 만일 지구

표 1.4 자연계에 존재하는 네 종류의 상호 작용

상호 작용의 명칭	작용 범위	상대적인 세기	성질	발현 장소
(1) 중력	무한대	10^{-38}	질량을 갖는 물체에 항상 인력으로서 작용하며, 크기는 거리의 제곱에 반비례하고, 질량의 곱에 비례함	천체 간, 천체와 거대 물체 간에서 지배적임
(2) 전자기력	무한대	10^{-2}	전하를 갖는 입자 사이에 인력·척력으로서 작용하며, 크기는 거리의 제곱에 반비례함	원자, 분자, 마이크로 물체 간의 화학적 결합
(3) 약한 핵력	10^{-16}cm까지	10^{-5}	β 붕괴 등을 일으킴	원자핵의 붕괴
(4) 강한 핵력	10^{-13}cm까지	10^0	쿼크 사이에 작용함	원자핵을 만듦

의 질량이 작다면 이들은 분자 운동에 의해 우주로 흩어져 달과 수성 같은 대기가 없는 별이 된다(반대로 중력이 지나치게 크면 과거 지구가 탄생했을 무렵 다량으로 존재했던 수소(H_2)와 헬륨(He)이 남아 생물은 출현할 수 없었겠지만).

판의 운동과 마그마의 움직임 또는 거대 슬라이딩(중력 구조 운동)[36]이 지각 변동을 일으킬 때는 암석·광물의 화학적 결합을 능가하는 중력의 작용이 입자 사이에 크고 작은 어긋남을 일으켜 변동 지형을 만든다. 화산 분출물이 겹겹이 쌓여 화산이 만들어지는 것도 주로 중력과 마찰력(화학적 결합과 중력의 합력 작용)에 기인한다.

산이 유수에 의해 깎여 낮아지는 것은 주로 중력으로 인해 흘러내리는 물의 작용 때문이다. 과거 레오나르도 다빈치가 "물은 산을 깎고 골짜기를 메워 할 수만 있다면 지구를 완전한 구로 바꿀 작정인 것 같다"라고 기술한 것은 중력에 대한 통찰에서 유래했을 것이다. 그러나 지형 물질인 암석과 광물을 부수거나 녹이려면 이들의 화학적 결합을 물과 공기가 약화시키고 끊는 작용(화학적 풍화 작용)을 빠뜨릴 수 없다. 토사를 머금은 물과 공기의 흐름이 바위를 부수고 침식한다는 중력에 근거한 물리적 작용만으로 산의 모양은 좀처럼 바뀌지 않는다.

---

36 중력 작용으로 지층과 암석이 일정한 면을 따라 미끄러져 내려와 습곡이나 냅프(nappe)를 만드는 운동(gravity tectonics)을 가리킨다.

제2부

발달사 지형학의 기초

고생대층 탁상지를 흐르다 빙하의 축소와 함께 그 북쪽 가장자리로부터 파고들어가 만들어진 나이아가라폭포

- 지형을 어떻게 볼까 – 면의 집합!
- 지형의 신구 판별은 쉽고도 어렵다.
- 지형을 만드는 물질과 이들의 외계로의 반응
- 대지형과 판구조 운동의 관계
- 화산 지형은 왜 다양할까.
- 중력(부력)과 마찰력의 보편성과 중요성
- 하천·빙하·해안·바람 등이 만드는 지형 – 공통 원리와 출현 조건의 다양성
- 자연사와 인류사 개관 – 15세기와 20세기!
- 충돌 크레이터의 형태와 연대론 – 이들의 지구 초기 형성사에서의 중요성

2장
지표 형태와 지형의 연대

    지형 연구는 구체적인 지표 형태를 어떤 시점·방법으로 보는가에서 시작된다. 지형의 이해 자체가 목적이 아니고 예컨대 토양과 지질, 하천과 해안의 작용, 단층 운동과 지각 변동을 조사·연구할 목적으로 지형을 볼 때도 어떻게 지형을 보는가가 문제이다. 이 장에서는 소지형이든 대지형이든 모두에 통할 수 있는 지형을 바라보는 기본적인 방식, 지형의 신구 판정법과 연대에 관해 정리해보자.

1. 지형면과 지형형(지형 유형)

    일반적으로 사물의 형태를 관찰할 때는 구성 부분을 세부 단위의 집합으로 분석적으로 보고, 이어서 그 조합으로서 전체상을 종합적으로 이해하는 방식을 취한다. 지형의 경우에는 분석적으로 볼 지형 단위로서 지형선(뒤에 소개함)에 의해 구획되는 하나로 이어진 지형면을 취하고, 이어서 지형면의 집합으로서 입체적인 지형을 이해하는 방식이다. 그러나 분석적으로 보는 방식을 거치지 않고 직관적(경험적)·입체적으로 지형을 보고 이미 명명되어 있는 선상지나 U자곡 등과 같은 유형(본서에서는 지형형이라고 부름)으로 이해하는 경우도 많다. 지형명·지형형의 용어와 개념은 연구자, 연구 지역, 지형 규모 등에 따라 반드시 통일되어 있지는 않으나 대체로 공통적인 이해가 있는 것으로 보인다. 이 절에서는 이런 이해에 근거하여 되도록 단순하면서도 대지형과 소지형 모두에 통용되는 지형을 보는 방식과 구분 방법을 제시하겠다.

1장의 표 1.3에 나타냈듯이 지형에는 규모의 대소가 있고, 분석적이든 종합적이든 지형의 이해는 모두 규모에 상응하여 이루어진다. 특히 지형을 분류·도시할 때는 어느 규모를 문제 삼느냐에 따라 최소 단위가 결정된다.

따라서 지형 규모별로(스케일로는 한 자릿수씩 달라짐) 단위 지형, 그 집합으로서 지형형, 더 나아가 지형형의 집합으로서 지형계를 구별하는 방식을 취했다(표 2.1). 이렇게 하면 예컨대 중규모 지형(M)의 단위 지형(또는 지형면)의 집합이 어떤 지형형을 만들고, 이 지형형이 한 단계 더 대규모인 지형(L)에서는 다시 단위 지형이 되는 식이다. 이런 방법을 사용하여 해설하겠다.

(1) 지형면과 지형형

지형면이라는 용어는 많은 경우 하나로 이어진 평탄한 지형에 사용되지만, 여기에서는 평평한 사면, 곡면을 만드는 사면은 물론 보기에 따라서는 물결 모양의 소기복면이나 산릉을 이어 복원한 과거의 지형에도 사용한다. 이런 광의의 지형면을 보는 방식이 소지형은 물론 대지형의 이해에도 기본이 된다.

모든 지형은 여러 크기(계층)를 지닌 지형면의 집합이므로 먼저 소규모 지형부터 생각해보자. 하안 단구와 해안 단구는 평탄한 단구면과 그 안쪽 (높은 쪽)의 급사면 또는 단구애로 구성된 지형이다. 양자의 경계는 선상으로 뻗으며 지형선이라고 부른다. 산지의 사면은 능선과 곡선(谷線)으로 둘러싸인 지형면의 집합으로 볼 수 있으므로 능선과 곡선은 산지의 일반적인 지형선이다(측량 용어로는 지세선[1]이라는 용어가 사용됨). 지형선은 예리한 선일 수도 있고, 폭을 지닌 선(점이선~점이대)일 수도 있다. 이렇게 지형선으로 경계가 지어진 지형면 하나하나가 지형의 단위를 이룬다.

그림 2.1에 소규모 지형의 지형면을 구분하고, 곡측적재(谷側積載)[2]라고

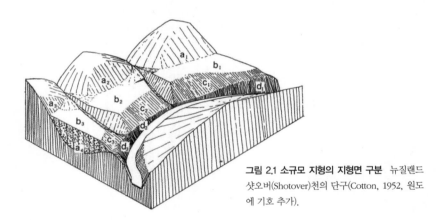

그림 2.1 소규모 지형의 지형면 구분 뉴질랜드 샷오버(Shotover)천의 단구(Cotton, 1952, 원도에 기호 추가).

---

1 지표면이 다수의 평면으로 구성되어 있을 때 평면 사이의 접합부, 즉 접선을 가리키는 용어로 지성선(地成線)이라고도 한다.
2 곡측적재(valley-side superposition)는 두껍게 퇴적물로 매적된 하곡에서 하각 작용이 일어날 때 매적된 부분이 아닌 측벽의 암반이 하각되는 현상을 가리킨다. 적재 하천의 일종으로 뉴질랜드의 숏오버(Shortover)천의 사례를 보고 코튼이 명명했다.

표 2.1 지형의 분류 – 단위 지형·지형형·지형계의 사례

규모	개략적인 축척	최소 지형의 범위	단위지형(지형면) *표시: 오른쪽 유형과 대응	지형형 ( )* 주된 형성 요인의 약자**	지형계와 주된 형성 요인
거대지형 LL	1/1,000만	100km (도상 1cm)	내호·외호·해구*	(t)도호-해구계*·중앙 해령 / (i) 심해평원 / (M) 순상지, 탁상지	변동대 Pt / 대양저 Pt / 안정 대륙 PtM
대지형 L	1/100만	10km	외륜산 사면·칼데라벽·칼데라저*	r) 내호(화산호), 외호(전호), 해구 / (f) 중축곡, 단열대 / (v) 용암원, 대형 칼데라 화산* / (d) 사바 평원(준평원) / (f) 페디플레인	도호-해구계 Pt / 중앙해령 Pt
중지형 M	1/10만	1km	화구·화산 사면·산록 사면*	(t) 단층 지괴, 지구 / (v) 성층 화산*·탁상 화산 / (f) 하곡(V자곡), 하성 저지, 페디멘트 / (g) 빙식곡(U자곡) / (m) 육붕	변동 지형 Pt / 복성 화산 Pt / 하천 지형 Pe / 빙하 지형 Pe
소지형 S	1/1만	100m	단구애·단구면*·완사면·급사면*	(t) 단층애·(M) 케스타 / (f) 선상지, 범람원, 하안 단구*/ (m) 해식애 / (g) 권곡*, 빙식곡지, 모레인, 방하성 유수 퇴적평야 / (G) 산사태 지형, 애추 / (w) 횡사구, 종사구	변동 지형 Pt/ 암석 제어 지형 M / 하천 지형 PeM/ 해안 지형 PeM / 방하지형 PeM / 중력 지형 PeM / 사구 지형 PeM
미지형 SS	1/1,000	10m	국지적 사면·국부 사면·국지사면*	(t) 지진 단층애 / (f) 자연 제방, 배후 습지, 하상 / (p) 솔리플럭션 로브, 와지 / (g) 케틀, 드럼린 / (w) 바르한*/ (k) 돌리네	변동 지형 Pt / 하천 지형 PeM / 주빙하 지형 PeM / 빙하 지형 PeM / 풍성 지형 PeM/ 암석 제어 지형 M
미세지형 SSS		<1m	풍상 사면·풍하 사면	(t) 지면의 갈라짐 / (f) 사력퇴, 연흔 / (p) 구조토 / (k) 용식구	변동 지형 PtM / 하상 지형 PeM

**(t) tectonic 변동, (v) volcanic 화산, (G) gravitational 중력, (d) denudational 삭박, (f) fluvial 하성, (k) karst 용식, (g) glacial 빙하성, (a) arid 건조, (w) wind 풍성, (M) material 물질, P process 작용; Pt 내적 작용, Pe 외적 작용. (m) marine 해성, (w) wind 풍성, (p) periglacial 주빙하성.

명명된 하나의 지형형을 보여주는 사례를 들어보자. 이 지형은 뉴질랜드 남섬 남부의 하안 단구이다. 이 그림에서는 지표의 경사 방향을 선으로 표현하고 있고, 또 선의 밀도를 달리하여 상이한 지형면을 구분하고 있다. 그림에는 같은 종류의 지형면마다 a, b, c, d의 문자를 추가했다. b는 단구면, c와 d는 본류의 곡벽면이며, c와 d에서는 구성 물질이 사력층과 기반암으로 달라 사면의 경사(안식각)를 달리한다. b1, b₂, b₃로 아래첨자를 붙인 하나씩의 면을 이 그림에서는 하나로 이어진 지형면으로 생각할 수 있으며, 각기 다른 선 모양을 지닌 면의 경계가 지형선이다.

이 그림은 각 지형면의 형성 순서(a→b→c와 d)를 명료하게 나타내고 있으며, 현재의 하천이 만든 골짜기의 특수한 침식 형태로부터 곡측적재라는 하안 단구의 한 유형(지형형)을 만들고 있다.

지형면이라는 단위의 크기는 대상이 되는 지형의 규모 또는 보는 방식의 해상도에 따라 여러 가지이다. 작은 골짜기(우곡)와 같은 미지형이 대상이라면 우곡의 벽면을 하나의 지형면(단위 지형)으로 본다. 그러나 콜로라도고원과 같은 대지형을 대상으로 할 때는 자세히 살펴보면 몇 개의 단으로 구성된 고원면 전체를 하나의 지형면으로 보게 된다.

그림 2.1보다 규모가 한 단계 작은 지형(미지형)과 큰 지형(중~대지형)의 면 구분 사례를 그림 2.2와 그림 2.3에 나타냈다.

그림 2.2는 일본의 구릉 곡두부의 미지형을 구분한 모식도로 구릉 곡두의 지형형을 보여주고 있다(田村, 1996). 그림에서 하나로 이어진 지형을 같은 선 모양과 번호로 표시했으며, 지형선이 번호가 병기된 지형의 경계로서 명시되어 있다. 그리고 각각의 미지형 단위(지형면)마다 주된 물의 거동, 토양 물질의 이동 방식, 토양 모재의 퇴적 양식과 수분 상황, 지형 변화의 경향 등이 다르다는 것을 알 수 있다(표 2.2).

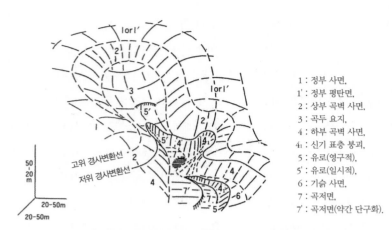

			1 : 정부 사면,
			1' : 정부 평탄면,

1 : 정부 사면,
1' : 정부 평탄면,
2 : 상부 곡벽 사면,
3 : 곡두 요지,
4 : 하부 곡벽 사면,
4₁ : 신기 표층 붕괴,
5 : 유로(영구적),
5' : 유로(일시적),
6 : 기슭 사면,
7 : 곡저면,
7' : 곡저면(약간 단구화).

고위 경사변환선
저위 경사변환선

50/20 m

20-50m

20-50m

그림 2.2 구릉지 곡두부의 미지형 구성의 모식도(田村, 1996)

표 2.2 미지형 단위를 통해 본 구릉지 곡두부의 현재의 지형·토양 형성 그림 2.2에 대응(田村, 1996)

미지형 단위	물의 주요 거동	토양 물질 이동	모재 퇴적 양식 수분 상황	지형 변화 경향	
1. 정부 사면	연직 침투	(아주 약한 포행)	잔적성(다소 머리 부분이 잘리는 경향) 약건성	다소 안정 약한 철형 감경사	기존 형태의 형성은 이미 끝났고, 현재는 서서히 변화하면서 때때로 크게 파괴됨
고위 경사 변환선					
2. 상부 곡벽 사면	연직 침투(약한 측방 침투류)	포행(단애 끝에서는 붕락 발생)	포행성, 얇음, 적당한 습윤~약한 건조	다소 불안정 철형 감경사	
3. 곡두 요지	연직 침투 측방 침투류 물길 흐름	위쪽 사면으로부터의 붕락 퇴적, 포행, 붕괴, (물길 침식)	붕적성, 두터움, 적당한 습윤~일부 약한 습윤	불안정 요형 감경사와 요형 급준화 내지 일시적인 선상 침식이 교호	
저위 경사 변환선					
4. 하부 곡벽 사면	연직 침투, 측방 침투류(포화 지표류도 발생)	포행, 붕괴, (물길 침식)	포행성, 얇음, 약한 건조~적당한 습윤	매우 불안정 요형 급사면 유지 새로운 곡두 발생	현재 활발하게 변화하고 있음
7. 곡저면	포화 지표류, 물길 흐름	위쪽 사면으로부터의 붕락 퇴적, 우세, 물길 침식, 범람 퇴적	붕적성~충적성, 두터움, 약한 습윤~매우 습윤	매우 불안정 혀 모양의 퇴적 평활화와 선상 침식이 혼재	

068

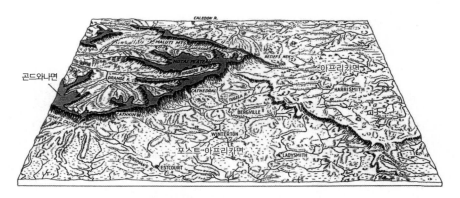

그림 2.3 아프리카 남부의 침식면군을 보여주는 블록 다이어그램 좌우 폭은 약 150km, 앞뒤 폭은 약 200km이며, 오른쪽이 북쪽이다(King, 1951).

그림 2.3은 남아프리카공화국 동안의 더번 부근 상공에서 서쪽으로 소위 드라켄즈버그 산맥(하계밀도가 높은 고원)을 내려다본 블록다이어그램이다. 이 고원(높이 3,400~3,200m)이 곤드와나면(쥐라기 침식면), 오른쪽 위의 파상지(3,000~1,500m)가 아프리카면(제3기 침식면), 아프리카면보다 한 단 낮게 앞쪽에 펼쳐진 파상지(2,000~1,000m)가 포스트아프리카면(마이오세 이후의 침식면)이다. 이 그림은 대지형의 지형면 사례로 지형면과 지형면을 경계 짓는 연속적인 커다란 급애(그레이트 에스카프먼트)도 하나의 지형형이라고 할 수 있다(그림 5.8 참조).

이와 같이 규모에 따라 대소의 차이는 있더라도 하나의 지형면이란 거의 같은 성질을 갖는 하나로 이어진 면이다. 여기에서 성질이란 (1) 형태, (2) 지형 형성 물질, (3) 형성 작용, (4) 형성 연대를 가리킨다. '거의 같은'이라고 표현한 것은 규모에 따라서는 '같다'고 해도 정밀도에 차이가 있기 때문이다.

(2) 지형면과 지형 물질·지형 형성 작용

한 지형면의 범위와 그 형성 기간은 대상의 규모에 따라 달라지는 것 외에도 그림 2.4에서 해설하겠으나 동일한 대상일지라도 자세히 볼 때와 개략적으로 볼 때 어디까지를 하나로 이어진 것으로 정할지 차이가 생긴다. 지형면은 퇴적면(지층의 퇴적 표면)과 침식면으로 구분할 수 있는데, 지형면과 형성 물질 및 형성 작용과의 관계를 먼저 퇴적면의 경우에 대해 생각해 보자. 지형학에서 지형면은 지질학(층위학)의 지층과 비슷한 성격이 있어 비교 고찰이 양자의 이해에 도움이 된다. 양쪽 모두 지사(지형 발달사를 포함함)를 세우는 기본적인 자료이며, 오래되지 않은 지질 시대의 지사를 이해하려면 양자를 아울러 연구하는 것이 바람직하다.

지층 구분의 기본이 되며 지질도를 만들 때도 가장 먼저 해야 하는 것이 암상의 층서 구분이다. 층서 구분에는 암상 구분 외에도 생층서[3] 구분, 지자기 층서 구분 등이 있다. 암상 구분에는 구분 단위의 계층에 명칭이 있어 작은 쪽부터 단층, 부층, 누층, 층군으로 구분한다. 지층의 경계인 층리면은 퇴적의 일시적 중지를 나타내는 표면으로 상부 지층에 덮여 있지만, 바로 지형면인 셈이다. 즉 매몰된 퇴적면이다(부정합면은 매몰된 침식면에 해당함). 지층의 경우에는 암상 구분, 생층서 구분, 지자기 층서 구분 등에 구분 단위의 정의와 명칭에 관한 국제적인 규약이 있다(ISSC, 1994). 반면에 지형면 구분에는 이런 규약이 없으므로 용어에 임의성이 있다.

지형면의 구분에는 지층과 달리 누적의 대소(중첩의 규모)에 따른 계층은 대상이 되지 않으며, 평면적인 범위와 이에 동반되는 형성 기간에 의해 계

---

3 생층서(biostratigraphy)는 고생물학 자료를 토대로 지층을 구분하거나 누층을 결정하는 것으로 화석 층서라고도 한다.

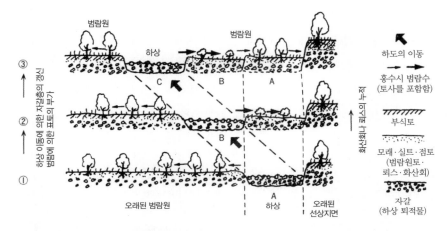

그림 2.4 선상지에서 하상 자갈층(A, B, C)과 표토(범람원 토양)의 형성 모델(貝塚, 1992) 지형면(A, B, C)의 형성 모델이기도 하다. ①→③은 시대 순. A, B, C와 같이 이전에 있었던 지층을 깎고 다시 메우는 퇴적 양식은 하천에서 흔히 볼 수 있다.

층을 생각할 수 있다. 먼저 아주 작은 퇴적 지형을 사례로 들어보자. 선상지를 흐르는 하천을 생각해보자. 하천은 망류이고 그물코에 해당하는 곳에 사력퇴가 있다. 사력퇴 하나하나의 곡면을 한 개의 지형면으로 본다면 가늘고 길게 연결된 망류 하상면은 한 단계 위의 계층이다. 이 하천이 이동하면 거기에 동반되어 사력으로 구성된 가늘고 긴 하도 퇴적물은 횡적으로 넓어진다. 모식적으로 나타내면 그림 2.4와 같다. 퇴적물 A, B, C의 집합체 표면으로서 선상지면은 A, B, C 각각의 하상면보다 한 단계 위의 계층이다. 지층 A, B, C는 형성 시기를 달리하지만 어떤 수준에서의 층서 연구에서는 수평 방향으로 하나로 이어진 지층이며 단층으로 볼 수 있을 것이다. 선상지가 아니더라도 하성 퇴적물과 하안 단구 퇴적물은 일반적으로 이런 종류의 구성을 보이는데, 그 표면은 높은(개략적인) 수준에서 보는 방식이라면 하나로 이어진 하성 지형면으로 볼 수 있다.

이어서 중~소규모의 하안 단구와 해안 단구의 지형면을 사례로 들어보자. 간토(関東) 평야의 대지와 단구의 지형·지질과 지형 발달사 연구는 1923년 발생한 간토 지진을 계기로 진전되어 지형면의 편년이 표 2.3과 같이 정리되었다. 지형면이라는 용어 자체는 간토의 단구면에 대해 야

표 2.3 간토(関東)의 지형면 구분의 변천

야베(1930)	아오키·다야마(1930)	오츠카(1931)		고바야시 외(1968)		마치다(1977)	가이즈카·마츠다(1982)		가이즈카·마츠다(1982)
간토	간토	일본		도쿄·요코하마		미나미간토	간토		산소동위체 스테이지
후 간토 롬단구	후 간토 롬단구	A	A_{II} / A_I	충적면		누마단구	A		1
	중간 단구		Du_{II}	다치카와면 Tc		다치카와 1단구	Tc	Tc_3· Tc_2 Tc_1	2 3 4
무사시노단구 M	무사시노단구 M	Du	Du_I	무사시노면 M	나카다이면 혼고면 M_2 나리마스면 M_1	미사키단구 M 오바라다이단구 O 히키바시단구 H	M	M_3 M_2 M_1 M_0	5a 5c
	중간 단구		Du_{Ia}	시모스에요시 면 S		시모스에요시단구 S	S		5e
다마단구 T	다마단구 T_2 T_1	D1		다마면 T		다 마 단 구 T-a T-b T-c T-d T-e	T-a T-b $\}$ T_2 T-c T-d $\}$ T-e T_1 T-f $\}$		7 6 9 8 10 11 12 13
선 나리타단구 PN	선 다마단구 PT	Pd / P					↑ 온난기		↑ 한랭기

베(矢部, 1930)가 사용한 것이 최초일 것이다. 표에서 볼 수 있듯이 지형면 구분은 개략적인 구분으로 시작하여 세분화로 진행되었다. 예를 들면, 아오키·다야마(靑木·田山, 1930)의 M면(무사시노武藏野면)은 이후 S, M₁, M₂, M₃, Tc(이 지형면은 다시 적어도 3개 면으로 세분됨)로 구분하게 되었다. 1950년대 이후의 세분화는 간토 롬[4]이라는 화산회층과 중간에 껴있는 특징적인 화산회 단층(單層, 열쇠층)[5]의 연구를 통해 진전되었다. 그리고 이들 지형면이란 간토 롬이라는 풍성 화산회 아래에 놓여 있으며, 대지와 단구의 형태를 만든 하성층과 해성층의 퇴적면으로 받아들여지게 되었다. 화산회의 강하·퇴적은 면의 형태를 만드는 데 본질적인 역할을 하고 있지 않으므로 면 형성에는 관여하지 않는 것으로 본다. 그러나 미지형을 문제로 삼는 경우에는 화산회의 퇴적면을 지형면으로 보는 입장도 있을 수 있다.

지형면의 경우에는 암상 층서 구분과 달리 계층을 나타내는 용어는 없지만, 상기한 M₁, M₂, M₃면과 이들을 종합한 M면과 같은 용법이 있고 지형면군이라는 용어가 사용된 일도 있다. 결국 지층 구분의 계층 구분이 상하 중첩에서 이루어지는 데 반해 지형면의 경우는 평면적인 범위에서 이루어지는 점이 다르다. 그러나 형성 기간의 장단에 따른 계층 관계라는 점에서는 공통적이다(지형면의 시대성에 대해서는 다음 절에서 소개함).

층리면은 매몰된 지형면이라고 소개했는데, 퇴적면의 경우라면 지층의 층상(퇴적 환경을 나타내는 여러 특성)은 지형면 형태가 나타내는 퇴적 작용,

---

4 간토 지방의 구릉·대지·단구를 주로 풍성층으로서 덮고 있는 풍화 화산회이다. 간토 지방의 플라이스토세 화산 활동에 유래하는 강하 화산회를 주로 하는 화산 쇄설물층이라는 의미로는 간토 롬층을, 그 물질을 가리킬 때는 간토 롬(loam)이라는 용어로 구분한다.
5 넓은 지역에 걸쳐 거의 동시에 형성된 데다 식별하기도 쉬운 지층을 가리킨다. 지층과 지형면의 대비·동정에 도움이 되는 지층으로 1회의 대분화로 퇴적한 테프라층이 가장 좋은 사례이다.

더 나아가 형성 환경과 조화를 이룬다. 예를 들면, 무사시노면(M면)의 형태는 무사시노 대지의 서부에서는 선상지의 성질을 보이는데, 면을 만든 무사시노 자갈층도 서부에서는 선상지 자갈층이다. 또한 무사시노 대지 동부의 S면(요도바시다이淀橋台와 에바라다이荏原台) 지형은 그 고도 분포와 개석도 패턴으로부터 삼각주 지형을 떠올리게 하는데, 구성층인 상부 도쿄층의 상부는 삼각주의 전치층과 저치층[6]으로 불리는 층상을 보이며 상응하고 있다. 즉 지형면의 형태가 나타내는 형성 작용이나 형성 환경과 구성층의 층상은 상응한다.

이런 대응 관계는 지형 물질이 수성 퇴적상이 아니라 화산 기원의 용암류와 화쇄류의 경우에도 성립한다. 또한 침식면의 경우에는 퇴적물이 존재하지는 않지만, 그림 2.2와 표 2.2에 나타냈듯이 면의 형태와 형성 작용 또는 토양 물질의 대응은 있으며, 침식 작용에 동반된 잔류 퇴적물이 있다면 (해식면이라면 요지에 남겨진 퇴적물과 화석 등) 이들과도 상응한다.

2. 지형의 신구와 연대

(1) 지형의 신구 판정 원칙

지형의 신구와 연대를 아는 것은 지형을 이해하고 지형 발달사를 세우

---

6 하천에 의해 운반되던 토사가 바다로 들어가면 먼저 조립 물질이 안식각에 해당하는 10° 이상의 급사면을 만들며 퇴적한다. 이 사면을 전치사면 또 사층리가 잘 발달한 그 구성물을 전치층이라고 한다. 퇴적이 계속되면 전치사면이 바다 쪽으로 확대되면서 삼각주가 전진하게 되고 전치사면의 육지 쪽 평탄면에는 층리를 지닌 정치층이 퇴적한다. 세립 물질은 전치사면 앞바다로 확산되고 부유하던 점토 입자는 염수와의 접촉으로 응집하여 침전된다. 이 해저의 이질 퇴적물을 저치층 또 그 퇴적면을 저치면이라고 한다(그림 2.5 참조).

는 데 필수이다. 이를 알기 위해서는 지형 물질, 특히 퇴적면의 퇴적층을 이용하는 방법, 지표를 덮고 있는 화산회, 뢰스, 토양, 식생을 이용하는 방법, 대비 지층에 의한 방법 등 여러 가지가 있으며, 이 절에서는 우선 지형 자체로부터 지형의 신구와 연대를 알아내는 방법(지형학적 방법)을 소개한다. 이 방법에는 다음의 원칙들을 적용할 수 있다.

1) 하나로 이어진 지형면은 동시에 만들어진 것이다.

이 원칙은 신구 판단 이전에 필요한 기초적인 항목이다. 여기에서 하나로 이어졌다는 것이 무엇이며 동시라는 것은 어떤 내용인지에 대한 설명이 필요하다. 또한 말미의 두 항목과 같은 예외가 있다는 것도 언급해야 한다. '하나로 이어졌다'는 것은 지형면을 어떤 규모(스케일)로 파악하느냐에 따라 좌우될 수 있다. 이미 선상지면을 대상으로 선상지 자갈층과 관련하여 언급했듯이 개략적으로 보면 하나로 이어진 것처럼 보이는 선상지도 자세히 보면 요철이 있고, 이는 하상의 신구와 관련되며 또 하상의 자갈층을 덮고 있는 표토의 두께와도 관련된다(그림 2.4). 작은 기복을 근거로 하천을 따라 길게 뻗은 지형면(미지형면이라고도 할 수 있음)을 하나로 이어진 것으로 보는 입장도 있거니와, 구로베(黑部)천 선상지 전체를 하나로 이어진 것으로 보는 입장도 있다. 지금까지 알려진 바로는 구로베천 선상지 전체의 형성 기간은 10^3년, 구하도의 흔적에 해당하는 미지형은 10^2년일 것이다. 또한 앞에서 언급했듯이 무사시노 대지의 M_1, M_2, M_3 각각의 면을 하나로 이어진 것으로 보는 입장도 있거니와, 수m 이하의 고도차를 지닌 이들 면을 일괄하여 M면으로 보는 입장도 있다. 후자라면 형성 기간이 10^4년이 된다.

하나로 이어졌다고 볼 수 있기에 시모스에요시(下末吉)면(S면)으로 불려

온 요코하마의 야마노테(山手) 대지면(해발고도는 20~30m이며 동쪽으로 갈수록 낮아짐)도 그 위를 덮고 있는 화산회의 층준[7] 차이(동쪽으로 갈수록 최근임)로부터 형성 기간이 10^4년인 것이 알려져 있다.

더 넓은 소기복 침식면인 미하라(三原) 고원면이나 주고쿠(中國) 지방의 기비(吉備) 고원면(형성 기간은 10^5~10^6년), 더 나아가 아프리카 남부의 곤드와나면 등(10^7년 기간에 형성됨)의 지형면을 하나로 이어진 것으로 볼 수도 있다(그림 2.3 참조).

여기에서 도대체 지형면의 연대란 무엇인지 묻고 싶어질 것이다. 이는 앞의 선상지 사례에서도 살펴보았듯이 문제 삼고 있는 면이 어떤 작용에 의해 형성되고 있었던 시대를 의미하며, 그 작용이 멎은 시대를 그 면의 완성기로 본다. 해성면과 하성면의 경우에는 유수의 작용이 멎은 때라는 의미이며, 이수기라고도 일컫는다.

넓은 지형면을 하나로 이어진 것으로 볼 때는 그 일부를 하나로 이어진 것으로 볼 때보다 형성 연대가 길어진다. 앞에서 광대한 침식면 사례를 들었는데, 두꺼운 지층으로 구성된 퇴적물 표면의 연대에 대해서도 어느 정도까지의 범위를 하나로 이어진 것으로 볼 것인지에 따라 연대가 달라진다. 북아메리카의 그레이트플레인스에는 플라이오세의 오갈라라(Ogallala) 층군이 광대한 면적을 차지하고 있는데, 엄밀하게 이에 해당하는 퇴적면이 있는지는 잘 알 수 없다. 단지 전체적인 표면을 오갈라라면으로 부르는 것이며, 이런 입장에서는 오갈라라면의 형성 기간, 즉 연대는 플라이오세의 10^6년으로 볼 수 있다. 이렇게 지형면의 연대는 범위를 크게 보면 형성 기

---

7 지층 가운데 특징적인 암상을 갖고 있고 수평으로 널리 이어져 쉽게 추적할 수 있는 단층(單層)이다. 어떤 지역 안에서 비교적 단기간에 만들어지며 그 지역의 층서를 밝히는 실마리가 되는 열쇠층을 가리킨다.

간이 길어진다. 이는 지층의 연대라고 할 때 층군 전체의 연대는 그 안의 누층이나 부층의 연대보다도 긴 것과 같다.

상기와 같이 생각하더라도 '하나로 이어졌다'고 볼 수 있는 지형면을 '동시'라고 보기 곤란한 사례가 있다. 또한 꺾여 있어도 동시인 지형면도 있다.

하나로 이어졌어도 동시가 아닌 지형면   해양판은 횡적으로 성장하며 만들어진 심해저면이다. 동태평양 해팽[8]으로부터 일본 해구—이즈오가사와라(伊豆小笠原) 해구—마리아나 해구에 이르는 태평양저를 하나로 이어진 지형면으로 본다면(이는 지구상 최대의 지형면임), 연대는 쥐라기부터 제4기에 걸친 것이 된다. 이 경우 지형면이라고 생각하는 것은 해저에 떨어져 쌓인 해저 퇴적물의 표면이 아니라 해령에서 만들어진 현무암층의 표면이다. 해저 퇴적물은 해저 대지형을 만드는 본질적인 지층이 아닌 것은 앞에서 소개한 간토 롬의 경우와 동일하다. 판구조론은 이런 점에서도 종래의 개념을 크게 변화시켰다고 할 수 있다. 이로 인해 중앙 해령에 가까운 얕은 해저 지형은 중앙 해령에서 멀리 떨어진 깊은 해저 지형보다 오래되지 않았다는 규칙성이 알려지게 되었다(9장 2절 참조).

그러고 보면 횡적으로 성장해 가는 지형이 또 있다. 삼각주가 안정된 해수면(호수면)에서 성장할 때는 그림 2.5처럼 정치면은 거의 같은 높이에서 앞으로 넓어지기 때문에 바다 쪽일수록 최신의 것이다. 산호초도 안정된

---

8 해팽(海膨, oceanic rise)은 해령(oceanic ridge)보다 경사가 완만하고 기복이 작은 해저 산맥이다. 해령과 마찬가지로 해저 확대가 일어나는 판의 경계에 발달하며 해령보다 판의 확장 속도가 빠르다. 그러나 양자의 구분은 뚜렷하지 않아 남극해에서 태평양까지 이어진 태평양 남동부의 태평양 해령은 동태평양 해팽(East Pacific Rise)으로 불린다.

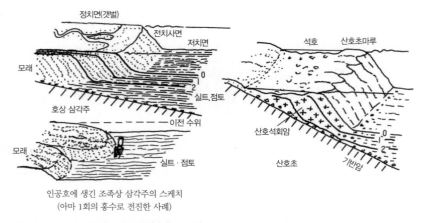

그림 2.5 삼각주와 산호초 전연부의 형태와 전진 호상 삼각주와 산호초(안초)는 모식도이며, 이들의 전진을 0(현재), 1, 2(예컨대 1,000년 전, 2,000년 전 당시의 면)의 선으로 나타냈다.

해수면에서는 측방으로 성장하므로 바다 쪽일수록 최신의 것이다.

<u>꺾여 있으나 동시인 지형면</u>   지형선으로 구획된 2개의 지형면이 동시에 만들어지는 수가 있다. 잘 알려진 사례는 삼각주, 특히 내만이나 호소에 만들어지는 삼각주인데, 그림 2.5와 같이 2개의 지형선으로 구분된 3개의 지형면(정치면·전치사면·저치면)이 동시에 만들어진다. 이들 3개 면을 만드는 지층은 각각 그림으로 나타낸 구조를 갖고 있으며, 층상(입경 조성과 화석 등)을 달리한다. 정치면과 전치사면 사이의 꺾임은 하천에 의해 운반되어 온 토사가 육상의 유수 환경으로부터 정수(靜水) 환경으로 들어감에 따라 생긴다. 전치사면과 저치면 사이의 꺾임은 전치층은 모래, 저치층은 진흙(실트와 점토)이라는 구성 물질의 입경 변화에 대응한 결과이다(그 이유는 노트 2.1을 보기 바란다).
    꺾인 형태를 지닌 지형이 동시에 생기는 사례는 이외에도 많이 있다. 인

접한 장소일지라도 동시에 구동하는 작용이나 지형 물질에 차이가 있기 때문이다. 하안 단구면과 안쪽의 단구애, 해안 단구면과 안쪽의 해식애는 각각 동시라고 생각해도 좋다. 하천에는 하상에서 상하 방향의 침식·퇴적과 함께 측방으로의 침식이 있으며, 천해에서의 파랑이나 해수의 흐름에는 해저에서의 침식·퇴적과 측방으로의 해식 작용이 있기 때문이다. 화산 쇄설구에서 화구벽과 쇄설물 사면도 동시에 만들어진다. 큰 U자곡과 지류의 작은 U자곡이 만나는 곳에서는 고도차가 생겨 곡벽이 꺾인다. 그러나 형성은 동시이다(5장 4절 참조).

2) 침식되어 생긴 지형은 침식되기 전의 지형보다 오래되지 않았다.
3) 덮고 있는 물질 표면의 지형은 덮여 있는 지형보다 오래되지 않았다.

이 두 원칙은 자명할 것이다. 3)은 층서학에서 상위에 있는 지층은 하위에 있는 지층보다 오래되지 않았다는 원칙(스테노가 1669년에 처음 말한 것으로 알려져 있다[9])의 지형 판이다. 2)와 3)은 일본에서는 오츠카·모치츠키(大塚·望月, 1932)에 의해 처음으로 언급되었다. 이들 원칙은 그 표현에서도 분명하듯이 ⓐ 원래 지형과 ⓑ 침식으로 생긴 지형 또는 ⓒ 덮고 있는 물질로 만들어진 지형이 접하고 있는 경우에 적용된다. 지형을 관찰하는 입장에서는 ⓐⓑⓒ가 식별되지 않으면 곤란하다.

복수의 하안 단구가 접하고 있는 경우에는 2)의 원칙에 의해 고위 단구면은 저위 단구면보다 오래되었다. 해안 단구와 호안 단구에서도 이런 경우가 많다. 그러나 해수면과 호수면의 수직 변동이 반복적으로 일어난 경

---

9 스테노(N. Steno, 1638~1686)는 지구의 역사에 관심을 가졌던 덴마크 태생의 의사로 지층 누중의 법칙, 수평 퇴적의 법칙 등 층서학·지사학의 기본 원리를 확립하여 17~18세기 지질 학계에 큰 영향을 주었다.

우 단구 지형이 소규모이거나(호안 단구에서 종종 일어남. 사진 2.1과 그림 7.23) 현 해저에 단구가 있다면 높다고 해서 반드시 오래되었다고만은 할 수 없다. 지형학적으로는 각각의 정선(汀線)에 연속된 하안 단구에 의해 신구를 판정하는 것이 유력한 방법이며, 이 방법을 사용할 수 없다면 단구 퇴적물 등에 의한 검토가 필요하다.

평탄한 하성면과 해성면이 고위의 단구나 산 중턱에 접하고 있을 때 단구면과 그 배후 사면을 경계 짓는 지형선은 매끄러운 곡선인 경우가 많지만, 마치 리아스 해안선과 같이 복잡한 곡선을 만드는 수도 있다. 이런 경우에 골짜기가 파여 있는 배후 사면의 전면이 지층으로 메워져 있는 것이 분명하므로 평탄면과 사면은 3)의 관계에 있다. 그리고 평탄한 지형면은

사진 2.1 스코틀랜드 중부 글렌로이(Glen Roy)에 있는 평행로(Parallel Roads)라는 이름으로 알려진 호안 단구군(1985년 국제지형학회 답사 시 저자 촬영) 반대편 사면에 보이는 줄무늬 하나하나가 단구면이며, 빙기 말 약 1만 년 전에 빙하가 가로막아 생긴 언지호 수면의 상승에 동반되어 만들어졌다. 이런 미세한 단구면의 형성 순서를 결정하는 것은 어렵다.

두꺼운 퇴적물의 표면(fill-top)[10]이라고 판단할 수 있다. 이는 평탄한 지형면이 침식 평탄면(침식 단구면)인지 퇴적면인지 가늠하는 방법의 하나이다.

4) 변위·변형으로 생긴 지형은 그 이전의 지형보다 오래되지 않았다.

이 원칙은 2)의 침식을 변위·변형으로 바꿔놓은 것으로 자명할 것이다. 변위·변형에 의해 생긴 지형이란 단층애(면), 땅의 균열, 요곡애[11] 등이다. 이 원칙은 지질학에서 단층이나 암맥의 전후 관계를 판단하는 데 사용하는 교차(절단했다·절단되었다) 관계의 원칙에 상응한다.

5) '흔적' 밀도가 높은 지형은 같은 환경 조건에 있는 곳이라면 그 밀도가 낮은 지형보다 오래되었다.

여기에서 임의로 '흔적'이라고 표현한 것은 외래 작용, 외적 작용, 내적 작용에 의해 생긴 크레이터, 골짜기, 지각의 균열 등을 가리킨다. 이 원칙은 달이나 지구형 행성에서 지형의 신구를 크레이터의 밀도로 판단하는 데 사용할 수 있고, 실제로 이런 방법이 확립되어 있다(크레이터 연대학에 대해서는 6장에서 언급한다). 지구상에서는 하곡 밀도에 의해 신구를 판단할 때 사용할 수 있다. 가령 아시타카(愛鷹)산은 후지(富士)산에 비해 하곡이 훨씬 더 많이 파여 있으며, 무사시노 대지에서 S면의 곡 밀도는 M면의 그것보다 높다. 그러나 지질이나 원래의 지형 조건 또는 외적 작용의 조건에 따라 밀도는 좌우되므로 연대가 얼마나 오래되었는지를 정량적으로 구하는

---

10 퇴적 단구를 의미하는 fill terrace에서 확인할 수 있듯이 두꺼운 하성 퇴적물을 보통 fill이라고 부른다. fill-top은 퇴적면 또는 퇴적층의 윗면을 가리킨다.
11 요곡 운동으로 생긴 사면을 가리킨다. 요곡(monoclinal fold)은 지표나 지각을 구성하고 있는 암층이 계단 모양으로 구부러지는 현상이다.

것은 쉽지 않으며, 정성적인 신구 판단에서조차 어려울 수 있다(8장 2절의 보소房総 등에서 사례가 소개되고 있다).

(2) 지형의 연대 결정법과 대비·편년

앞 절에서는 주로 지형의 신구, 즉 상대적 연대를 결정하는 원칙과 지형의 연대란 무엇인지에 대해 언급했다. 이 절에서는 지형, 특히 지형면의 지질 연대·방사선 연대의 결정과 대비·편년에 대해 소개한다. 이들은 지형 발달의 시간상의 위치를 결정할 뿐 아니라 지형 변화의 속도와 지형 변화 사변(이벤트)의 주기와 빈도(예를 들면, 활단층의 평균 재현 주기)를 아는 데 필요하다.

1) 지형의 연대 결정법과 대비 지층

지형의 연대를 아는 가장 직접적인 방법은 지형면이 지층(용암과 산호초를 포함한다)의 퇴적면인 경우 그 지층의 연대를 화석, 고지자기, 방사선 연대 측정법(^{14}C, K-Ar법 등)에 의해 아는 것이다. 화산회와 뢰스가 지형면을 덮고 있는 경우라면 지형면의 연대는 이들 지층 연대보다 오래된 것으로 추정할 수 있다. 또한 지형의 개략적인 나이는 지형면 구성 물질의 풍화와 토양화 정도, 달의 크레이터라면 형태의 신선함과 광조[12]의 유무로부터도 추정할 수 있다.

홀로세 지형면의 경우에는 면의 구성층이나 표토의 ^{14}C 연대 측정이 가장 많이 사용되는 방법이며, 플라이스토세 중·후기 지형면의 경우에는 이

---

12 천체 표면에 충돌 크레이터가 만들어질 때 방출물이 방사상으로 퍼지면서 만든 밝게 빛나는 줄무늬를 광조(光條, ray system)라고 한다. 분출물의 알베도, 조성, 열적 성질이 주변 물질과 달라 가시광선과 적외선 영역에서 밝은 줄무늬로 관측된다.

를 덮고 있는 화산회나 퇴적면 구성층에 껴있는 화산회·화쇄류 퇴적물 등의 FT(피션트랙) 연대[13]와 고지자기 연대[14]가 가장 보편적으로 사용된다. 이런 방법으로 지질 연대가 결정된 지형면을 그림 2.6에 나타냈다. 이 그림은 광역에 걸친 지형면과 지층 등을 전체적으로 대비한 편년도이기도 하다.

지형이 소기복 침식면과 같이 제4기 전기 이전에 형성된 침식면인 경우에는 연대 결정에 가장 많이 사용하는 것은 침식면의 대비 지층 또는 그 침식면 상하에 놓여 있는 지층·암석의 연대이다. 일반적으로 대비 지층이란 침식 지형이 만들어졌을 때 그 장소로부터 침식된 후 운반, 퇴적된 지층이다. 예를 들면, 붕괴 사면에 대해 바로 밑의 애추라든가 화산체 침식곡이라면 그 하류의 화산 산록 선상지의 퇴적물, 하성의 소기복 침식면이라면 하류의 분지와 해저에 퇴적된 지층을 가리킨다.

소기복면의 대비 지층을 특정하기 위해서는 다음 항목을 검토해야 한다. (1) 양자의 고도·위치 등 지리적 분포의 정합성, (2) 대비 지층의 층상과 소기복 형성 환경의 정합성, (3) 그 시대 전후의 지형 발달사에서 소기복면·대비 지층의 위치 타당성 등이다. 제4부 8장 3절에서 구체적으로 언급하겠으나 이 절에서는 연구법을 주제로 미노·미카와(美濃·三河) 고원의 소기복면과 그 대비 지층으로 여겨지는 세토(瀨戶)층군(도카이東海층군의 일부, 플라이오세)의 경우를 소개하겠다.

---

13 우라늄 동위원소인 ^{238}U의 자발적인 핵분열이 일어날 때 광물에는 흔적(track)이 남게 되므로 핵분열의 붕괴 계수와 시간의 함수인 흔적 밀도와 우라늄의 양으로부터 형성 연대를 구할 수 있다.
14 고지자기의 시간적 변화에 의한 지질 시대의 구분·편제를 지자기 편년(magnetic chronology)이라고 한다. 지층 속 잔류자화(remanent magnetization)의 층위에 따른 변화에 근거하여 지층을 구분·편제한 지자기 층서를 지층의 생성 시기로 바꾸어 읽으면 지자기 편년을 얻을 수 있다.

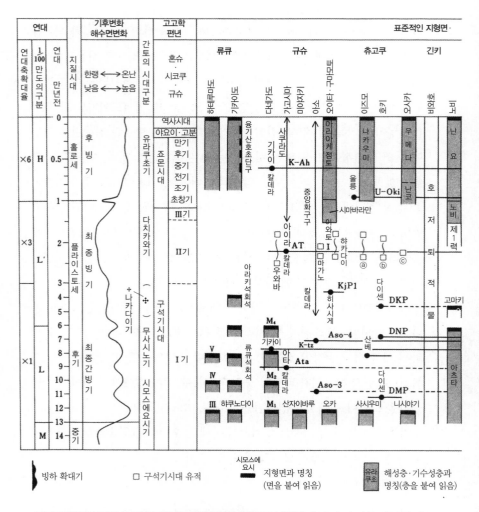

그림 2.6 일본의 플라이스토세 후기와 홀로세의 편년(貝塚, 1987b) 『일본 제4기 지도(日本第四紀地圖)』의 해설로 첨부된 것으로 종합적인 편년도의 사례이다.

이 지역의 소기복면 분포와 세토층군의 분포는 지리적으로 상·하류의 관계에 있으며, 단면도에 의한 고도 분포도 정합적이다. 또한 주로 료케(領

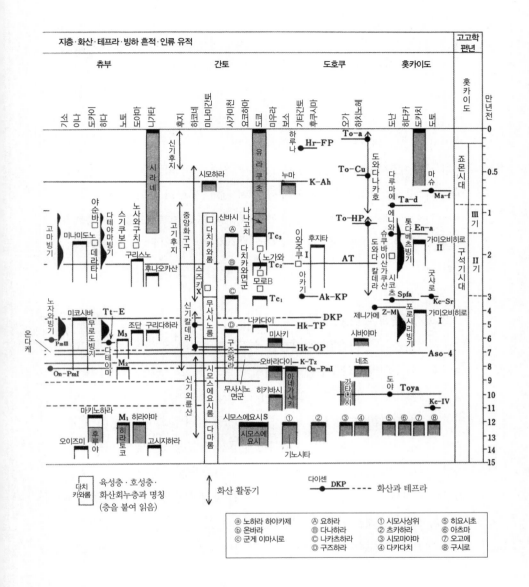

지층·화산·테프라·빙하 흔적·인류 유적				고고학 편년
츄부	간토	도호쿠	홋카이도	홋카이도

다치
카와롬 — 육성층·호성층·화산회누층과 명칭 (층을 붙여 읽음)

화산 활동기

다이센 DKP ●━━━ 화산과 테프라

ⓐ 노하라 하야카제	Ⓐ 요하라	① 시모사상위	⑤ 히요시초
ⓑ 온바라	Ⓑ 다나하라	② 츠카하라	⑥ 아츠마
ⓒ 군게 이마시로	Ⓒ 나카츠하라	③ 시모마야마	⑦ 오고에
	Ⓓ 구즈하라	④ 다카다치	⑧ 구시로

家)대[15]의 화강암·변성암 지역에 펼쳐진 소기복면에 대해 도키(土岐) 도토
와 세토(瀬戸) 도토 등 도토(陶土)[16]를 포함하고 있는 세토층군은 풍화가 진

행된 화강암류에서 기원한 모래~점토의 세립 물질로 구성되어 있어 모순되지 않는다. 이 지역은 마이오세에는 미즈나미(瑞浪)층군이 분포하는 다도해였으나 이후 육화하여 육상 침식을 받아 미즈나미층군은 기반암과 함께 침식되었고, 마이오세 말부터 플라이오세에 걸쳐 수백만 년 동안 소기복면이 형성된 것으로 보인다. 미노·미카와 고원의 일부는 플라이오세~전기 플라이스토세에 선상지성 자갈층(도키 사력층)의 퇴적장이 되었는데, 이는 아테라(阿寺) 단층애의 북동쪽 산지(히다飛彈 산맥)의 융기와 이어지는 기소(木曾) 산맥의 융기에 따른 것으로 생각된다. 소기복면·대비 지층의 시대는 산지의 성장과 급류 하천의 시대가 시작되면서 끝난 것으로 알려져 있다.

2) 소기복면과 배면·접봉면

소기복면을 보는 방법과 관련하여 소기복면의 기원에 관한 문제를 덧붙인다. 소기복면은 산릉부터 곡저까지의 비고가 작고 일반적으로 경사가 완만한 지형을 가리킨다. 『일본 제4기 지도』(1987)에서는 경사가 20° 이하이고 하나의 평탄면 안에서 고도차가 300m를 넘지 않으며, 능선 쪽에서 폭이 100m 이상인 지형이다. 소기복면에 골짜기가 생기면 앞의 미노·미카와 고원과 같은 고원상 지형이 되며, 골짜기로 파인 부분까지 포함하는 지형은 소기복면을 갖는 유년기 산형, 개석된 소기복면 등으로 표현된다.

소기복면의 유래는 2개의 경로를 생각할 수 있다. 하나는 그림 2.7의 A처럼 퇴적면·침식면에 관계없이 본래 평탄면이었던 것이 이후 침식으로

---

15 서남 일본에서 중앙 구조선보다 북쪽에 분포하는 편마암을 주체로 하는 고온 저압형 변성암으로 이루어진 지대이다.
16 도자기의 원료로 쓰이는 백색 점토를 가리킨다.

소기복면이 된 것으로서, 이 경우에 산릉을 연결하여 복원한 평탄면은 과거 어느 시기에 평탄면이었다는 것을 의미한다. 또 다른 하나는 그림의 B처럼 처음부터 평탄면은 아니었으나 점차 소기복면으로 변화한 것이다. 일본의 구릉에는 A처럼 본래는 해성·하성의 단구면이었던 것이 나중에 소기복면이 된 것도 있거니와 B와 같은 경우도 있다. 후자는 침식되기 쉬운 해성·호성의 신제3기층이 융기하여 생긴 것이 많은 듯하다. B의 경우에는 제각각 만들어진 산릉의 높이가 단지 가지런해졌을 뿐이므로 산릉 꼭대기를 연결한 배면[17]을 상정해도 면으로서의 의미는 없다.

일본에는 지역별로 작성된 접봉면도[18]가 있고, 전국 대상으로는 오카야마(岡山, 1988)와 활단층 연구회(活斷層研究會, 1991)의 1/100만 축척 부도가 대표적이다. 이는 1/5만 축척의 지형도에 동서 10등분, 남북 8등분으로 방안을 설정하고 방안 내 최고점을 이용하여 등고선을 그린 것이다. 복잡하게 펼쳐진 지형 가운데 요지를 메꾼 모습으로 지표를 개관하고 고도 분포

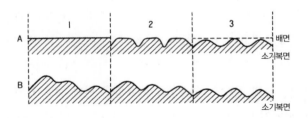

그림 2.7 배면과 소기복면(吉川 외, 1973) 1, 2, 3은 발달 순서. A-3의 배면은 원래의 면이 존재하기 때문에 의미가 있는 지형면인 반면 B-3은 배면으로서의 의미는 없고 소기복면으로서만 의미가 있다.

---

17 배면(背面, summit plane)은 실재하는 평탄면이 아니라 높이가 가지런한 구릉과 산지의 정상을 연결하여 상정한 평평한 면으로 일종의 접봉면에 해당한다.
18 접봉면(接峰面, summit level)은 어느 지역의 산정을 연결하여 만든 가상적인 곡면으로 복잡한 산지 지형을 개관할 때 많이 사용된다.

와 고도 급변선의 의미를 추구할 목적으로 만들어졌는데, 변동 지형의 연구뿐 아니라 지형지의 기술에도 많이 사용되었다. 접봉면 자체가 가리키는 지형은 앞에서 언급한 배면의 경우와 마찬가지로 원지형으로서 의미가 있는 경우와 그렇지 않은 경우가 있다.

3) 지형면의 광역에 걸친 대비·편년

지형면(사면을 포함한다)의 구분과 편년은 지형 발달사의 기초가 된다. 동정과 편년이 쉬운 지형면의 분포는 지역, 더 정확하게는 지역의 지형 형성 환경에 따라 차이가 있다. 일본과 같이 해안선이 길고 육지의 지각 변동(특히 융기)이 탁월한 곳에서는 해안 단구가 잘 발달한다. 단 일본과 같이 강수 강도가 크고 침식 속도가 빠른 곳에서는 플라이스토세 전기나 중기의 지형면조차 보전 상태가 나쁘다. 이런 사실은 라인강 협곡(卒川, 1997) 또는 이탈리아 남부의 칼라브리아(Calabria) 해안(宮內, 1997)처럼 전기 플라이스토세의 단구가 명료한 곳과 비교하면 분명하다. 화산 지형도 미국 서부에서는 플라이오세·마이오세의 화산일지라도 일본의 제4기 화산만큼 지형이 보존되고 있어 크게 다르다. 침식 속도는 지역에 따라 보통 한두 자릿수의 차이는 있는 것으로 생각하는 것이 좋다. 대비·편년의 재료도 지역차가 크며, 일본에서는 테프라가 좋은 편년 재료가 되어 그림 2.6과 같은 편년이 이루어졌다. 또한 『일본 제4기 지도』에는 제4기 후기의 단구 분포가 상세하게 그려져 있고 해안 단구의 대비도(Ota and Omura, 1991; Ota et al., 1992)도 작성되었다. 한편, 중부 유럽과 중국 북부, 미국 중부에서는 뢰스에 의한 편년이 진행되었으며, 북유럽에서는 빙호 점토에 의한 홀로세의 편년이 100년은 물론 10년, 1년 단위로도 가능해졌다(貝塚, 1997d에 소개, 사진 5.7 참조).

소기복 침식면의 편년과 이에 근거한 지형 발달사는 20세기 전반 영국에서 삭박면 편년(denudation chronology)[19]이라는 이름으로 이루어졌다. 킹(King, 1951)은 아프리카의 대규모 침식면(페디플레인)에 대한 편년을 시도했고 같은 관점으로 전 세계의 지형도 기술했다(King, 1967). 세계의 침식면 분포에 대해서는 사카구치(阪口, 1968)가 정리했다.

노트 2.1 유체와 물질 입자의 움직임 – 휼스트롬 그래프

지형이 변화하는 것은 지형 물질의 이동에 따른 결과인데, 외적 작용에 의한 이동에는 중력만으로 운반되는 것과 중력 등으로 움직이는 액체·기체에 의해 운반되는 것이 있다. 어느 쪽이든 마찰력·화학 결합력보다 운반력 쪽이 커졌을 때 이동이 일어난다.

지형 물질의 크기(입경)와 유체의 속도에는 휼스트롬 그래프에 나타나는 규칙성이 있으며, 대부분의 지구과학 개론서에는 그 내용이 언급되고 있다. 이 규칙성은 단순하지만 상식에 반하는 면이 있어 물질 입자의 이동을 생각하는 데 기초가 된다.

그림 2.8에서 실선으로 나타낸 것이 1939년 스웨덴의 지형학자 휼스트롬(Hjulström, 1939)이 작성한 그래프로 가로축에는 쇄설물 입자(점토~자갈)의

---

19 지형학에서 지형면의 동시성을 판정하는 대비(correlation)는 층위학적, 이화학적 방법으로 이루어지는 것이 보통이다. 그러나 20세기 전반까지 삭박(면) 편년으로 알려진 지형 편년학이 유행했다. 19세기 중엽 이래 산지 내 침식면의 동시성을 산지의 고도와 개석도의 조화성으로 판단했으며, 특히 데이비스의 침식 윤회설과 결합하여 준평원과 같은 지형을 이런 맥락에서 동시면으로 인식했다.

입경을, 세로축에는 유수의 평균 유속을 놓고, 2개의 선 A·B로 3개의 영역을 나누고 있다. A는 바닥에 놓여 있는 입자가 이동하기 시작할(운반되기 시작할) 때의 유속, 즉 시동 유속을 나타낸다. B는 운반중인 입자가 이 유속보다 작아지면 물이 흐르는 방향으로 움직이지 않게 되어(침강만 일어나) 퇴적이 일어나는 속도를 나타낸다.

여기에서 주목해야 할 것은 입경 약 2~1/16mm의 모래에서 시동 유속이 작아지고, 더 세립인 실트·점토(합쳐서 진흙이라고 한다)에서 큰 시동 유속이 필요하다는 것으로 상식적인 생각과는 다른 점이다. 이에 대해 휼스트롬은 세립일수록 입자 사이의 점착력(응집력)이 커지는 것과 바닥과 접하는 물

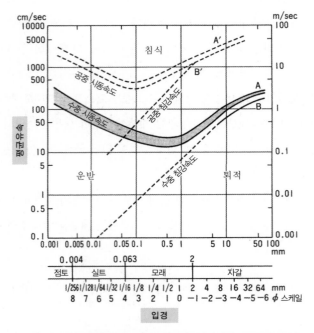

그림 2.8 수중 및 공중에서 물질 입자(자갈·모래·실트·점토)의 유속에 따른 운동 방식의 차이를 보여주는 휼스트롬 그래프(Hjulström, 1939; 공중에서의 파선은 Sundborg, 1956 등에 근거함)

의 흐름에 교란이 적어지는 것을 들었다. 반면에 모래 크기는 점착력이 작고, 또 바닥의 요철 때문에 난류가 잘 생겨 움직이기 쉽다는 것이다.

따라서 자갈·모래·진흙이라는 입경의 차이에 따라 물질의 움직임에 각각 다음과 같은 특성이 생긴다. 자갈은 움직이기 어렵고 움직이더라도 유속이 느려지면 **빠르게 퇴적한다**. 따라서 운반 형식으로는 전동과 활동이 탁월하다. 모래는 가장 움직이기 쉬우나 퇴적도 빠르다. 따라서 운반 형식으로는 약동[20]이 탁월하며, 이동의 반복이 빠르게 일어나고 그 사이에 입경이 같아진다. 사암, 사주, 사빈, 사구 등 모래의 집합체가 만들어지기 쉬운 것은 그 결과이다. 사구는 유수가 아닌 바람의 산물이나 바람에 의한 시동 속도·침강 속도의 모습도 휼스트롬 그래프와 닮아 있다(그림의 파선이 이를 나타낸다).

한편, 휼스트롬 그래프는 물질의 입경이 고른 경우를 나타낸 것으로, 입경이 고르지 않은 경우(예를 들면 혼합 사력)에는 모래·자갈 각각의 움직임은 위에서 언급한 양식과 같지 않다.[21] 입자의 운반 형식의 유형에 대해서는 그림 5.23과 그림 5.24를 참조하기 바란다.

---

20 암설 입자가 유체 속에서 바닥을 따라 운동하는 소류(traction)의 한 양식으로 도약(saltation)이라고도 한다.
21 혼합 사력이 되면 세립질 암설이 조립질 암설의 틈을 채워 표면의 거칠기가 줄어들기 때문에 조립질 암설만으로 구성되어 있을 때와는 다른 움직임이 나타난다.

3장
지형 물질

1. 지형 물질의 조성

(1) 지형과 지형 물질

지형을 만드는 고체 지구 물질(지형 구성 물질, 줄여서 지형 물질)은 지형의 소재이며, 지형 형성의 전제 가운데 중요한 하나이다. 지형 물질의 속성은 표 3.1에 제시했듯이 대단히 종류가 많다. 따라서 내적·외적 작용이 어떤 속성으로 구동하여 어떤 지형이 만들어지는지도 다양하다. 지형과 지형 물질의 관계는 지형의 규모(거대 지형~미지형)에 따라서 또 지형을 만드는 내적·외적 작용의 종류에 따라서도 다르다. 어느 쪽이든 지형 물질을 대표하는 암석은 지형이 만들어지는 방식을 제어한다. 따라서 1장 4절에서 소개했듯이 암석의 성질 차이로 인해 출현하는 지형을 암석 제약 지형이라고 한다.

표 3.1 암석·지질 구조의 종류와 성질에 대한 일람표(지형과의 관련에서)

고체지구 구성물 (계층별)	주된 종류 [조직~구조]	성질 — 물리적	성질 — 화학적	지형
광물		경도 / 비중	화학성분	
암석	퇴적암(류) { 풍성암, 증발암 / 쇄설암 / 생물암 }	입경·모양 / 고결도 / 공극률 / 투수성 / 함수비 / 팽윤성	용해 / 산화 / 수화 / 가수분해 / 탄산염화 / 킬레이트화 / 풍화지수	
	화성암 { 분출암 / 심성암 }	압축강도 / 인장강도 / 전단강도		
	변성암 { 접촉변성암 / 광역변성암 }	탄성률 / 강성률 / 점성률 / 가소성		
암체	퇴적암체 { 층리 / 절리 }	연성·취성 / 팽창계수 / 융점·융해열 / 비열 / 열전도도 / 탄성파속도		
	화성암체 { 유리 / 단층 }			
	변성암체 { 편리 / 습곡 }			
조산대	섬암대·부가체 / 화성대 / 변성대			
지각	대륙지각 { 조산대 (변동대) }			
	해양지각 { 탁상지 (안정지괴) / 순상지 }			
판	대륙판 / 해양판			
지구				

지질구조

화학적 풍화의 난이도

지형:
미지형 ←→ 대지형
화산·변동지지형 / 침식지형 / 퇴적지형 / 암석제약지형(조직지형·구조지형)

1장에서 언급한 것처럼 일반적으로 대지형은 판과 지각에 내적 작용(지구조 운동)이 장기간($10^5 \sim 10^8$년) 구동하여 만들어지는 반면 미지형은 지각 표층의 암석·토양에 외적 작용이 단기간($10^2 \sim 10^5$년) 구동하여 만들어진다. 내적·외적 작용에 대한 지형 물질의 반응에 대해서는 3장 2절과 3장 3절에서 소개한다.

암석의 지형에 대한 제약은 크고 작은 차이는 있을지라도 보편적이므로 지형을 보는 것(특히 육상의 침식 지형을 항공 사진으로 실체시하는 것)만으로도 지질 구조와 암석의 종류를 식별할 수 있다. 항공 사진이 지질 조사, 지질도 작성 또는 토양 조사에 광범위하게 이용되고 있는 까닭이기도 하다. 일반적인 경향으로는 식생이 빈약한 건조 지역·한랭 지역과 화산 지역에서 암석의 제약이 지형에 잘 나타난다. 이런 사실은 특히 침식 지형에 잘 들어맞으며, 퇴적 지형에는 다른 방식으로 지형과 지질 사이에 정합 관계가 성립한다.

퇴적 지형의 경우에는 퇴적물의 종류와 지형이 모두 같은 작용으로 만들어지는 것이므로 표리일체인 셈이다. 이런 지형으로는 애추, 선상지, 자연 제방, 사구, 비치 릿지, 에스커, 모레인 등이 있다. 퇴적 지형의 지형 분류도는 바꾸어 말하면 표층 지질도라고 해도 과언이 아니다. 화산 분화에 의한 퇴적 지형에 대해서도 같은 말을 할 수 있다. 용암류 지형, 화산 쇄설류 지형, 화산 쇄설구 등은 이들 지형을 형성하고 있는 물질 자체의 종류(암석 종류와 입경)와 성질(점성 등)을 반영하고 있다. 퇴적 지형은 퇴적 시기가 새로울수록 침식에 의한 변형이 작으므로 퇴적 물질을 잘 반영하고 있고, 그 결과 퇴적 작용·퇴적 과정을 잘 추정할 수 있다. 여기에서 퇴적 시기가 '새로울수록'이라는 것은 같은 지형 (보존) 환경에서의 비교로 환경 조건이 다르면 오래된 퇴적 지형도 신선한 형태를 유지할 수 있다. 심해저의 화산 지형이 이런 사례로 10⁷년(수천만 년) 전의 화산 지형도 신선하다. 같은 사실을 변동 지형에 대해서도 적용할 수 있다.

(2) 지형 물질의 종류와 성질

지형 물질에는 표 3.1의 왼쪽에 나타낸 것과 같은 계층성이 있다. 광물의 집합이 암석이 되고 암석의 집합이 암체를 만들며 더 나아가 지각을 만든다.

지질 구조의 양식에는 표에 제시한 습곡·단층·절리 등 여러 가지가 있고 그 규모에도 커다란 폭이 있다. 대규모 구조는 대규모 지형으로 나타나기 쉽다. 절리와 층리 같이 하나하나의 규모는 크지 않은 면 구조에서는 보통 물성과 더불어 구조의 밀도가 지형에 반영된다. 즉 간격이 좁은 절리와 층리는 이들을 따라 풍화가 진행되기 쉽고 작은 암편을 생산하기 쉬우므로 결과적으로 침식되기 쉽다(그림 5.1 참조).

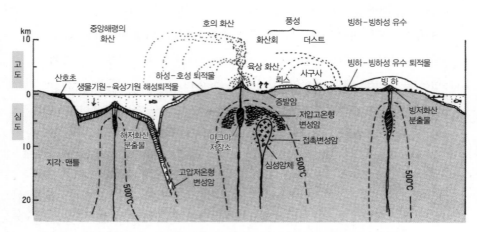

그림 3.1 각종 암석(화성암·퇴적암·변성암)의 형성 환경을 보여주는 모식 단면도(수평 스케일 없음)

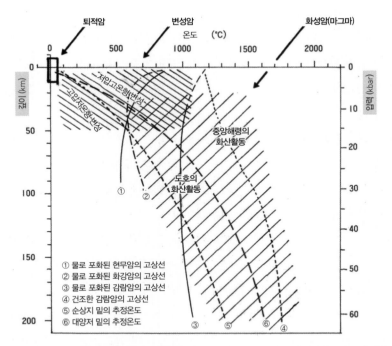

그림 3.2 화성암·퇴적암·변성암의 온도와 압력 영역 고상선이란 고체가 녹기 시작하는 온도선. 왼쪽으로 내려가는 사선역: 화성암의 근원이 되는 마그마가 만들어지는 영역. 심성암으로 고화되는 것은 마그마가 만들어진 곳 가까이든가 얕고 저온인 곳. 화성암으로 지표에 나타나 정착한 것은 퇴적암과 같은 영역. 오른쪽으로 내려가는 사선역: 변성암의 형성 영역. 굵은 선 박스 내: 퇴적암과 화성암이 정착하는 영역. 이곳은 암석이 풍화되는 곳이기도 하다. 곡선 ①②③④는 고온 고압의 실험치, ⑤⑥은 이론치.

각종 지형 구성 물질이 어떤 환경에서 생성되는지 그림 3.1과 그림 3.2에 제시했다. 그림 3.1은 이를 지형과 지하 구조의 단면(높이·깊이) 안에 나타낸 것이며, 그림 3.2는 화성암, 퇴적암 및 변성암의 생성 환경을 온도·압력이라는 조건으로 표현한 것이다. 화성암(마그마)의 생성 조건은 온도·압력 모두 크고 영역이 넓다. 변성암은 이보다 영역이 좁다. 퇴적암이 생성되는 온도·압력 조건은 매우 한정되어 있으나 지표의 일반적인 조건이기도 하므로 지표 도처에서 각종 퇴적암이 만들어진다. 이곳은 또한 풍화 작용(5장 1절 참조)이 진행되는 영역이다. 이 영역과는 다른 조건에서 생성된 화성암·변성암이 이 영역으로 들어오게 되면 먼저 풍화 작용에 의해 본래의 화학 결합이 변화하고 조성과 물성도 바뀐다. 이것이 퇴적암의 공급원이 된다.

암석 가운데 해저를 포함하여 지표에서 가장 넓은 면적을 차지하고 있는 것은 화성암이다. 특히 분출암이 많은데 이는 해양저 대부분이 분출암으로 구성되어 있기 때문이다. 이 경우에도 표층에 놓여 본래의 기복을 눈처럼 얇게 덮고 있을 뿐인 퇴적층은 제외한다.

화성암은 점유 면적(체적)도 넓은 데다 지구의 변천사 속에서 퇴적암·변성암의 모체였으므로 그림 3.3에 주요 화성암의 종류와 광물·화학 조성 그래프를 나타냈다. 여기에서 산화물 형태로 제시한 각각의 화학 조성이 그래프 안에서 차지하고 있는 면적은 개략적으로 전체 지각을 차지하고 있는 화학 조성의 비율이라고 생각해도 좋다. 『이과연표(理科年表)』[1]에 의하면 SiO_2 55.2%, Al_2O_3 15.3%, CaO 8.8%, Fe_2O_3+FeO 8.6%, MgO 5.2% 등으로 나와 있다. 또한 지각 밑 상부 맨틀에서는 그래프 왼쪽 끝에 놓인 감람암의 화학 조성과 같아져 SiO_2는 줄고 MgO는 증가한다. 이와는 반대로 지표 가까이에서는 그래프 오른쪽에 쏠려 있는 화학 조성이 많아진다. 퇴적암의 화학 조성은 석회암을 별도로 치면 오른쪽으로 치우쳐 있는 경우가 많다.

---

1 일본 국립 천문대가 편찬하는 과학 전 분야를 망라한 데이터 북이다. 1925년부터 매년 간행되고 있으며 최신의 2022년판은 95권째가 된다. 여기에서는 1994년판이 사용되었다.

노트 3.1 화성암의 광물 조성·화학 조성과 분류

    화성암은 지구를 비롯하여 지구형 행성과 달의 주요 구성 물질이다. 퇴적암·변성암의 주요 소재이며, 지형을 만드는 주요 물질이기도 하다. 화산 지형의 경우는 화산암 자체가 지형을 만들고 있고 해양저의 대부분도 화산암으로 이루어져 있다. 따라서 화성암의 광물 조성과 화학 조성, 생성 과정의 개요를 그림으로 나타냈다. 흔히 지구과학 개론서에 나와 있는 내용이지만 표현을 조금 달리해 보았다. 그림 3.3에 몇 가지 해석을 곁들여 화성암의 개요를 설명하겠다.

    주요 화성암은 그림 상단의 주요 광물 조성에 의해 최상단에 표시한 것처럼 분류된다(도쿄서적 고등학교 『지학(地學)』 교과서에 근거한다). 그림 중단에는 주요 화성암의 평균 화학 조성을 나타냈다. 모든 화성암에 SiO_2의 중량 퍼센트가 중요한 지표가 된다. 이는 규소 원자 1개와 산소 원자 4개가 만드는 정사면체 (SiO_4^{4-})의 결합이 골격 구조를 만들고, 이 구조 안에 Mg, Fe, Al, Ca, Na, K 등 금속 이온이 들어가 규산염 광물 그리고 다시 암석을 구성하기 때문이다. Si-O 사면체의 구조는 그림의 왼쪽에서 오른쪽으로 가면서 독립형·사슬·판상·망상으로 바뀐다.[2] 단 사장석은 왼쪽부터 오른쪽까지 모두 망상 구조를 가진다.

    화학 조성은 미야코노조·구시로(都城·久城, 1975)의 자료에 데일리의 값[3]과 『이과연표』의 값을 이용하여 표시한 후 분산되어 나타나는 값의 중간

---

2 Si-O 사면체는 이웃한 Si-O 사면체와 산소를 공유하며 결합하는데, 이때 결합 방식에 따라 여러 종류의 규산염 광물이 생성된다. 예를 들면, 감람석은 독립형, 휘석은 단사슬, 각섬석은 복사슬, 흑운모는 판상, 석영과 장석은 망상 구조를 만든다.

3 데일리(R. A. Daly)는 화성암의 기원에 관한 이론을 체계화하여 1914년에 *Igneous Rocks*

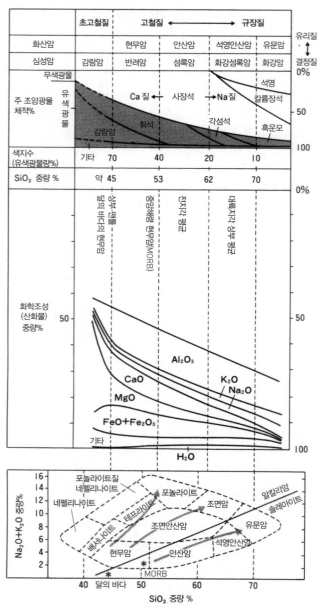

그림 3.3 주요 화성암의 광물 조성과 화학 조성(상·중단) 및 화성암에 관한 알칼리—실리카도(하단)
중단의 세로로 쓴 글자와 하단의 *표는 참고 자료임

정도를 연결하여 정성적으로 제시했다. 이것이 중단의 그래프이다.

값이 분산되어 나타나는 것은 하단의 Na_2O+K_2O와 SiO_2를 세로축과 가로축으로 설정한 그래프(화산암에 대한 알칼리−실리카 그래프, Cox *et al.*, 1979)에서도 알 수 있는데, Na와 K 함유량은 다른 원소의 양과도 연동하여 광물의 종류를 바꾸고 그 결과 암석도 그림 하단과 같은 명칭으로 불린다. 그림 하단의 실선과 파선의 위치도 연구자에 따라 차이가 있어 확정적인 것은 아니다. 세계적으로 많은 암석은 그림 하단의 사선(알칼리암/솔레아이트 경계)[4] 부근보다 아래쪽 솔레아이트 그룹이며, 그림 중단의 화학 조성도 상단의 광물 조성과 암석명도 사선 부근 아래쪽의 것을 나타내고 있다고 보면 된다.

중단의 화학 조성 그림에는 달의 바다[5]의 현무암, 상부 맨틀, 해양 지각(중앙 해령 현무암, MORB[6]로 약칭), 지각 전체, 대륙 지각 상부 등 각각의 평균적인 화학 조성의 위치도 표시했다.

그림 하단에는 3개의 화살표가 현무암 부근으로부터 오른쪽 위를 향하고 있다. 이것은 특정 조성의 맨틀이 녹아(부분 융해되어) 생긴 현무암질 마그마가 지각 안에서 고결되는 과정에서 화학 조성−광물 조성−암석 종류의

---

*and Their Origin*을 출간했다.

4 마그마는 TAS 다이어그램에서 실리카(SiO_2) 대비 알칼리(Na_2O+K_2O) 함량을 기준으로 알칼리(alkaline) 계열과 비알칼리(subalkaline) 계열로 구분한다. 또한 비알칼리 계열은 다시 AFM 도표에서 솔레아이트(tholeiitic) 계열과 칼크-알칼리(calc-alkaline) 계열로 구분한다. 여기에서 솔레아이트는 비알칼리 계열을 의미한다.

5 달 표면의 어두운 현무암으로 이루어진 평원을 바다(mare)라고 부른다. 갈릴레오가 자신이 만든 망원경으로 달을 관측하면서 고요한 바다와 같이 생각되어 바다라고 부른 것에서 유래한다. 바다보다 큰 곳은 대양(oceanus), 작은 곳은 호수(lacus), 만(sinus) 등의 이름이 붙기도 한다. 마레는 라틴어로 바다라는 뜻이다.

6 Mid-Ocean Ridge Basalt

변화 경로를 보여주고 있다. 이 과정을 결정하는 주된 작용은 마그마의 결정 분화 작용과 주변 지각 물질과의 혼성 작용(동화 작용)이라고 한다.

맨틀이 녹아 마그마가 생성될 때 지하 깊은(고압인) 곳에서는 Na, K가 풍부하고 SiO_2가 적은 알칼리암질 마그마가 만들어지며, 얕은(저압인) 곳에서는 알칼리가 적은 솔레아이트질 마그마가 만들어진다. 판이 확장되는 중앙 해령에서 만들어진 현무암(이것이 심해저를 만든다)은 얕은 곳(깊이 수십km)에서 만들어진 솔레아이트 현무암질 마그마에서 유래한다. 판이 침강하는 도호 지하에서는 얕은 곳에서는 솔레아이트 현무암질 마그마가 그리고 깊은 곳에서는 알칼리 현무암질 마그마가 생성된다. 이들 마그마의 생성에는 판이 갖고 들어온 H_2O에 의한 융점 강하가 작용하고 있다.

맨틀이 녹는 것은 온도가 올라가 융점에 도달하든가 마그마가 상승하여 압력이 내려가든가 또는 H_2O(OH^-이온)가 공급되어야(이들이 융점을 낮춘다) 일어난다. 맨틀이 녹아 만들어진 마그마는 온도가 내려가고 고화됨에 따라 화살표 방향으로 조성이 바뀌는데, 셋 가운데 어느 경로를 거치더라도 SiO_2는 증가하고 마그마의 점성도 증가한다. H_2O의 함량이 증가하면 점성이 낮아지는데, 이는 융점 강하의 경우와 마찬가지로 규산염의 화학 결합이 약해지기 때문이다. 점성과 H_2O, CO_2의 함량은 화산의 분화 양식과 관계가 깊다.

2. 지형 물질의 내적 작용에 대한 반응

지각과 상부 맨틀에서 열·압력에 의한 융해와 변성의 영역을 그림 3.1과 그림 3.2에 나타냈다. 도호의 지하에서는 침강하는 판(H₂O를 함유한 현무암과 감람암)이 고온역에서 용해되어 화성 활동을 일으키고, 중앙 해령에서는 상승하는 맨틀 물질이 저압역에서 용해되어 화성 활동을 일으킨다.

암석과 지각의 지구조 응력에 대한 반응은 시료에 의한 실험과 야외 관측의 자료가 축적되고는 있으나 장기간에 걸친 응력에 대한 반응을 비롯하여 미지의 영역이 많다. 이하 암석 및 지각·맨틀 수준에서의 반응(유동과 파괴 현상)의 일단을 언급하고 변동 지형 생성의 기본 조건을 살펴보겠다. 변동 지형 연구가 지구조 응력 연구와 결합하게 된 것은 1970년경 일본·뉴질랜드·미국 등지에서 활단층 분포로부터 광역 응력장[7]을 찾는 연구가 시작되고부터라고 할 수 있다. 중앙 일본에서 이루어진 마츠다(松田)·스기무라(杉村)·후지타(藤田) 등의 연구가 선구이며(초기 연구사에 대해서는 스기무라杉村, 1980를 참조), 이후 현장에서의 응력 측정이나 측지학적 지각 변동 연구와 연계되었다. 암석의 변형·파괴 양식과 세 개의 응력 성분(주응력, $\sigma_1 > \sigma_2 > \sigma_3$, 압축을 플러스 값으로 한다)[8]과의 일반적인 관계는 노트 3.2에서 그림 3.9로 제시했다.

---

7 광역 응력장은 지층에 어떤 힘이 가해지고 있는지를 보여주는 용어로 수평 방향을 기준으로 눌리면 압축 응력장, 잡아당겨지면 인장 응력장으로 구분한다. 응력장의 변화는 판의 운동과 관련되어 있으며, 특히 일본과 같은 섭입대에서는 해양판의 섭입 방향과 각도에 따라 응력장이 변화한다. 즉 해양판의 섭입 각도가 완만하면 대륙판을 밀어붙이는 힘이 커지므로 대륙판에서는 압축 응력장이 생기고, 반대로 섭입 각도가 크면 대륙판을 밀어붙이는 힘이 작아지므로 대륙판에서는 인장 응력장이 생긴다. 또한 해양판이 비스듬한 방향으로 섭입하는 경우 대륙판 주변부에는 주향 이동 응력장이 발생한다.

8 응력(stress)은 재료에 하중(외력)을 가했을 때 내부에 생기는 저항력으로 변형력이라고도 한다. 하중의 증가와 함께 응력도 증가하나 재료 고유의 한도에 도달하면 하중에 저항할 수 없게 되므로 물체는 영구 변형되거나 파괴된다. 따라서 응력의 한도가 클수록 강한 재료이며, 하중으로 인해 생기는 응력이 재료의 한도 응력보다 작을수록 안전하다. 여기에서 응력의 3 성분은 단면에 수직으로 생기는 압축 응력의 x축, y축, z축 세 방향으로의 분력을 가리킨다.

(1) 지형 물질과 변동 양식

야외에서 변동 지형과 지질 구조, 응력장의 관계로부터 후지타는 변동 지형의 형성 과정을 그림으로 나타냈다(그림 3.4). 이 모델에서는 암질을 고려하여 화강암질 암체(료케대)에서는 대습곡(기반 습곡) 현상이 먼저 일어나고 그 진행 과정에서 역단층의 형성에 이르는 것으로 제시했다. 광물에서는 석영과 흑운모가 소성 유동을 일으키기 쉽고, 암석에서는 화강암이 소성 유동을 일으키기 쉬운 것으로 알려져 있다. 또한 미노(美濃)대와 단바(丹波)대[9] 같은 퇴적암체(부가체)에서는 주향 이동 단층이 일어난다고 생각할 수 있다. 이들은 모두 수평 압축 응력이 탁월한 곳에서 발생하는 고결암의 변형·파괴 양식으로 퇴적암과 변성암에서는 σ_1에 직교하는 습곡축을 갖는 습곡이나 σ_1에 사교하는 안행 습곡[10]을 낳는다(4장 2절 참조).

수평 응력장이 인장인 경우에는 미국의 베이슨 앤 레인지(Basin and Range)[11]와 규슈 중부의 벳푸(別府)−시마바라(島原) 지구대[12]에서 전형적으

---

9 일본의 지체 구조 가운데 서남 일본의 내대(内帶, 중앙 구조선의 북쪽 지대)에 놓인 지대들이다. 미노대는 기후(岐阜)현과 나가노(長野)현을, 단바대는 교토(京都)부와 효고(兵庫)현을 주요 분포역으로 한다. 두 지대 모두 중생대 쥐라기의 부가 퇴적물이 분포하며 하나로 이어진 지대로 판단되어 미노−단바대라고도 부른다.

10 안행(雁行) 습곡(echleon folds)은 습곡의 배사축·향사축이 기러기가 편대를 이루며 날아가는 모습으로 배열된 것을 가리킨다. 배열 형식에 따라 우(右) 안행과 좌(左) 안행으로 구분한다.

11 미국 남서부에서 멕시코 북서부에 걸쳐 있는 건조 지역으로 각각 지구와 지루에 해당하는 세장형 분지(basin)와 산지(range)가 남북 방향으로 평행하게 연이어 출현하는 독특한 지형 때문에 명명되었다. 건조 분지의 모식적인 장소로 알려진 데스밸리도 이런 분지 가운데 하나이다.

12 규슈 중부의 벳푸만으로부터 벳푸 온천 지역, 구주(九重)산, 아소(阿蘇)산을 지나 시마바라 반도에 이르는 동북동−서남서 방향의 길이 200km, 폭 20~30km의 지구대이다. 많은 활화산이 분포하고 지진 활동도 활발하다. 일본 열도의 단층은 횡압력에 의한 역단층과 주향 이동 단층이 대부분이므로 남북 방향의 인장력에 의해 정단층이 발생한 이 일대는 예외적인

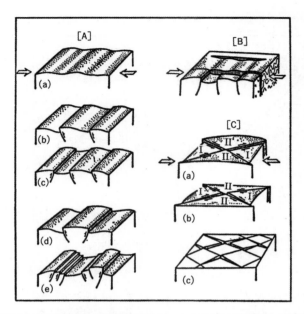

그림 3.4 기반암의 습곡·단층 구조를 보여주는 모델(Huzita et al., 1973) 후지타(藤田, 1983)의 해설에 의하면, [A]계열은 기반 습곡과 그 진행에 동반되어 발생하는 역단층. (a)는 초기 상태. (b) (c) (d)는 그 이후의 여러 변형 양식이며, (e)는 이들의 조합. [B]계열은 기반 습곡이 암체마다 다른 형태를 취하는 경우 경계에 발생하는 단층을 보여준다. [C]계열은 공역 관계에 있는 주향이동 단층에 의한 지괴 운동. (a)와 (b)에서는 불룩해지는 방식이 다르며, (c)는 이들의 조합.

로 볼 수 있는 정단층 지괴군이 나타난다.

지각·맨틀 상부(또는 판)의 파괴 강도에 대해서도 앞에서와 마찬가지로 압축장과 인장장에 따라 차이가 생길 것이다. 여기에서는 판의 구조와 파괴 강도에 관한 그림을 제시한다(그림 3.5). (a)는 해양판의 강도로 파선(R)은 역단층을 만드는 압축 응력장의 경우, (N)은 정단층을 만드는 신장 응력장의 경우이다. 해양판은 생성 연대와 함께 두꺼워지고 그 아래 연약권

지역으로 알려져 있다.

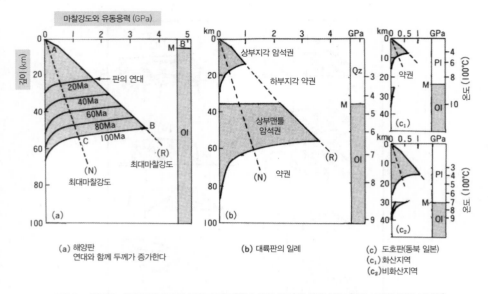

그림 3.5 해양판·대륙판 및 도호의 구성과 강도(최대 마찰 강도)의 깊이 분포 (嶋本, 1989 등에 근거함)
왼쪽의 수치는 깊이(km), 오른쪽의 수치는 온도(100℃), 오른쪽 끝의 수직 바는 지각·맨틀의 경계(M)를,
바 안의 기호는 B: 현무암질 해양성 지각, OI: 감람석이 풍부한 초규장질 암석, Qz: 석영이 풍부한 암석,
PI: 사장석이 풍부한 암석을 나타낸다. 가로축의 마찰 강도(암석이 지탱할 수 있는 최대 응력)와 유동 응
력(소성 유동역의 강도)은 지하의 온도와 암석의 함수량에 의한 차이를 가정하여 그려져 있다. (R)은 역
단층을 만드는 경우, (N)은 정단층을 만드는 경우, (c_1) (c_2)의 파선도 같음.

에서는 강도가 거의 없음(유동하기 쉬움)을 보여주고 있다. (b)는 대륙판의
일례로 지각 상부와 상부 맨틀에서는 유동성이 다르기 때문에 하부 지각
은 유동하기 쉽고(따라서 지진을 일으키지 않는다), 그 아래에 단단한 최상
부 맨틀의 암석권이 있는 경우이다. (c_1)은 도호의 화산성 내호[13] 사례로 지
하 온도가 높기 때문에 강도가 있는 암석권은 대단히 얇다(두께 약 20km 이

---

13 도호는 2열의 호로 나타나는 경우가 많은데, 2열의 호 가운데 해구에 가까운 쪽을 외호, 먼
   쪽을 내호라고 부른다.

하). 반면에 (c₂)에 제시한 비화산성 지역에서는 온도가 낮고 암석권이 두껍다. 그 결과 동북 일본호에서는 화산 프론트[14]를 영역으로 삼는 내호에서는 단층·습곡의 밀도가 높으나 기타카미(北上) 산지·아부쿠마(阿武隈) 산지에서는 단층이 거의 없고 완만한 요곡 운동이 탁월한 지각 변동 양식으로 나타나고 있다(그림 3.7에서도 단축이 작은 것을 볼 수 있다. 4장 2절 참조).

이번에는 파장이 20~30km 이하의 활습곡이 어떤 물질의 어떤 응력 상태에서 생기는지 살펴보자. 활습곡은 1940년경 오츠카(大塚, 1941)와 이케베(池辺, 1942)가 일본의 신제3기~제4기 습곡대에서 처음 확인한 것을 시작으로 세계 각지의 변동대에 존재하고 있는 알려졌다(초기 연구사에 대해서는 나카무라·오타中村·太田, 1968를 참조). 활습곡이란 습곡 작용을 받은 기반(주로 제3기층)의 지질 구조, 파상으로 휘어진 지형면, 반복적인 측지 측량 등에 의해 최신의 지질 시대부터 현재에 이르기까지 습곡의 성장을 확인할 수 있는 사례이다. 활습곡 지형에 대해서는 뒤에서도 다루겠다(8장 2절 참조).

활습곡의 파장(L)과 경사 변화 속도(G/t: G는 습곡의 구배, t는 시간)의 관계는 그림 3.6과 같이 나타나 파장이 짧을수록 경사 변화 속도가 큰(습곡의 성장이 빠른) 경향이 있다. 또한 경사 변화 속도가 어느 정도 이상이 되면 단층이 생기는 것으로 알려져 있다(Kaizuka, 1968).

미조카미(溝上, 1980)는 플라이오세~플라이스토세층으로 구성된 니가타(新潟) 평야 남부의 습곡역에 대해 Nadai(1963)의 모델을 사용하여 습곡 변형의 메커니즘을 검토했다. 이는 지구조 응력에 대한 지각 물질의 점탄

---

14 도호-해구 시스템에서 화산대(volcanic belt)의 해구 쪽 경계선을 가리킨다. 화산대 내부에서 화산 분포의 밀도는 해구 쪽 가장자리에 가까울수록 크고 그 반대쪽 가장자리로 갈수록 작아지는 경향이 있으므로 해구 쪽 가장자리를 프론트(front) 또는 전선이라고 부른다.

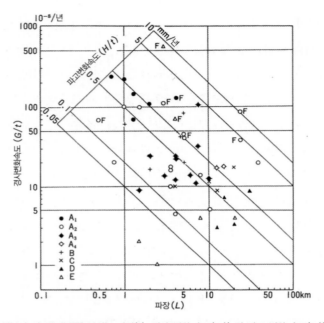

그림 3.6 일본의 제4기 습곡에 보이는 파장(L), 경사 변화 속도(G/t) 및 파고 변화 속도(H/t)의 관계 (Kaizuka, 1968) A₁: 니가타(新潟) 지역, A₂: 우에쓰(羽越) 지역, A₃: 이시카리(石狩) 지역, A₄: 도야마(富山) 지역, B: 남부 포사 마그나, C: 홋카이도 동부, D: 간토 지역, E: 긴키(近畿) 지역, F 병기: 현저한 단층을 동반한 경우.

성체[15]로서의 응답을 조사한 것으로 다음과 같은 사실이 밝혀졌다. (1) 습곡의 파장(상한 약 20km)과 변형층의 두께(1~3km)로부터 지구조 응력은 133~400bar이다. (2) 파장 약 10km의 습곡이 경사 속도 10^{-7}/년으로 100만 년 간 형성되면 진폭은 300m 정도가 된다. 지층의 두께 2km, 푸아송비[16] 0.25, 응력 200bar라면 지층의 점성은 1.5×10^{22} 푸아즈가 된다. (3) 상

---

15 고분자 물질 가운데 탄성과 점성을 함께 가지고 있는 물질이다.

16 프랑스의 물리학자 시메옹 푸아송(Siméon Poisson, 1781~1840)의 이름을 딴 비율로 재료 내부에 생기는 수직 응력에 대한 가로 변형과 세로 변형의 비를 가리킨다. 코르크는 0, 철강

기의 지구조 응력은 동북 일본 내대[17]에서의 천발 지진에 동반되는 응력 강하의 상한과 거의 같아 동일한 응력장에서 상이한 변형이 나타난 것으로 볼 수 있다.

(2) 변동 지형에 의한 지각 변형·지각 응력의 추리

내적 작용에 의해 생긴 지각 변동의 기록인 변동 지형과 지질 구조를 이용하면 어떤 내적 작용(지각 응력)이 구동했는지 알 수 있고, 더 나아가 그 역사적 변천까지 밝혀진다면 지형 발달사를 이끄는 원인을 파악하는 데 도움이 된다. 이 절에서는 제4기 일본 열도를 대상으로 진행되었던 이런 종류의 연구를 소개하겠다.

일본 전국의 활단층은 활단층 연구회(活斷層研究會, 1980, 1991)에 의해 집대성되었으므로 그 자료(주향, 평균 변위 속도 등의 분포)를 이용하면 제4기의 단층 변위에 따른 일본 열도의 변형율(방위와 양 또는 속도)을 구할 수 있다. 이 결과를 그림 3.7에 나타냈다. 단축과 신장의 방위는 활단층의 방위와 성질(역단층·정단층·주향 이동 단층)로부터 그리고 변형 속도는 평균 변위 속도로부터 구할 수 있다. 그림과 같이 일본 열도는 많은 곳에서 동서에 가까운 방위로 단축되고 있으며, 그 속도는 혼슈(本州) 중부에서 최대 10^{-8}/년이다. 반면에 홋카이도 중부와 주고쿠 지방·규슈에서는 단축이 한 자릿수 작고 규슈 북부에서는 남북 방향의 신장 속도가 동서 방향의 단축

은 0.28, 납은 0.43, 고무는 0.5의 값을 갖고 있다.

17 내대(內帶, Inner Belt)는 일본 열도를 동서 방향으로 가르는 중앙 구조선을 중심으로 동해 쪽에 놓인 지대를 가리킨다. 포사 마그나 서쪽의 서남 일본에서는 중앙 구조선이 명료하게 나타나는데 비해 동쪽의 동북 일본에서는 그 위치가 명료하지 않아 논란이 있었으나 지금은 아시오(足尾), 야미조(八溝)-츠쿠바(筑波), 아부쿠마(阿武隈)의 산지를 내대의 연장으로 보고 있다.

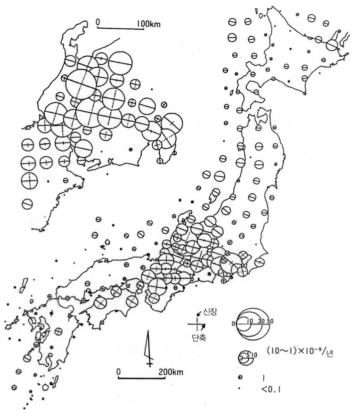

그림 3.7 활단층으로부터 구한 제4기 일본의 단축·신장 속도의 분포(Kaizuka and Imaizumi, 1984) 원안의 실선은 최대 단축축의 방위와 평균 단축 속도를, 점선은 최대 신장축의 방위와 평균 신장 속도를 나타낸다.

보다 크다. 일본 열도 지각의 단축과 신장에는 습곡·요곡 운동(기반 습곡을 포함한다)에 의한 것도 추가해야 하는데, 이를 구한 값이 완전하지는 않다. 활단층에서 얻을 수 있는 변형 속도에 관한 문제는 측량을 통해 알 수 있는 변형 속도(주로 10^{-7}/년)에 비해 한두 자릿수가 작다는 점이다. 그 원인으로 예컨대 동북 일본호의 화산호(내호)에서는 신제3기층의 피복이 넓고 두껍기 때문에 지형 변위를 주된 조사 수단으로 삼는 한 기반을 절단했을 활단층의 발견이 충분하지 않을 것이라는 등 여러 주장이 있으며, 이는 앞으로의 과제라고 할 수 있다. 문제는 측지 측량 쪽에도 있어 GPS에 의한 금후의 관측 성과가 기대된다.

일본 열도의 지각 응력에 대해서는 그림 3.8에 종합적으로 제시되어 있다. 이 가운데 활단층으로부터 구한 주압축 응력축은 당연하지만 그림 3.7의 변형의 단축축과 일치하며, 측화산(기생 화산[18]) 열로부터 구한 제4기 후

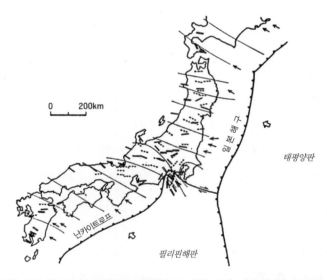

그림 3.8 활단층·화산·지진으로부터 구한 주 압축력축(岡田·安藤, 1979) 파선: 활단층에 의함, 이중선: 화산에 의함, 실선: 지진에 의함, 화살표: 판 간 지진의 변위 방향, 백색 화살표: 유라시아판에 대한 해양판의 운동 방향.

---

18 기생 화산(parasitic volcano)은 대형 화산체의 산록과 주변에 발달한 소형 화산체를 가리키는 용어이다. 그러나 화산에 기생이라는 생물학적 의미를 부여하기는 어려우므로 대형 화산체와의 위치 관계에서라면 측화산(lateral volcano), 1회의 분화 활동으로 만들어진다는 형성 과정에서라면 단성 화산(monogenetic volcano)으로 용어를 교체할 필요가 있다.

기의 압축 응력축(그림 4.13 참조)도 또 현재의 지진 발진 기구로부터 구한 압축 응력축도 모두 일치하고 있어 제4기의 장기에 걸친 응력장과 동일한 방위에 있음을 알 수 있다. 응력장의 복원은 동일한 방법에 의해 제3기까지 소급할 수 있어 지각 변동의 원동력의 변천을 추리할 수 있다.

노트 3.2 지형 물질의 지구조 응력에 의한 변위·변형 양식

지각과 맨틀을 만드는 암석은 지구조 운동으로 인해해 여러 가지 변위·변형을 받는다. 변위·변형 양식은 암질 속에서 연성도(ductility)라고 불리는 파괴되지 않고 변형될 수 있는 능력(파괴 시의 변형 퍼센트로 나타낸다)을 비롯하여 봉압[19], 온도, 변형 속도 등의 조건에 따라 다르다. 변위·변형과 이들 조건 그리고 응력의 관계를 일반적으로 나타내면 그림 3.9a와 같다.

그림 3.9a의 도식은 그다지 익숙하지 않기 때문에 우선 구체적인 암석 압축 시험에서 발생하는 변위·변형을 보여주는 그림 3.9b에 대해 살펴보자. 이 그림에서는 상하 방향으로 최대 압축축(σ_1)이 있고, 좌우 방향으로 최소 압축축(또는 신장축 σ_3) 그리고 지면에 직교하는 방향으로 중간 압축축(σ_2)이 있다. 그림에서 영역 I과 II를 나누는 단열(단층)이 X자 모양으로 생겨 두 계통은 공역[20] 관계에 있다고 할 수 있다. 이 단층은 (1) 종이의 면이 지표면이라고 보면 공역의 주향 이동 단층이다. 그러나 (2) 그림의 위가 지표면(쪽)

---

19 구속압(confining pressure)이라고도 하며 정수압과 같은 의미로서, 모든 방향으로 크기가 같은 압력이 가해지는 경우를 가리킨다.

20 두 개의 점, 선, 수가 서로 특수한 관계에 있어 서로 바꾸어 놓아도 그 성질에 변화가 없는 경우에 그 둘의 관계를 이르는 말이다.

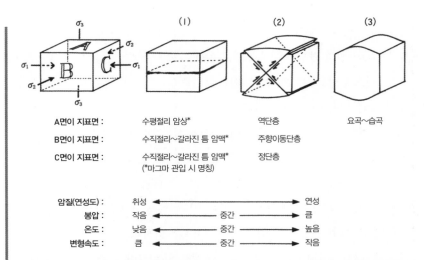

	(1)	(2)	(3)
A면이 지표면 :	수평절리 암상*	역단층	요곡~습곡
B면이 지표면 :	수직절리~갈라진 틈 암맥*	주향이동단층	
C면이 지표면 :	수직절리~갈라진 틈 암맥* (*마그마 관입 시 명칭)	정단층	

암질(연성도) :	취성 ◀━━━━━━━━━━▶ 연성		
봉압 :	작음 ◀━━━ 중간 ━━━▶ 큼		
온도 :	낮음 ◀━━━ 중간 ━━━▶ 높음		
변형속도 :	큼 ◀━━━ 중간 ━━━▶ 작음		

그림 3.9a 지구조 응력·봉압·온도·암질 등에 따라 달라지는 암석의 파괴·변형 양식의 모델(貝塚, 1990b 수정) 사각형 암석의 표면(A, B, C)에 수직으로 힘을 가한 결과, 암석 내에 응력 $\sigma_1 > \sigma_2 > \sigma_3$가 생겼다고 가정한다($\sigma_3$는 인장 응력일 수도 있다). 그 결과 본래의 암질과 봉압·온도·변형 속도의 조건에 따라 (1) (2) (3)을 전형으로 하는 파괴·변형이 발생한다. (1)~(3)의 아래에 표시한 것은 A, B, C면이 각각 지표면인 경우의 파괴·변형의 명칭.

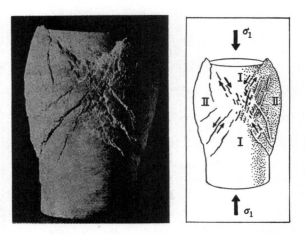

그림 3.9b 대리석 시험편을 압축할 때 생긴 갈라진 틈(藤田, 1983) 위 그림의 (2)에 대응한다.

이라고 보면 공역의 정단층으로 좌우로 신장되고 상하로 단축되고 있다. 또한 (3) 그림의 좌우 쪽이 지표면 쪽이라고 보면 이 단층은 공역의 역단층으로 지표면 방향(그림에서는 상하)으로 단축되고, 지표면에 수직 방향으로 신장되고 있다. 즉 지면이 솟아올라 '산'이 만들어지고, '산록'에 역단층이 있는 형국이다. 똑같은 방식으로 말하면 (2)에서는 지면에 요지(지구)가 만들어진 형국이다.

그림 3.9b를 이렇게 세 가지로 보는 것과 마찬가지로 그림 3.9a의 세 블록 (1), (2), (3)(암질·봉압·온도·변형 속도가 서로 다름)을 각각 A면이 지표면인 경우, B면이 지표면인 경우 그리고 C면이 지표면인 경우로 보면, 블록 (2)는 그림 3.9b의 시험편에 대응하는 모형이다. 그리고 블록 (1)과 (3)은 (2)와는 암질·봉압·온도·변형 속도 등이 다른 경우의 모형이다. (1), (2), (3) 아래에는 A, B, C면이 각각 지표면(윗면)인 경우의 파괴·변형 양식의 명칭을 적었다.

암질이 취성이든가, 봉압이 작든가(위에 놓인 하중이 작은 즉 지하 얕은), 온도가 낮든가, 변형 속도가 크든가 혹은 σ_3이 인장력인 경우에는 (1)형의 파단(破斷)이 발생하기 쉽다. 만일 이곳에 마그마가 관입하면 암상(sill)과 암맥(dyke)이 된다. 이런 경우에는 군발지진[21]이 발생한다. a가 윗면이라면 이 파단은 수평 절리로 그리고 관입암은 암상으로 불리는 것을 의미하며, 밑의 B면과 C면의 표기도 같은 의미이다. 상기한 암질, 봉압, 온도, 변형 속도 등의 양적 조합이 어떤 변형 양식을 낳는지 전부 밝혀져 있지는 않지만 많은 데이터가 축적되고 있다. 여기에서는 봉압(지하의 깊이)에 주목해서 살펴

---

21 지역적, 시간적으로 집중하여 일어나는 일련의 지진을 가리킨다. 규모는 작지만 진원이 비교적 얕아 지진 발생 지역 일대에 큰 피해를 준다.

보자.

봉압이 커짐에 따라 (2)형의 단층이 생기기 쉬워지는데 보통 지각 상부에서 일어나며 지진을 발생시킨다. A가 윗면이라면 단층은 역단층으로 불리며 B와 C가 윗면이라면 단층은 각각 주향 이동 단층과 정단층이 된다. 그림에서는 공역 관계에 있는 두 쌍의 단층면이 같이 움직이는 것처럼 그려져 있지만, 단층면이 하나밖에 생기지 않거나 하나가 다른 쪽보다 현저한 경우가 많고 대체로 단층의 분기가 보인다(그림 3.4). 또한 σ_1의 방위를 사이에 두고 있는 두 개의 단층면 각도는 90°보다 작아지는 수가 많다. σ_1 방위와 전단면이 45°일 때 전단 응력은 기하학적으로는 최대가 되지만, 이 방향은 단층을 움직이기 어렵게 만드는 법선 응력(단층면에 수직으로 작용하는 응력)과 따라서 마찰력도 크므로 실제로는 보다 움직이기 쉬운 45°보다 작은 방향으로 단층이 형성되는 것이다. 그 결과 역단층은 작은 각도(45°보다 작음)인 수가 많고, 정단층은 큰 각도인 경우가 많다.

또한 봉압이 커지거나 온도가 높아지면 (3)형이 되어 파괴되지 않은 채로 계속 변형된다. 이런 변형은 고결암이라면 장파장(파장 수십km 이상)의 요곡 운동(곡륭·곡강)으로 미고결암이라면 단파장의 습곡으로 지표면에 나타난다.

3. 지형 물질의 외적 작용에 대한 반응

지형 물질의 차이로 인해 다양한 침식 지형이 만들어진다는 사실은 오래전부터 알고 있었으며, 특히 미국 서부 등 건조 지역에서는 19세기 후반부터 지질 구조가 지형에 미치는 제약을 명확하게 확인할 수 있었다. 또한 유럽과 미국에서는 석회암과 백악이 암석의 용해성과 투수성에 따라 카르 스트 지형과 케스타 지형을 만든다는 사실도 오래전부터 알려져 있었다. 그러나 연구는 대체로 정성적이고 현상을 기술하는 정도에 그쳤으며, 20세 기 후반에 들어와 비로소 정량적이고 물리·화학적 연구가 진전을 보았다 (여기에는 *Rock Control in Geomorphology*, Yatsu, 1966가 자극을 주었다). 일 본에서 이 방면의 연구는 요시카와(吉川) 외의 『일본 지형론(日本地形論)』 (1973)에 조직 지형이라는 명칭으로 소개되고 있다. 이 명칭은 당시까지 구 조 지형으로 부르던 것이 변동 지형과 암석 제약 지형을 모두 포함하고 있 었기 때문에 양자를 분리하여 조직 지형(즉 암석 제약 지형)을 분명히 하려 는 의도에서였다. 본서에서는 암석 제약 지형이라는 이름을 사용하고 있 는데, 이 안에 암질에 기인하는 조직 지형과 지질 구조가 관련된 구조 (제 약) 지형을 모두 포함하고 있다. 지금은 변동 지형(tectonic landform)과 구 조 지형(structural landform)의 혼동은 없어졌다고 생각하기 때문이다. 또한 암석 제약 지형에는 케스타와 같이 조직과 구조 양자가 함께 관련되어 만 들어지는 것도 있다.

조직 지형의 일종인 카르스트 지형은 5장 3절에 용식 지형으로서 다룰 것이므로 이 절에서는 일부 암석 제약 지형만 문제로 삼겠다. 암석 제약 지 형의 문제에서 중요한 것은 표 3.1에 있듯이 광물·암석·암체 등은 매우 다양한 물리·화학적 성질을 갖고 있는데, 역시 수많은 내·외적 작용에 대한 반응으로서 그 가운데 어떤 성질이 조건이 되어 암석 제약 지형이 만들어지는가라는 점이다. 이때 어떤 시간 스케일에서의 반응인가라는 조 건도 가세하므로 조합은 대단히 많다. 따라서 정량화라고 해도 무엇을 측 정하는가가 문제가 된다. 정량화에 이르는 분석에도 여러 단계가 있는 셈 이다.

동일한 암질일지라도 외적 작용의 차이에 의해 전혀 다른 반응을 보이는 예를 들어보자. 여기에 미고결 모래층이 있다고 하자. 표 3.1의 물리·화학적 성질로 보면 공극률·투수성이 크고, 강도·탄성률·강성률[22]이 작아 모래층은 전체적으로 유동하기 쉽다. 이 모래층이 산을 만들고 식생으로 덮여 있다면 강수에 대한 수식성(水蝕性, 침식되기 쉬운 정도)은 작아 산릉은 천천히 낮아지고 곡 밀도는 작다. 모래층은 투수성이 커서 지표류가 생기기 어렵기 때문이다. 그러나 식생이 없거나 많은 강수로 인해 지하수면이 상승한다면 강도가 작기 때문에 커다란 붕괴가 일어나기 쉽다. 모래층은 마찬가지로 해안에서의 침식과 하천의 측방·하방 침식에 대해서도 수식성이 매우 크다. 고결도와 강도가 작고, 노트 2.1의 휼스트롬 그래프에서 보았듯이 시동 속도가 작기 때문이다.

　　한편, 진흙층은 모래층과 대조적이다. 세립이므로 어느 정도 점착성·고결도를 갖고 있으며, 공극률·투수성은 작고 유수에 의한 시동 속도는 모래보다 크다. 따라서 식생이 있더라도 지표류가 발생하기 쉬워 곡 밀도가 크고 산릉은 빨리 낮아진다. 그러나 유수에 의한 측방 침식에는 저항성이 있으므로 진흙층 가운데로 흐르는 하천은 유로의 이동이 작다.

　　상기한 내용으로부터 보소(房総) 반도 중북부의 가즈사(上総)·시모사(下総)층군에 들어 있는 완만하게 기울어진 모래층은 높고 곡 밀도가 작은 산릉을 만들기 쉬우나 이를 횡단하는 하곡은 측방 침식에 의해 폭이 넓고 또

22　강성률(rigidity)은 외부에서 가한 힘에 대해 물체의 모양이 얼마나 변하는지를 나타내는 척도이다. 단위 면적당 가해지는 힘이 물체의 길이 당 얼마나 옆으로 물체를 밀리게 했는지를 보여주므로 층밀리기 탄성률이라고도 한다. 외부의 힘에 의해 물체의 모양이 변하기 어려운 정도를 나타내는 것으로, 물질마다 강성률이 다르고 값이 작을수록 같은 힘에 대해 큰 변형이 일어난다.

모래층으로 구성된 해안은 침식되기 쉽다. 그러나 같은 층군 가운데 진흙층은 상반되는 반응을 보이는데, 이는 지형에 잘 나타나 있다(吉川 외, 1973 참조).

해안 침식에 대한 미고결 모래층과 진흙층의 저항력에 대해 앞에서 언급했는데, 같은 해안에서도 파식대에 보이는 고결된 사암-이암 호층의 수식성에서는 반대로 사암이 볼록 지형을 이암이 오목 지형을 만든다는 사실이 미우라(三浦) 반도의 아라이소(荒磯) 해안과 규슈의 아오시마(靑島) 해안에서 알려져 있다(鈴木 외, 1970). 압축·인장·전단 강도는 이암이 클지라도 조차가 있는 이들 해안에서는 건습 변화에 따른 팽창과 수축에는 차이가 있으며, 이암에서 이 차이가 더 커서 엽리를 따라 얇게 박리되기 쉬운 성질이 침식을 받기 쉬운 원인이 된다.

이와 같이 암석 제약 지형은 사례마다 분석적, 종합적 검토가 필요하다. 그리고 외적 작용에 의한 암석 제약 지형은 호우 시 토석류의 발생과 산사태와도 긴밀한 관계가 있어 이른바 토사 재해의 예측(해저드 맵[23]의 작성 등)에 기초가 되고 있다(이 분야에 관한 상세한 내용과 실례는 武居, 1980; 今村 외, 1980에 풍부하다).

---

23 해저드 맵(hazard map)은 자연 재해로 인한 피해를 예측하여 그 피해 범위를 지도화한 것으로 방재 지도 또는 재해 피해 예측 지도 등으로 불린다. 토지의 성질 또는 지형과 지반의 특징에 근거하여 피해 예상 구역, 피난 경로와 장소, 방재 관계시설의 위치 등 방재에 관한 지리 정보가 표시되어 있다.

노트 3.3 마찰력과 지형 물질

마찰이 없다면 급경사지는 완만해지고, 저지는 고지로부터 내려오는 토석으로 메워진다. 따라서 중력과 열이 지구에 작용하는 것이 같다고 한다면 지구 표면은 편편한 소기복 지형의 집합체였음에 틀림이 없다. 앞에서 살펴 봤던 대양저·대륙과 도호의 지형도 판의 마찰 강도가 크면 순상지와 곡륭 산지 같은 장파장의 지형이 만들어지고, 거꾸로 마찰 강도가 작으면 산맥· 분지열 같은 단파장의 지형이 만들어진다. 분화로 인해 비산된 암설이 쌓여 생기는 화산 쇄설구는 물론 성층 화산조차 개략적으로 보면 암설 사이의 마찰력 달리 말하면 안식각에 의해 지형이 결정된다고 해도 무방하다.

풍화 작용이 편의상 물리적 풍화와 화학적 풍화로 나누어지는 것과 비슷하게 고체 간의 마찰도 표면의 물리적인 요철에 원인이 있다는 의견(요철설)과 분자나 원자 사이의 결합력에 원인이 있다는 의견(응착설[24])이 있었다 (曾田, 1971). 지금은 양자가 관여하는 정도에는 차이는 있을지라도 함께 작용하고 있는 것으로 보고 있다. 결합력(점착력)만으로 만들어지는 지형으로 예컨대 산이라면 그 형태가 어떤 것인지에 대해서는 짐작이 가지 않는다. 지형을 문제로 삼는 본서에서는 고체 간 또는 고체와 유체 간의 마찰력은 물리적인 것과 화학적인 것 모두를 포함하는 것으로 보겠다.

두말할 필요 없이 마찰력이란 두 개의 물체가 상대 운동을 할 때 양자의 경계면에서 운동을 저지하려는 힘이며, 면의 접선 방향으로 작용한다. 마찰력(F)의 성질은 17~18세기 이래 실험에 의해 파악되었다. 대표적인 인물이 프랑스의 물리학자·공학자인 쿠론(C. A. de Coulomb, 1736~1806)과 그보

---

24 분자력설이라고도 한다.

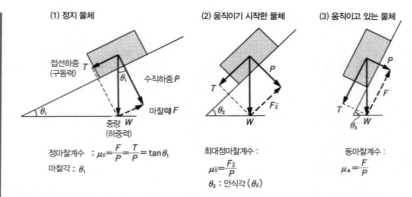

그림 3.10 **마찰력과 사면의 관계** 사면 각도가 θ_1, θ_2, θ_3으로 커지는 경우 사면 위 물체와 사면 사이의 마찰력(F)·마찰 계수(μ)의 변화. (2)의 θ_2가 안정각.

다 앞서 활약했던 아몬톤(G. Amontons, 1663~1705)이다. 이들의 이름을 붙인 기본적인 법칙[25]들이 있는데, '마찰력은 마찰면에 작용하는 물체의 수직력(수직 하중, P)에 비례하며, 외견상 접촉 면적의 크기와는 무관하다', '마찰은 상대 속도의 유무에 의해 동 마찰과 정지 마찰[26]로 나뉘며 후자가 전자보다 크다', '동 마찰은 미끄러지는 속도의 크기와 무관하다' 등이다.

그림 3.10과 같이 사면에 물체(중량 또는 하중 W)가 있는 경우 마찰력 F는 수직 하중 P에 비례한다. 비례 정수 $\mu = F/P$는 마찰계수라고 부른다. 또한 P와 W가 이루는 각을 마찰각이라고 하며, $\mu = \tan\theta$이므로 그림의 경우라면 사면의 각도 θ와 같다. 물체의 사면 방향으로의 힘, 즉 물체를 미끄러지게 하려는 힘(T)은 $W\sin\theta$로 마찰력(F)과 같다. 이 상태에서 θ를 증가시키면

---

25 아몬톤–쿠론의 법칙으로 불리는 마찰의 법칙을 가리킨다.

26 고체 표면끼리의 마찰인 건조 마찰은 정지하고 있는 물체를 상대적으로 움직이기 위해 필요한 마찰력에 관여하는 정지 마찰과 상대적으로 운동하고 있는 두 물체의 경계면에 작용하는 마찰력에 관한 동 마찰 또는 운동 마찰로 구분한다.

결국에는 어느 각도 θs에서 T는 F가 가질 수 있는 최대치 Fs를 넘어 미끄러지게 된다. 이때의 마찰계수가 μs이며, $\mu s = Fs/P$를 최대 정지 마찰계수라고 한다. μ의 값은 암석·토사의 조합 외에도 표면의 거칠기, 수분의 양(윤활제의 유무) 등에 의해 크게 달라진다.

암석·토사의 집합체가 갖고 있는 마찰계수는 지형의 형태를 결정하는 중요한 인자이다. 산지 사면의 구배는 주로 지형 물질의 마찰계수에 의해 결정된다. 작은 사례로 모래 산(모래시계)의 모습을 보자. 모래를 조용히 쌓으면 구배는 40~50°가 되지만, 살짝 충격을 가하면 정지 마찰로 안정되어 있던 것이 동 마찰로 안정되어 30° 정도로 변화한다(안식각 또는 안정각을 갖는다). 후지산의 평균 구배가 28° 정도인 것도 이에 따른 것으로 볼 수 있다. 안식각이 28°라고 하면 마찰계수는 tan28°=0.53이 된다. 마른 모래의 마찰계수는 0.1~0.2일지라도 젖은 상태에서는 0.3~0.7이 되는 사례도 있다(그림 5.3 참조). 일반적으로 μ의 범위는 0.2~0.8이며, 대부분은 0.4~0.7이라고 한다.

4장
내적 작용과 지형

    내적 작용은 지구 내부의 열에너지와 중력(부력)에 근거한 지형 형성 작용이며(그림 3.1 참조), 지표에 나타나는 현상으로는 화산 지형(예를 들면, 용암류)과 변동 지형(지진 단층은 그 일례)의 형성을 들 수 있다. 마그마의 상승 등 지하의 화성 활동에 의한 융기역의 형성(곡륭)도 있다. 변동 지형 연구의 시간 영역은 측지학적 영역과 지질학적 영역에 걸쳐 있으며, 그 사이를 메우는 지형학적 영역은 박리 지형과 매몰 지형의 시간 영역이 지질학적 영역과 중첩되는 것을 별도로 치면 지구상에서의 지형 기록의 보존 기간($10^7 \sim 10^9$년)이 된다. 변동 지형이 변동의 기록으로서 뛰어난 것은 지구상 어느 곳에서도 그 출현을 쉽게 찾을 수 있으며, 면적인 분포를 알 수 있다는 점에 있다. 화산 지형에 대해서도 상황은 거의 같다.

    변동 지형의 규모와 종류를 표 4.1에 제시했다. 대지형은 판구조 운동과 깊이 관련되어 있는데, 특히 해양판(대부분의 지각이 해양성 현무암으로 구성된 것)이 그러하다.

1. 판 운동과 대규모 변동 지형

판구조론의 확립에는 해양저 대지형이 지진과 발진 기구의 분포, 해저 지자기 이상의 줄무늬(고지자기 기록)[1] 등과 함께 도움이 되었다. 대지형으

표 4.1 변동 지형의 규모와 종류(貝塚, 1990b 수정)

지형규모 $\left(\begin{array}{c}범위\\비고\end{array}\right)$	대 $\left(\begin{array}{c}10^4\text{-}10^2km\\10^4\text{-}10^3m\end{array}\right)$	중 $\left(\begin{array}{c}10^2\text{-}10^1km\\10^3\text{-}10^2km\end{array}\right)$	소 $\left(\begin{array}{c}<10^1km\\<10^2km\end{array}\right)$
지하구조 $\left[\begin{array}{c}심도\\물질\end{array}\right]$	$\left[\begin{array}{c}10^2\text{-}10^1km\\암석권\end{array}\right]$	$\left[\begin{array}{c}30\text{-}5km\\지각\end{array}\right]$	$\left[\begin{array}{c}<5km\\암석\cdot지층\end{array}\right]$
형성시간	$10^8\text{-}10^6$년	$10^6\text{-}10^4$년	$10^4\text{-}10^2$년
판구조운동에 의한 대지형의 분류와 중·소 변동지형의 종류	**발산하는 변동대와 그 흔적** 중앙해령계~대양저 (해양) 리프트계·비활동 대륙연변 융기대 (대륙) **수렴하는 변동대** 도호-해구계~배호분지 (섭입형) 대륙간 산계 (충돌형) **어긋나는 변동대** 단열계 (해양) 단열산계 (육지)	정단층 지형군 해구지형 곡륭·곡강지형 습곡지형군 단층지괴군(주로 역단층, 주향이동단층에 의함) 정단층 지괴군(주로 배호 분지에서) 주향이동단층과 이에 동반되는 변동지형군	정단층애·역단층애·주향 이동단층애 요곡애 삼각말단면 지면 갈라짐(군)·소지구 오프셋 곡 부풀어오른 곳·움푹 들어 간 곳 융기·침강한 정선·해성면 변형된 정선 변형된 하성면
연구 자료	소축척의 지형도·지질도·위성영상·지하구조 자료 등	중축척(1/10만~1/100만)의 지형도·지질도·항공사진·위성영상·소나영상·지하 지질구조 자료 등	야외의 지형·지질현상, 대축척의 항공사진과 지형도, 지하 지질자료 등

로는 중앙 해령과 중앙 해령으로부터 멀어질수록 깊어지는 지형, 대륙 가장자리에 분포하는 해구와 도호 그리고 단열대[2]의 지형(변환 단층의 궤적)과 해산열(열점의 궤적)이 특히 판구조론의 개념 형성에 도움이 되었다.

이렇게 해서 얻은 판구조론과 대지형의 관계를 대륙 일부를 포함하여 모식적으로 나타내면 그림 4.1과 같다. 이 그림은 인도−히말라야·티베트−일본 열도−남아메리카 남부−아프리카대륙중부를 지나는 대권[3]을 따라 모델화한 것으로, 판구조론과 관련된 주요 대지형을 보여주고 있다. 중앙의 해저는 태평양, 오른쪽에 치우쳐 있는 해저는 대서양이 모델이다. 그림 4.2에는 세계의 주요 판과 대륙, 대양저의 분포를 나타냈다.

(1) 해양판의 대지형

중앙 해령으로부터 멀어질수록 해양저가 깊어지고 이는 중앙 해령으로부터의 거리가 아니라 연령에 따른다는 것이 알려졌는데(수심 $H \propto \sqrt{T}$, T는 해저 암반의 연령), 이 관계는 대지형에서 볼 수 있는 가장 규칙적인 관계라

---

1 지자기 줄무늬(magnetic stripes)는 대상으로 분포하는 해양의 지자기 이상을 가리킨다. 플러스·마이너스의 지자기 이상을 흑·백으로 구분하여 해도에 기입하면 해양 대부분이 일정 범위마다 흑백의 줄무늬로 채워진다. 열곡대 부근의 줄무늬는 열곡을 중심으로 양쪽에 대칭적으로 평행하게 나타나는데, 열곡으로부터 멀어져가는 순서로 배열된 줄무늬의 폭은 현재로부터 과거로의 지자기 편년상의 정·역자극기의 길이와 거의 일치한다. 이는 열곡에서 용출하여 양쪽으로 멀어져가는 현무암질 해양 지각이 냉각될 때 지구 자장의 극성이 기록되므로 플러스·마이너스의 지자기 이상은 정·역의 자장을 나타내는 것으로 해석된다.
2 단열대(fracture zone)는 해양저에서 직선이나 호상으로 길게 뻗은 복수의 능선과 골짜기로 이루어진 대규모 구조이다. 폭은 50~100km, 높이는 2,000~3,000m 이내이며 단열대를 중심으로 양쪽 해저의 깊이가 달라진다.
3 구(球)를 그 중심을 지나는 평면으로 자를 때에 생기는 원 또는 그 둘레를 가리키며 대원(great circle)이라고도 한다. 지구를 구라고 하면 적도와 자오선은 대권에 해당한다. 지구상의 임의의 두 지점 사이에서는 대권을 따라가면 최단 거리가 되므로 대권 항로는 원거리 항행에 이용된다.

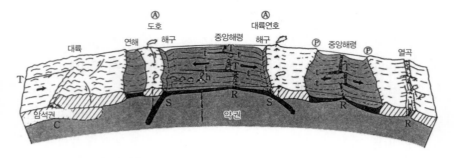

그림 4.1 판 구조와 대지형(貝塚, 1990b) 사선: 대륙 암석권(판), 짙은 회색: 해양 암석권(판), 엷은 회색은 해저, R: 발산 경계, S: 섭입형 수렴 경계, C: 충돌형 수렴 경계, T: 보존 경계(2개의 중앙 해령 R을 잇는 부분으로 변환 단층이다), t: 단열대(T와 그 연장의 단층애 지형을 아우르는 지대), h: 열점, ⓐ: 활동적인 대륙 연변, ⓟ: 비활동적인 대륙 연변.

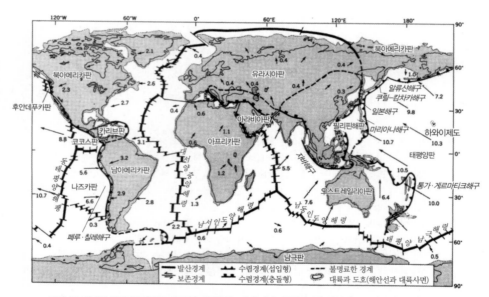

그림 4.2 세계의 판의 분포(貝塚, 1997b) 화살표는 판의 절대 운동(열점을 부동점으로 간주한 운동)의 속도와 방향으로 숫자는 cm/년(Minster and Jordan, 1980; 上田, 1989에 수록되어 있는 그림에 근거함). 대륙이 판 면적의 대부분을 차지하는 유라시아판과 아프리카판에서는 절대 운동이 작은 반면 해양판을 대표하며 가장자리에 긴 해구를 갖고 있는 태평양판의 절대 운동은 10cm/년에 달하는 것에 주의.

고 할 수 있다. 연령−깊이의 관계는 연령에 비례하여 해저로부터의 냉각으로 인해 암석권이 두꺼워졌기 때문에 발생한 아이소스타시의 결과라는 사실도 알려졌다. 그리고 해구에서 판이 섭입하는 것은 중력 불안정 때문이며, 이 섭입이 판 운동의 최대 동력원이라고 할 수 있다. 제2, 제3의 동력원으로 중앙 해령이 높아지면서(마그마 상승의 부력에 의한 산물) 주변을 밀어내는 것도 생각할 수 있으나(上田, 1989에 상세하다) 암석권과 그 아래 맨틀의 움직임과의 관계 등 불명확한 점이 적지 않다.

지구와 같이 판구조가 있고, 해양판의 생성·노화·섭입이 판 운동의 최대 동력원이라고 한다면, 해양판의 주기가 계속되는 한 장소를 바꾸면서 판의 활동은 계속될 것으로 생각할 수 있다. 적어도 과거 20억 년간 운동이 지속되어 왔다고 추정된다(그림 1.3). 주기적인 판의 활동을 모식적으로 나타낸 것이 그림 4.3이다. 변환 단층과 열점 등을 제창하고 판 개념의 확립에 중요한 공헌을 한 윌슨(T. Wilson)을 기념하여 이 주기를 윌슨 주기라고 부른다.

판의 경계 가운데 수렴 경계는 표 4.2에서 알 수 있듯이 화산과 지형으로도 현저하게 나타날 뿐 아니라 그림 4.3의 왼편 반쪽에 나와 있듯이 화성 활동[4]·변성 작용·퇴적물 부가 작용도 가장 심한 지대이다.

지구의 지형이 행성이나 달의 지형과 다른 최대 특색은 대륙·해양저라는 두 대규모 단위의 존재와 대상으로 뻗어 있는 패턴에 있는데, 후자를 대표하는 것이 판의 수렴 경계이다. 수렴 경계는 지구의 지형·지질 특색을 가장 선명하게 만들고 더 나아가 대륙을 성장시켜 온 근원이기도 하다.

---

4 지하 심부에서 발생한 마그마가 지각 내를 상승하여 암석 안으로 관입하거나 지표로 분출하여 냉각, 고결되어 화성암을 만드는 현상 및 이에 동반된 제 현상을 가리킨다. 화성 작용(igneous activity)이라고도 하며, 화산 활동(volcanism)의 넓은 의미로도 쓰인다.

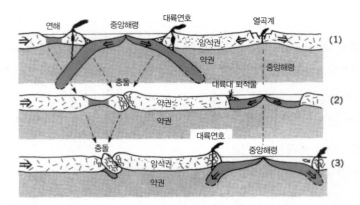

그림 4.3 대륙판의 신장·단열로 시작하여 해양판(해양저)의 확대, 대륙판의 충돌에 이르는 주기(윌슨 주기)의 모식도(貝塚 외, 1985) (1)의 오른쪽: 대륙의 단열(열곡의 형성) 단계(예: 동아프리카 지구대), (2)의 오른쪽: 해양판의 확대 단계(예: 대서양), (3)의 오른쪽: 해양판이 섭입을 시작하는 단계(예: 태평양 서안의 일부), (1)의 왼쪽: 해양판의 최대 확장기(예: 태평양), (2)의 왼쪽: 대륙판의 충돌 개시(예: 지중해), (3)의 왼쪽: 대륙판의 충돌(예: 인도-히말라야·티베트)

　　해양판 가운데 최대 규모인 것은 태평양판이며, 따라서 대지형의 단위로도 태평양판은 최대이다. 이 판은 그림 4.2와 같이 판의 발산 경계인 중앙 해령, 수렴 경계인 해구 그리고 이들을 연결하는 보존 경계인 변환 단층으로 둘러싸여 있으며, 개략적으로 보면(그림 9.5 참조) 연대가 젊은 중앙 해령에서 높고 이곳에서 멀리 떨어진 해구 쪽으로 낮아진다. 그러나 이 판의 내부에는 하와이 화산열 등 열점 기원 해산열과 슈퍼 플룸으로부터 마그마가 분출되어 만들어진 것으로 알려진 샤츠키(Shatsky) 해대[5]와 온통 자바(Ontong Java) 해대 등 고지대를 포함하고 있다(9장 2절 참조).

　　현재 태평양판은 열점을 부동점으로 하는 절대 운동 모델(AM-2)에서는

5　윗면이 비교적 평탄하고 넓이는 100㎢ 이상이며 비고가 200m 이상인 해저 융기부이다. 대륙 붕보다 외양 쪽에 위치하며 해저 대지(oceanic plateau)라고도 부른다.

표 4.2 변동대(새로운 조산대)와 안정 지역의 분류(貝塚, 1997b)

	대구분	소구분	지진	화산	대지형의 기복	예
변동대 [주로 판 경계]	[발산하는 변동대]	중앙 해령계(해양)	○	◎	○	동태평양 해팽·대서양 중앙 해령
		열곡계(육지)	○	◎	○	동아프리카 지구대·홍해
	[수렴하는 변동대]	도호-해구계[섭입형]	◎	◎	○	동북 일본호·마리아나호·안데스호
		대륙간 산계[충돌형]	○	○	◎	히말라야산계·알프스산계
	[어긋나는 변동대]	단열대(해양)	○	○	○	아틀란티스단열대
		단열 산계(육지)	○	—	○	뉴질랜드 남섬·샌안드레아스 단층계
안정 지역 [판 내부]	해양저	심해 해분·대륙대	—	—	—	중앙 해령을 제외한 태평양·대서양저
		오래된 화산(열)·비지진성 해령	—	—	○	엠페러 해산열·규슈-파라오 해령
	안정 대륙	순상지·탁상지(선캄브리아 시대의 변동대)	—	—	—	발트순상지·러시아 탁상지
		오래된(중·고생대) 변동대	—	—	○	애팔래치아 산맥·우랄 산맥

[ ] 안은 판구조 용어. —: 없음, 기복 1km 이하. ○: 있음, 기복 1~5km. ◎: 많음, 기복 5km 이상.

그림 9.5와 같이 서북서쪽으로 회전하고 있지만, 43Ma 이전에는 엠페러 해산산열이 보여주듯이 북서쪽으로 회전하고 있었다. 판의 회전 방위(회전축의 위치)와 속도의 변화를 초래한 것은 판의 섭입을 방해하는 해대와 해령이 존재하든가 섭입 슬라브의 하중으로 인한 인장력의 분포 변화 등을 생각할 수 있는데, 개별 사안에 대해서는 많은 조건을 검토할 필요가 있다. 태평양판이 43Ma에 방향을 바꾼 원인에 대해서도 아직 정설은 없으며, 필리핀해판 북쪽 가장자리에서 1Ma 전후에 북진에서 북서진으로 방향을 바꾼(中村·島崎, 1982; 貝塚, 1984) 원인에 대해서도 정설은 없다. 이들 모두 규모의 차이는 있을지라도 일본 열도의 변동과 변동 지형에 큰 영향을 주

었다고 생각된다. 또한 현재 일본 열도의 도호 형태가 만들어지기 시작한 15Ma 전후에 동해 분지의 확대 내지 포사 마그나[6]의 개열(開裂, 9장 1절 참조)은 태평양판의 섭입 위치가 후퇴한 것과 연동하고 있음이 틀림없으나 그 구체적인 모습은 아직 명확하지 않다.

(2) 판 경계에서의 운동과 대지형

판의 세 경계형—발산·수렴·보존—이 해양판에서 생기는지 대륙판에서 생기는지 혹은 양자의 경계에서 생기는지에 따라 대지형에 차이가 발생한다. 차이를 보여주는 여러 유형(전부는 아님)을 그림 4.4에 나타냈다. 조금 더 구체적인 모습이 그림 4.1에도 제시되어 있다. 이런 대지형의 유형 차이와 더 나아가 이보다 소규모의 변동 지형에서 볼 수 있는 차이는 판(암석권)과 지각의 기하학적 형태와 물성의 차이에 기인한다.

이하 그림 4.4에 나타낸 두세 가지 변동 유형에 해설을 달아보자. 발산·수렴·보존의 세 경계형은 표 4.2에 제시한 세 종류의 변동대를 만드는 기본 원인으로 같은 표의 소구분(6종)에 해당하는 것이 그림 4.4 왼쪽 열의 6종에 대응한다.

일본 열도와 같은 도호-해구 시스템의 중소 지형은 다음 절에서 다루고, 이 절에서는 대지형에서 중요하다고 생각되는 압축형(칠레형)과 신장형(마리아나형)을 소개하겠다. 이는 비교 섭입학(comparative subductology)을 제창한 Uyeda(1984)와 더 거슬러 올라가 우에다·가네모리(上田·金森, 1978)가 도호 시스템을 종합적인 계열로 보았을 때 확인할 수 있었던 양단

---

6 독일인 지질학자 나우만에 의해 명명된 포사 마그나(Fossa Magna)는 일본 열도의 중앙부를 남북으로 횡단하며 동북 일본과 서남 일본으로 나누는 구조대이다. 일본 열도의 기반 구조를 절단하며 생긴 대규모 지구대로 신제3기와 제4기의 화산암류가 넓게 분포한다.

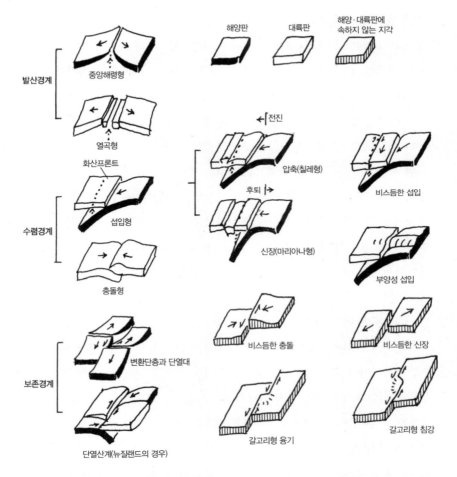

발산경계
중앙해령형
열곡형

해양판
대륙판
해양·대륙판에 속하지 않는 지각

수렴경계
화산프론트
섭입형
충돌형

←┤전진
압축(칠레형)
비스듬한 섭입
후퇴 ├→
신장(마리아나형)
부양성 섭입

보존경계
변환단층과 단열대
단열산계(뉴질랜드의 경우)

비스듬한 충돌
비스듬한 신장
갈고리형 융기
갈고리형 침강

그림 4.4 판 경계에서의 다양한 변동형(貝塚, 1994 수정) 표 4.2 참조. 오른쪽 아래 4유형은 판 경계에서 뿐 아니라 주향이동 단층에서도 볼 수 있다.

의 두 유형이다. 즉 섭입하는 해양판이 젊고 가벼워 부양성을 갖고 섭입
하며 도호 쪽을 압축하는 경우와 반대로 해양판이 노화되고 무거워져 섭
입하는 위치가 대양 쪽으로 후퇴하며 도호 쪽을 신장시키는 경우로 대조

적인 두 유형이다. 비슷한 관점에서 세계 도호의 변형도를 구분한 연구 (Jarrard, 1986)도 있으며, 태평양 주변에 대해 주로 지형 자료에 의해 변동형을 구별한 가이즈카(貝塚, 1994)의 시도도 있다. 이 시도에 즈음하여 도호-해구 시스템의 시·공간 범위를 어떻게 설정할지 또 변형 속도의 객관적 평가 기준으로 무엇을 사용할지 등 문제가 적지 않음을 알았다.

다음 절에서 상세히 언급하겠으나 도호에는 내부의 지형·지질 구조를 단위로 삼아 구분한 외호 릿지, 외호 해분, 외호 융기대, 내호 산지열 등이 들어 있다. 각 단위가 판의 섭입과 구조적으로 어떻게 연결되어 있는지에 대해서는 정설은 없지만, 각각의 형성사가 밝혀지면 각 단위의 지형(및 지질 구조)에 의한 변형의 평가가 가능해져 도호 형성사와 판 섭입의 관계가 분명해질 것이다. 이런 종류의 연구에서는 일본 열도와 동북 일본호에 대해 추정하는 부분이 여전히 많을지언정 어느 정도의 진전도 보인다(예를 들면, 上田·都城, 1973; 新妻, 1979 등. 9장 1절 참조).

그림 4.4에서는 섭입형의 하나로 부양성 섭입을 들고 있다. 일본에서는 이즈오가사와라(伊豆小笠原)호 내호에 해당하는 이즈(伊豆) 반도가 지각이 두껍고 섭입하기 어려워 필리핀해판 북쪽 가장자리의 해구를 여덟팔자 모양으로 구부려 사가미(相模) 트러프와 쓰루가(駿河) 트러프로 변형시키고, 북쪽의 단자와(丹澤) 산지를 밀어올리고 있는 것이 부양성 섭입의 사례이다. 이것을 이즈의 '충돌'이라고도 부른다. 부양성 섭입은 충돌로 옮겨간다. 어떤 시·공간적 규모의 어떤 현상에 근거하여 이 둘을 구분하는 것이 좋을지는 금후의 과제이다.

2. 지각 변동에 의한 중·소 변동 지형

3장 2절에서 소개했듯이 지구 표층부의 암석·지층은 응력의 크기와 속도에 대응하여 파단·변형·유동을 일으키고, 암석·지층 내부에는 구조로서 또 지표에는 변동 지형으로서 과거 변동의 흔적을 남긴다. 다양한 변동 지형을 특히 중규모 정도의 지형을 중심으로 그림 4.5에 나타냈다. 또한 도호 규모의 대지형 속에서 이들 변동 지형이 어떤 상황에서 발현되고 있는지 그림 4.6에 나타냈다. 이는 앞에서 다룬 도호-해구 시스템의 두 양단인 압축성 도호와 신장성 도호를 모두 포함한 모델이기도 하다. 그리고 이런 변동 지형이 발현하는 도호-해구 시스템의 구조 모델(칠레형과 마리아나형)을 그림 4.7에 제시했다.

그림 4.5에는 $\sigma_1 > \sigma_2 > \sigma_3$의 방위를 표기했으므로 이 그림과 비교하면 그림 4.6에서 응력 주축 방위를 유추할 수 있을 것이다. 그림 4.6의 최상부에서 볼 수 있는 화산호의 미(ξ)형 안행 습곡(미형은 가타카나 미(ξ)의 모양으로부터 유래하며, 반대쪽 안행은 삼나무 삼(杉)자의 우측 부수의 모양이므로 삼형 안행 습곡이라고 부른다)은 화산 프론트를 따라 발생하기 쉬운 주향 이동 단층(도호 중앙 또는 주향 이동 단층)에 의해 만들어진 것으로 내호(화산호)의 지각이 얇고 지온이 높은 것에서 기인한다(그림 4.7).

지금까지는 순전히 변동에 의해 생긴 지표의 변화를 살펴봤는데, 실제의 변동 지형은 여러 지형 조건 아래에서 만들어지기 때문에 지금까지의 그림처럼 단순하지는 않다. 일례로 일련의 단층을 따라 발현하는 중소 변동 지형을 그림 4.8로 나타냈다. 원래의 지형과 운동의 진행 그리고 외적 작용에 따른 지형 변화로 인해 변동 지형이 변화해 가는 모습을 알 수 있다.

주향 이동 단층은 역단층과 정단층에 비해 단층선의 위치가 일단 정해

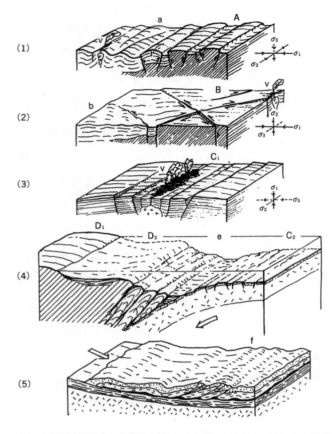

그림 4.5 중규모 변동 지형의 주된 유형(貝塚, 1990b) 좌우 길이는 수십 km 정도, 상하 두께는 10km 정도. A, B, C, D는 고결암에 나타나며, a, b, c, d는 미고결층에 나타나기 쉽다. V는 화산. A: 역단층에 의한 지루와 지구, a: 습곡, B: 주향이동 단층, b: 수평 변위에 동반되는 습곡(단층이 왼쪽으로 수평 변위가 발생할 때는 삼(杉) 형의 안행 습곡이 된다), C₁: 정단층에 의한 지구와 지각 균열·틈 분화, C₂: 판의 침강에 동반된 휘어짐으로 인한 신장성 정단층, D₁과 D₂: 장파장의 융기와 침강(곡륭·곡강), e: 판의 침강에 동반된 역단층과 습곡된 부가체, f: 중력 슬라이딩으로 생긴 미고결암의 습곡과 단층.

지면 분기하거나 위치를 바꾸는 게 어려운 것 같다. 이는 그림 4.5의 (1), (2), (3)에 모식적으로 나와 있다. 다음에 소개하듯이 역단층에서는 단층면의 위치가 바뀌는 것으로 알려져 있고, 정단층에서는 오래된 단층과 평행

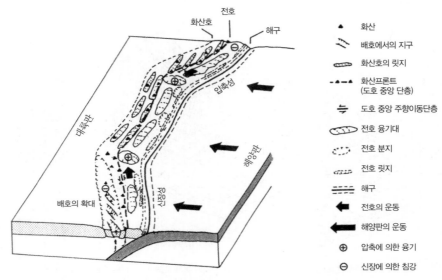

	화산
	배호에서의 지구
	화산호의 릿지
	화산프론트 (도호 중앙 단층)
	도호 중앙 주향이동단층
	전호 융기대
	전호 분지
	전호 릿지
	해구
	전호의 운동
	해양판의 운동
⊕	압축에 의한 융기
⊖	신장에 의한 침강

그림 4.6 도호-해구 시스템에 보이는 변동 지형의 요소(貝塚, 1994)

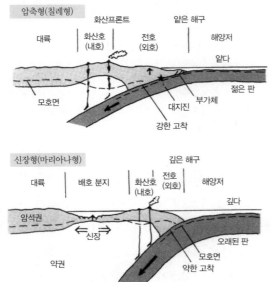

그림 4.7 압축형과 신장형 도호의 구조와 변동 지형 모델(貝塚, 1994) Uyeda(1984)를 따라 양자의 차이가 대비되도록 그려져 있다.

그림 4.8 주향이동 단층 f, f'의 운동에 동반되는 단층 지형의 여러 모습 A~K(松田·岡田, 1968) f, f'는 수평 변위와 함께 수직 변위 성분을 갖는다. A 지구 모양의 요지: 거의 수직의 단층면에서도 종종 출현한다. 평면적으로 굴곡이 있으면 요지가 만들어지거나 불룩한 지형이 만들어진다. 대규모의 사례는 그림 4.4에 있다. B 낮은 단층애: 단애의 높이가 10m 이하의 것을 가리키는 경우가 많다. 오른편의 오래된 단구면일수록 단애의 높이가 높아지는 것에 주의. 단층 운동의 반복에 의한 단애 높이의 누적을 나타낸다. 동일한 누적성은 오래된 단구애일수록 단구애의 왼쪽으로의 수평 변위가 큰 것에서도 볼 수 있다. C 삼각 말단면: 산릉 말단에 출현한다. D 하천 유로의 오프세트: 큰 하천(일반적으로 기원이 오래된 하천)일수록 변위량이 커서 누적성을 보여준다. E 단층못: 수평 변위가 원인. F 단층 함몰못: A와 같은 원인으로 생긴다. G 폐색 구릉: 수평 변위나 수직 변위에 의해 골짜기의 유로가 막힌다. H 단층에 동반되는 지표면의 솟아오름: A 설명 참조. I 눈썹 모양 단층애: 선상지가 하천에 의해 직각 방향으로 절단되면 눈썹 모양의 단애가 만들어진다. J 상류가 절단된 하천: G의 장소에서 상류를 빼앗긴 하천. K 안행상(雁行狀) 균열: 단층 운동 직후에 피복층에서 종종 볼 수 있다. 규모는 다르나 성인적으로는 그림 4.6의 앞쪽에 보이는 안행상 지구군과 같다(어느 쪽이나 왼쪽으로 발생한 변위에 동반되고 있다).

하게 새로운 단층이 생기기 쉬운 것 같다. 주향 이동 단층에서는 단층 변위를 나타내는 기준(단층 변위 기준)이 그림 4.8과 같이 여럿인 것도 있어 비교적 성장 속도를 자세히 조사할 수 있다.

그림 4.9는 주향 이동 단층의 성장 속도를 일본의 6개 단층과 샌안드레아스 단층을 대상으로 표시한 것으로, 일본의 단층은 모두 10mm/년과

1mm/년의 사이에 값을 갖고 있다. 그리고 그림에서 볼 수 있듯이 10^6년 전까지는 변위 속도가 거의 같다. 따라서 이런 연구(그림 설명문 참조)를 통해 일본의 활단층은 거의 10^6년 전(제4기 초)부터 움직이기 시작했음을 알게 되었다.

역단층의 성장 과정에서 일반적으로 단층면의 각도는 작아진다고 알려져 있다(Yeats *et al.*, 1997). 예츠가 편집한 이 책에서는 일본의 사례가 다수 인용되고 있다. 예컨대 기소(木曾) 산맥 동쪽 가장자리의 단층대에서 산록에 있는 단층은 기원이 오래되었고, 이보다 더 동쪽에 있는 이나타니(伊那谷)의 단구를 절단한 단층은 기원이 오래되지 않았다. 모두 낮은 각도의 역단층으로 동쪽 단층면의 각도가 더 작다. 똑같은 역단층의 산록에서 분

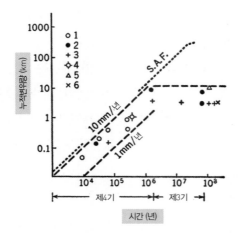

그림 4.9 활단층의 누적 변위량과 연대의 관계(Matsuda, 1976) 오른쪽으로 상향인 2개의 파선은 10mm/년과 1mm/년의 변위 속도를 나타낸다. 그래프의 자료는 긴키(近畿)와 주부(中部) 지방의 주향 이동 단층으로 1. 중앙 구조선, 2. 아테라(阿寺) 단층, 3. 아토츠(跡津)천 단층, 4. 단나(丹那) 단층, 5. 이토이(糸魚)천-시즈오카(靜岡) 구조선, 6. 네오타니(根尾谷) 단층. 그림의 변위량을 현재(10³년 전)부터 거슬러 올라가 보면 일본의 단층은 제3기에는 변위가 없었다는 것, 즉 활단층 운동은 제4기부터 시작되었음을 읽을 수 있다. 이에 반해 샌안드레아스 단층(S.A.F)의 운동은 제3기 초부터 계속되고 있다.

지 쪽으로의 전진은 요코테(横手) 분지 동쪽 가장자리의 센야(千屋) 단층에서도, 스즈카(鈴鹿) 산맥 동록에서도 그리고 캘리포니아 남부 산페르난도 저지 북부의 분지 가장자리 단층에서도 확인할 수 있다(池田·米倉, 1979; Ikeda, 1983; 米倉 외, 1990 등).

단층은 이렇게 어떤 수평 압축 응력장에 있더라도 그 자체로서 위치와 경사를 바꾸어 가는데, 수평 응력과 하중이 균형을 이루어 단층 지괴로서의 성장이 멈추면 인접 지역에 새로운 단층 지괴 산지를 출현시키게 될 것이다.

긴키(近畿) 지방에서는 가장 동쪽에 있는 스즈카 산맥이 가장 오래된 역단층 지괴이다. 이는 긴키 삼각대[7]의 수계가 스즈카 산맥에 분수계를 갖고 있기 때문이다. 이곳에서 서쪽으로 시가라키(信樂)·야마토(大和) 고원, 이코마(生駒) 산맥, 롯코(六甲) 산지로 갈수록 대체로 산맥의 형성 연대가 젊어져 단층 지괴를 만든 압축 변형이 서쪽으로 이동했다고 볼 수 있다(藤田, 1983). 오우(奧羽) 지방의 단층군·지괴 산지에 대해서도 형성 시대의 이동이 조사되었는데(예를 들면, 栗田, 1988; Sato, 1994), 일본 열도는 단층 지괴의 '진화'와 7장 4절 4항에서 언급할 산과 골짜기의 지형 발달에 관한 좋은 연구 지역이라고 할 수 있다. 사례 연구의 증가와 함께 일반화와 이론화의 진전이 기대된다.

---

7 동서 방향의 압축력으로 인해 남북 방향으로 산지와 분지가 교호로 여러 열 늘어서 있는 긴키 지방의 지형 특성에 근거하여 긴키 삼각(지)대 또는 긴키 트라이앵글이라고 부른다.

3. 화산 활동에 의한 지형

화산 지형은 다른 지형과는 상이한 특성을 갖고 있어 독특한 연구 대상이다(그에 비해 연구자는 많지 않지만). 이 특성을 열거하면 다음과 같다.

(1) 화산은 화산 활동이 가져오는 물질(화산 분출물)이 그대로 지형 구성 물질이 되므로 지형과 지질의 대응 관계가 명료하다.

(2) 화산은 비교적 단시간(수십만 년 이내)에 형성되며, 일본과 같이 침식 속도가 빠른 곳에서도 제4기에 만들어진 화산은 원래의 지형을 많든 적든 남기고 있다. 이런 점에서 화산 지형은 건설 과정과 침식 과정을 아는 데 적절하다.

(3) 화산 활동과 그 산물인 화산 지형은 구성 물질과 함께 내·외적 조건을 민감하게 반영하고 있다. 따라서 화산 지형은 조건과 작용의 관계를 살펴보기 좋은 대상이다. 내적 조건으로는 마그마의 성질과 지각의 구성 등이, 또 외적 조건으로는 육상과 그 기후, 해안, 해저, 빙저 등이 지형 형성 작용을 바꾼다. 행성·달의 화산은 내·외적 조건과 화산 지형의 관계를 고찰하는 데 다양한 사례를 제공하고 있다.

(4) 화산에는 선상의 틈 분화에 의한 것도 있으나 육상 화산의 대부분은 중심 분화[8]로 만들어진 원뿔 모양 등의 지형을 갖고 있으며, 하나씩 따로 셀 수 있게 고립되어 있으므로 비교 연구에 적합하다.

마그마의 상승과 변질이라는 내적 조건이 관련된 화산 활동과 화산 지

---

8   분화의 공간 범위에 의해 틈(새) 분화(fissure eruption)와 중심 분화(central eruption)로 구분할 수 있다. 리프트와 같은 지각의 균열을 따라 홍수 현무암이 분출하는 전자와 달리 중심 분화는 화산체의 중심부에서 일어나는 분화로 동일 화도를 통해 반복적으로 분화가 발생하는 성층 화산에서 잘 나타난다.

형을 먼저 살펴본 후 외적 조건이 작용하는 화산 지형의 형성에 대해서도 개관하겠다.

(1) 마그마의 상승과 분화 그리고 분화에 의해 만들어진 지형

맨틀 혹은 지각 내에서 암석이 녹아 마그마가 생성되면 주위보다 밀도와 점성이 작아져 상승하게 된다. 마그마가 상승하면 표면 장력에 의해 주걱 모양이나 까까머리 모양이 된다. 주위의 암석과 밀도가 같아지면 상승이 멈추고 괴상 내지 편평한 모양을 한 마그마 저장소를 만든다. 마그마 저장소 안에서 냉각이 진행되어 액체인 마그마가 결정 분화하거나 또는 주위 암석을 녹여 혼성되면 대체로 현무암질에서 안산암질로 다시 유문암질로 변화한다(노트 3.1 참조). 지각이 얇고 수평 방향의 압축이 약하거나 심지어 신장적이어서 마그마가 상승하기 쉬운 이즈오가사와라호에서는 주로 현무암질 마그마가 만들어지는 반면 지각이 두꺼운데다 수평 압축 응력장에 있는 동북 일본호의 화산은 주로 안산암질 마그마가 만들어진다(그림 4.10). 현무암질 마그마는 그림 4.11에 나타냈듯이 일반적으로 용암의 점성이 작고 쇄설물은 적으며, 산체는 완만한 구배를 지닌 순상 화산을 만든다. 이즈오가사와라호에 많은 해저 분화 화산에서는 베개 용암과 수냉 파쇄 각력암[9]이 되며, 구배는 수중에서의 안식각에 의해 결정되므로 육상의 안산암질 성층 화산과 닮은 지형을 갖게 된다. 화산섬에서는 해안 침식에 의해 해식애가 만들어져 변화가 있는 지형이 된다.

그림 4.10과 같이 홋카이도·도호쿠(東北) 북부와 규슈에는 대형 칼데라

---

9 용암류가 수중으로 흘러들어갈 때 물과 접촉한 표피가 급냉하며 파쇄되어 생긴 다량의 유리질 암편으로 이루어진 암석이다. 영어명 hyaloclastite의 hyalo는 유리라는 의미이다.

화산이 분포한다. 칼데라는 유문암-석영안산암질 마그마의 거대 화쇄류 분화[10]에 동반되어 지하의 마그마 저장소가 공동이 되고 함몰이 일어나 만들어지는 것으로 알려져 있다. 이들 거대 분화는 수만 년에 1회 정도의 간

그림 4.10 일본열도 화산의 대표적인 3유형의 분포(高橋·高橋, 1995) 현무암 화산은 이즈(伊豆)-마리아나호 등의 도서에, 대규모 칼데라를 만든 화산(유문암과 석영안산암)은 도와타(十和田) 이북과 규슈 남부에 한정되어 있다. 그 밖의 대부분의 장소에는 안산암 화산이 분포한다.

○ 현무암 화산
◐ 안산암 화산
✦ 대규모 칼데라형 화산

10　화쇄류 또는 화산 쇄설류(pyroclastic flow)는 화구에서 분출한 고온의 본질 암편과 화산 가스의 혼합물이 고속으로 사면을 흘러내리는 현상이다. 분출물의 총량이 $10^{-5}km^3$인 초소형부터 $100km^3$를 넘는 대형까지 다양하다. 대규모(거대) 화쇄류의 유동층은 두께가 100m를 넘고 화구로부터 100km 이상 흘러가 넓은 지역을 매몰한다. 또한 화구 일대는 함몰하여 칼데라가 출현한다.

격으로 발생하고 있으며, 지하에 대량의 규장질[11] 마그마가 생산, 축적됨으로써 일어난다. 이런 장소로 지각 응력이 강한 압축장도 아니고 강한 신장장도 아닌 안정된 곳을 생각하기 쉽다. 일본의 대형 칼데라 화산은 활단층 측면에서 보면 제4기에는 비교적 안정적이었고(그림 3.7 참조) 더욱이 마그마의 공급이 많은 화산 프론트를 따라 분포하고 있다.

마그마 저장소로부터 분화가 일어나려면 마그마 저장소의 '수위' 상승이 필요한데, 이를 위해서는 마그마 저장소가 놓인 장소의 압축에 따른 짜내기 또는 마그마의 팽창을 생각할 수 있다. 마그마 안에 녹아 있던 휘발성 물질인 H_2O와 CO_2가 기체로 변함으로써 마그마가 팽창한다고 볼 수 있다. 맥주병 마개를 따면 거품이 발생하듯이 마그마 안의 물이 마그마의 감압이나 냉각으로 인해 포화에 도달하면 수증기 기포가 만들어진다(발포한다). 이런 식으로 마그마의 체적이 증가하고 전체 밀도가 작아져 분화가 시작된다. 분화가 시작되면 마그마 감압이 촉진되기 때문에 한층 더 발포하기 쉬워진다. 마그마가 고철질이면 점성이 작고 기포가 잘 흩어져 없어지므로 가스압이 높아지지 않는다. 따라서 마그마 파편(용암 파편)을 낮게 내뿜는 하와이식 내지 스트롬볼리식 분화가 된다. 이에 대해 점성이 크고 가스량이 많은 규장질 마그마는 플리니식 내지 거대 화쇄류 분화가 된다(그림 4.11).

안산암질 화산에 많은, 가스가 고결된 화도 물질을 내뿜는 불칸식 분화

---

11 규장질(硅長質, felsic)은 규소와 장석을 합하여 만들어진 용어로 암석이나 마그마에 포함되어 있는 성분 가운데 규소와 알칼리 원소가 풍부하고 철과 마그네슘이 적어 밝은 색을 띠는 성질을 가리킨다. 유문암과 같이 실리카가 63% 이상 함유된 화성암을 가리키는 산성암과 같은 의미로도 쓰인다. 철과 마그네슘이 풍부하여 어두운 색을 띠는 성질은 고철질(苦鐵質, mafic)이라고 한다.

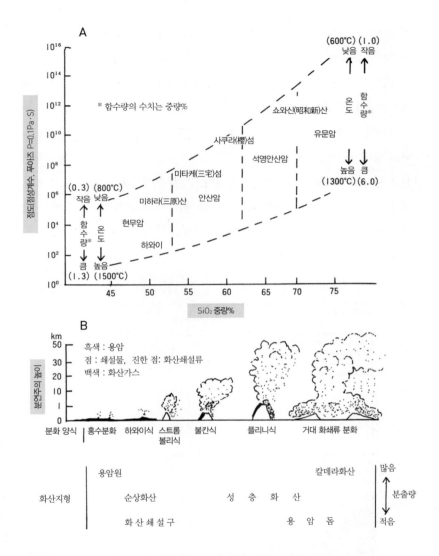

그림 4.11 마그마의 규산 함량과 점성·분화 양식·화산 지형의 관계를 보여주는 모식도
A: 실측치와 실험치로부터 점성도는 온도와 함수량에 의한 차이가 크다(藤井, 1976 등에 근거하여 작성).
B: 町田 외, 1986 등에 근거하여 작성.

에서도 또 석영안산암질 화산에 많은, 휘발 성분이 풍부한 규장질 마그마 (고결되면 경석이 된다)를 가장 먼저 분출하는 플리니식 분화에서도 가스와 쇄설물이 나온 후에는 용암이 유출하는 수가 많다. 화구 주변에 용암과 쇄 설물이 겹겹이 쌓이면 성층 화산이 된다.

그러나 성층 화산은 분화와는 직접 관련되지 않은 지형 형성 작용도 더 해져 형태가 만들어진다. 성층 화산의 산정부는 급경사인 탓에 붕락하기 쉽고 붕락한 물질은 산자락에 퇴적되며, 또 유수에 의한 침식으로 산정부 에 골짜기가 생기면 산록에는 화산 이류 퇴적물과 토석류 퇴적물이 선상 지를 만든다. 여기에 화산 쇄설류가 가세하는 수도 있다. 그림 4.12는 성

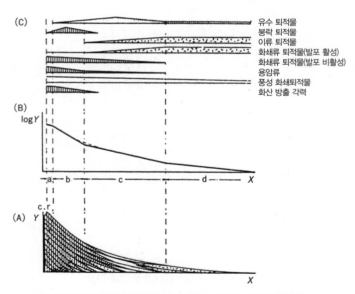

그림 4.12 안산암질 성층 화산의 구조와 형태·물질의 요소(鈴木, 1975를 간략화) (A) 구조를 보여주는 모 식 단면도, (B) 높이를 대수 눈금으로 놓으면 사면은 4개의 직선적 부분, 즉 a: 산정부, b: 원추 주요부, c: 산록, d: 주변으로 구성된다. (C) 화산체 구성 물질의 두께별 분포.

층 화산이 이런 각종 퇴적물로 구성되어 있음을 보여주고 있다. 화산 산록 선상지는 대형 성층 화산의 산록에 퇴적장이 있는 곳에서 발달한다. 산맥 위에 놓인 화산에는 퇴적의 장이 없기 때문에 만들어지지 않으며, 깊은 해저에서 솟아오른 화산섬에서도 만들어지기 어렵다. 화산 산록 선상지는 화산이 천해와 접하는 곳에서 잘 만들어지며, 리시리(利尻)섬·운젠(雲仙)악·사쿠라지마(櫻島)섬 등이 전형적인 사례이다.

성층 화산에는 종종 측화산이 동반된다. 측화산의 지하에서의 구조는 그림 4.13 상단과 같다. 이는 성층 화산의 화도로부터 갈라진 틈을 따라 옆으로 퍼진 판상의 용암이 지표로 나온 곳이다. 갈라진 틈을 메운 용암이 굳으면 암맥이 된다. 용암의 출구가 해수면이나 호수면의 아래이면 수증

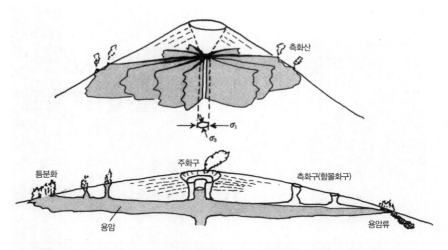

그림 4.13 암맥과 측화산 위 그림은 성층 화산에 많은 암맥의 유형(中村, 1989에 근거함). 아래 그림은 하와이와 아이슬란드 등의 순상 화산과 용암원에서 볼 수 있는 암맥과 측화산의 유형. 두 그림 모두 좌우 방향의 압축력(수평 최대 압축 응력, σ_1)이 가장 크고, 직교하는 압축력(σ_2)이 가장 작기 때문에 상승한 마그마는 좌우 방향으로 뻗기 쉽다. 아래 그림에서는 큰 균열을 따라 화도의 용암 '수위'가 높아지면 측화산 화구로부터 흘러넘치고, 낮아지면 화구 아래로 되돌아가 함몰 화구(사진 4.1)를 만든다.

기 마그마 폭발이 일어나고 그 자리에는 마르라고 불리는 작은 화구의 호소나 석호가 만들어진다. 순상 화산과 판의 발산 경계에서 볼 수 있는 틈분화는 그림 4.13 하단과 같이 갈라진 틈을 따라 수평으로 길게 뻗은 화도로부터 생기는 것 같다.

측화산을 만든 암맥은 다시 마그마의 통로가 되기 어렵기 때문에 분화는 1회로 그치며, 이런 1회의 분화 활동으로 만들어진 화산은 단성 화산이라고 한다. 성층 화산은 중심의 화도가 반복해서 마그마의 통로가 되어 화산체가 성장하므로 복성 화산이라고 한다. 암맥 혹은 측화산의 분포는 그림 4.13 상단에서 알 수 있듯이 국지적 또는 광역적 지각 응력장의 지시자가 된다(그림 3.8 참조).

사진 4.1 아이슬란드 중북부의 용암원에 보이는 함몰 화구(1985년 8월 저자 촬영)

(2) 마그마의 변화로 인한 화산 지형의 변화

마그마의 암질 변화에 따라 하나의 화산 지형이 어떻게 변화해 가는지 일본의 성층 화산의 일생(대략 10^5년)을 통해 살펴보자. 이 일반화는 모리야(守屋, 1983, 1992)가 제시한 것이다.

일본의 성층 화산의 지형 발달   일반적으로 다음과 같은 4시기를 경과한다. 이들 시기별 지형 발달은 지하의 마그마 저장소에서 일어나는 마그마의 진화(그림 4.14)와 대응 관계를 갖고 있는 것으로 생각된다.

제1기: 현무암 또는 현무암질 안산암의 용암과 스코리아의 분출에 의해 후지(富士)산과 같은 원추형의 성층 화산이 형성된다(그림 4.14b).

제2기: 마그마는 안산암질이 되어 두꺼운 용암류가 유출하고 불칸식 분화에 의한 화산 쇄설물이 누적된다. 산정부는 급경사가 되어 대형 붕괴가 일어나기 쉽다. 반다이(磐梯)산이 사례.

제3기: 마그마는 더욱 점성이 높은 석영안산암질로 변하고, 분화는 플리니식이 되어 멀리까지 경석을 떨어뜨린다. 화산 쇄설류의 발생도 많아진다. 아사마(淺間)산과 홋카이도의 고마가타케(駒ヶ岳)산이 사례.

제4기: 상기와 같은 활동 후에 산정에 작은 칼데라(직경 2~4km)가 만들어진다(그림 4.14c). 이후 석영안산암과 유문암질 용암류가 용암돔을 만든다(그림 4.14d). 아카기(赤城)산·하루나(榛名)산·하코네(箱根)산·묘코(妙高)산 등이 사례.

이상 살펴보았듯이 일본의 성층 화산은 지하에 있는 하나의 마그마 저장소로부터 잇달아 변화한 용암을 지상으로 내보내는 것이 많은 듯하다. 그러나 세계적으로 보면 장기간에 걸쳐 지하 심부로부터 동질의 마그마를 공급하면서도 화산 지형을 변화시키는 사례도 있어 일본의 성층 화산의

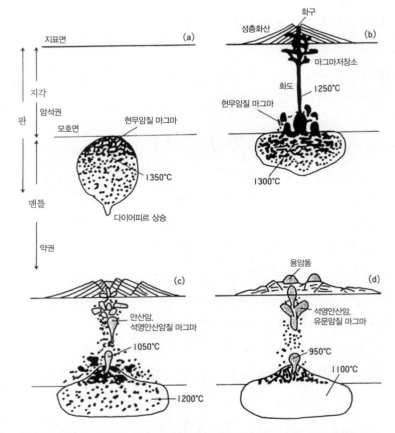

지표면 (a)

지각

판
암석권
모호면
현무암질 마그마

다이어피르 상승

맨틀

약권

1350℃

성층화산 (b)

화구
마그마저장소
화도
1250℃
현무암질 마그마

1300℃

(c)
안산암,
석영안산암질 마그마
1050℃
1200℃

용암돔 (d)
석영안산암,
유문암질 마그마
950℃
1100℃

그림 4.14 일본 성층 화산의 발달과 지하 마그마의 진화와의 관계를 보여주는 모식도(高橋, 1990)

진화와는 다르다는 것을 알 수 있다(守屋, 1997).

(3) 지표 환경에 의한 화산 지형의 변화

화산의 형태는 마그마의 성질 내지 화산 활동의 성질에 따라 변화하지만, 분출하는 마그마의 성질은 크게 다르지 않아도 지표 환경이 변화하고 이에 대응하여 화산 지형이 크게 달라지는 수가 있다. 그 전형적인 사례를 들어보자.

아이슬란드의 탁상 화산[12]　　　아이슬란드는 대서양 중앙 해령이라는 판의 발산 경계에 중첩되어 있는 열점에 의해 만들어진 화산섬이다. 따라서 아이슬란드는 양쪽으로 펼쳐지면서 섬이 확대되고 있다. 고제3기의 아이슬란드 열점에서 분출한 현무암은 (화산 지형을 남기고 있지 않으나) 그린란드 동안과 스코틀랜드 부근에 남아 있다. 아이슬란드섬 자체는 신제3기부터 제4기의 현무암으로 구성되어 있는데, 동서 양쪽 가장자리가 신제3기 그리고 중심부가 제4기의 현무암이다. 동서로 확장되는 속도는 각 방향으로 1cm/년씩이므로 양쪽으로는 2cm/년이며, 동서 양쪽의 신제3기 현무암 대지는 제4기의 빙하에 의해 생긴 U자곡이 많은 대지 지형을 보인다(사진 4.2). 중심부의 폭 100~200km가 제4기의 화산 지대로 용암원, 지각의 균열을 따라 형성된 화구열, 칼데라, 순상 화산, 탁상 화산 등이 나타난다. 현존하는 빙모[13] 밑에도 화산이 있어 때때로 빙저 분화가 발생하여 대홍수를 일으킨다.

　아이슬란드에서 특징적인 화산 지형으로 탁상 화산과 팔라고나이트 릿지(다른 용어로는 모베르크)를 들 수 있다. 후자는 현무암이 물과 접촉하여

12　저자는 빙저 화산(subglacial volcano)과 탁상 화산(volcanic table mountain)을 빙하에 덮여 있고 없고의 차이로 구분하고 있으나 두 용어는 대체로 동의어로 쓰이며, 투야(tuya)라는 용어도 사용한다. 투야는 탁상 화산의 사례로 처음 보고된 캐나다 브리티시컬럼비아의 투야 뷰트(Tuya Butte, 비고 355m)에서 유래한다. 탁상 화산으로는 아이슬란드 북동부에 소재하는 헤르드브레이드(Herdubreid)가 가장 유명하다.
13　광의로는 빙상(ice sheet)과 동의어이나 보통은 규모가 작은 빙상에 대해 사용하는 경우가 많다. 최근에는 바닥 면적 5만km²를 기준으로 빙모(ice cap)와 빙상을 구분한다.

생긴 파쇄된 유리질 각력과 베개 용암으로 주로 구성되어 있으며, 두 구성물질 모두 물의 작용으로 갈색의 팔라고나이트로 변질되어 있다. 사진 4.3은 탁상 화산과 그 전면에 늘어선 팔라고나이트 릿지를 보여준다. 탁상 화산의 형성 과정은 그림 4.15와 같은데, 빙기에 아이슬란드 전체를 덮었던 빙상 그리고 후빙기가 되어 빙상의 융해라는 커다란 환경의 변화가 화산 지형에 반영된 것이다.

(A)는 빙상 밑에서 현무암 용암의 분출로 용암 주위는 얼음이 녹아 물이 되었기 때문에 각력암과 베개 용암이 쌓여 올라간다. 그림에서는 빙하가 오른쪽에서 왼쪽으로 움직이고 있는 모습을 그려져 있다. 녹은 물은 빙하 밑에서 흘러나온다.

(B) 화산 분출물이 빙하 위까지 도달하면 보통의 용암이 흘러나와 육

사진 4.2 아이슬란드 서부의 제3기 현무암 대지(1985년 8월 岩田修二 촬영) 제3기에는 빙하가 없었고 용암이 얇게 퍼져 용암원을 만들었다. 그 후 융기하여 제4기에는 빙기의 U자곡이 파였고, 일부는 후빙기의 애추에 의해 메워졌다. 곡저의 V자곡은 유수에 의해 다시 파여 생겼다.

사진 4.3 아이슬란드 중앙부의 탁상 화산(원경)과 길게 늘어진 팔라고나이트 릿지(전경)(1985년 8월 저자 촬영)

상의 용암원과 순상 화산과 같은 화산 지형이 거의 빙원 높이에서 만들어진다.

(C) 빙기가 끝날 무렵이 되면 빙상 표면이 낮아지고 빙하의 지지를 잃은 화산벽의 붕락이 시작된다. 같은 붕락 현상은 빙하가 녹은 U자곡의 곡벽에서도 발생한다(사진 4.2).

(D) 후빙기의 탁상 화산. 탁상 화산의 산정은 빙기의 빙상 높이를 나타내고 화산의 높이는 거의 빙하 두께에 해당한다. 이런 사실을 이용하여 아이슬란드 최후 빙기의 빙상 높이가 복원되었는데, 이는 뛰어난 착상에 의해 고환경을 복원한 사례이다.

사진 4.3의 팔라고나이트 릿지는 탁상 화산의 뿌리에 있는 중심 화도로부터 분기한 암맥에서 만들어진 빙상 밑의 측화산 지형이다. 그림 4.13 하단의 화도 시스템이 빙하에 덮여 있으면 사진 4.3과 같은 화산 지형을 낳게 된다.

빙하가 없이 현무암 대지가 형성된 신제3기의 화산(사진 4.2), 빙기에 빙

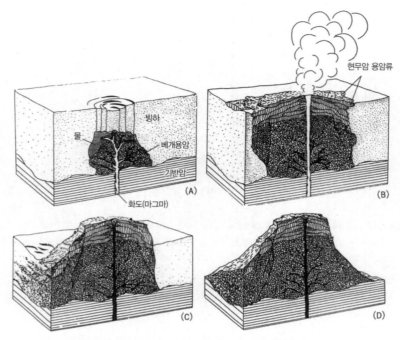

그림 4.15 빙저 화산이 탁상 화산으로 육상에 모습을 드러내는 과정(Kjartansson, 1981)

상 밑에서 만들어진 특이한 화산(탁상 화산) 그리고 후빙기에 빙하가 없는 곳에서 만들어진 화산(순상 화산과 용암원)은 환경에 따른 화산 지형의 차이를 보여주는 좋은 사례라고 할 수 있다.

5장
외적 작용과 지형

　이 장에서 다루는 외적 작용과 이로 인한 지형은 과거 지형학에서 가장 중시했던 영역으로 이 연구에 근거하여 지형학 체계의 기초가 만들어졌다. 20세기 중반 이후 지형학의 연구 대상이 확대된 것은 1장 3절에서 소개했는데, 외적 작용과 이로 인한 지형에 대한 연구도 20세기 후반 양적·질적 변화를 낳았다.

　외적 작용 연구는 표 1.2와 같이 길버트와 존슨으로부터 시작하여 지금은 각각의 외적 작용과 이들 작용에 따른 지형별로 교과서가 만들어지고 있다. 예를 들면, 하천 지형학이나 해안 지형학 같은 경우이다. 본서에서는 이들을 '절'로서 다루고 있기 때문에 저자 자신이 지형 형성 작용과 발달사에서 특히 중요하다고 생각하는 사항만을 언급하고 있음을 양해해주기 바란다.

　그런데 20세기 후반에 들어와 산지·평야·하천과 해안에 대한 건설 사업(자연 개변)에는 대규모 사업이 증가했고, 사업을 진행하기 위해서는 장기적·광역적인 자연의 작용에 대한 이해가 더욱 필요해졌다. 그리고 다른 거대 과학[1]과 거대 산업(원자력·우주 개발 등)과 마찬가지로 공학과 이학의 경계가 없어지고 있다. 이런 시대적 흐름이 지형 연구에도 반영되어 나타난 하나의 결과로 1960~1970년대에 들어와 영국 지형 연구 그룹(BGRG, 기관지: *Earth Surface Processes and Landforms*)[2]이 설립되고, 일본에서는 일본지형학연합(JGU, 기관지: 地形)이 창립되는 등 건설 공학과 지구과학 양 분야의 관계가 깊어졌다. 그리고 이런 흐름은 세계적인 것이 되어 1985년 이래 4년마다 국제지형학회가 개최되게 이르렀다.

1. 풍화 작용과 중력 지형

풍화 작용은 지형 물질인 광물·암석을 지표 가까이에서 세립화하거나 변질시키거나 물에 녹이는 작용이다. 이것이 없으면 침식·퇴적 작용이 작동하지 않을뿐더러 특히 중력만으로 생기는 지형 변화의 속도는 작아질 수밖에 없다.

---

1 과학자와 기술자 등 많은 인력과 막대한 자금이 필요하고 거대한 연구 시설이 요구되는 대규모의 과학적 연구 또는 조사를 가리키며, 원자력, 핵융합, 입자 가속기, 우주 개발 등이 이에 속한다. 기초 과학의 획기적인 발전을 가져올 뿐 아니라 신산업을 만들어내는 계기가 된다.
2 영국의 지형 조사를 목적으로 1958년 처음 조직된 영국 지형 연구 그룹(British Geomorphological Research Group)은 1960년 1회 정례 학술 대회를 개최했으며, 1976년부터 학회 기관지 *Earth Surface Processes*를 간행했다. 기관지명은 1981년 *Earth Surface Processes and Landforms*으로 변경되었다. 2006년에는 영국 지형학회(BSG, British Society for Geomorphology)로 학회명도 바뀌었다. 학회 웹 주소는 www.geomorphology.org.uk 이다.

(1) 풍화 작용

풍화 작용은 편의상 물리적 풍화와 화학적 풍화로 구분된다. 그림 5.1
은 양자의 작용에 의해 화강암의 절리를 따라 풍화가 진행되어 암질과 지
형이 변화된 모습을 보여주고 있다. (a)의 세로 선은 이전부터 있었던 화강
암의 냉각에 동반된 절리나 지구조 응력에 의한 절리이며, 가로 선은 지표
의 지형과 관련된 온도 변화나 하중의 제거로 인해 생긴 절리로 볼 수 있
으므로 물리적 풍화로 인한 것이다. (b)의 흑색부는 화강암의 광물 입자가
결합이 약해져 세립화·점토화된 부분이다. 풍화는 절리를 따라 진행되므
로 절리 간격이 넓은 곳에는 풍화되지 않은 핵이 남게 되며, (c)에서 풍화
된 화강암의 광물 입자가 마사(미고결 모래)처럼 변한 곳은 제거되었다. 풍
화는 지하수면 아래, 즉 지하수 포화대에서는 진행이 느리므로 이 그림에
서는 지하수면이 풍화 전선으로 되어 있다. 그리고 풍화 전선이 국지적인
침식 기준면이 되어 만들어진 완만한 지형 위에 토르(tor, 암탑)의 암괴가
솟아 있다(사진 5.1 참조).

여기에서는 비교적 균질한 화강암에서 생긴 미풍화 핵을 보았는데, 단
구 자갈층이 풍화되면 퇴적 당시에는 하상의 자갈로서 모두 똑같이 신선
했을지라도 시간이 지나면서 암석의 종류에 따라 풍화를 받기 쉬운 자갈

그림 5.1 화강암의 풍화 과정과 토르(암탑)의 형성(Linton, 1955) (a) 절리 간격의 변화가 큰 화강암의 단
면, (b) 지하수면까지 암석의 분해가 진행된 시기, 검은색은 풍화가 진행된 암석, 흩어져 있는 흰색은 미
풍화 핵, (c) 분해된 세립 물질의 제거에 의한 토르의 형성, 수평 방향의 파선은 지하수면이자 풍화전선.

과 어려운 자갈 사이에 차이가 드러나게 된다. 유문암, 안산암, 셰일은 전자이며, 규암, 호른펠스, 현무암은 후자이다.

또한 광물의 계층이라는 측면에서 보면(노트 3.1 참조) 풍화에 대한 조암광물의 저항력은 그림 3.3의 왼쪽에서 오른쪽으로 갈수록 커져 석영의 저항력이 가장 크다. 이는 마그마로부터 광물이 정출되는 순서의 역방향이다.

그런데 풍화가 현저하게 진행된 자갈층을 썩은 자갈이라고 부르는데, 도쿄 서부 교외의 고텐(御殿)고개 자갈층(중기 플라이스토세, 약 40만 년 전)이나 8장 3절에서 소개하는 도키(土岐) 사력층(전기 플라이스토세, 약 100만 년 전)이 이런 사례이다. 단 양쪽 모두 지하수면 위에 있는 경우로 도키 사력층에서도 오랫동안 지하수면 아래(지표로부터 20~30m 깊이)에 있었다고 생각되는 곳의 자갈은 그다지 풍화되어 있지 않다. 이렇게 연대와 환경을 알기 쉬운 자갈층의 자갈 종류는 암질과 기후, 수분 조건의 차이에 따른 풍화 속도의 차이를 아는 데 좋은 재료라고 할 수 있을 것이다. 강수량이

사진 5.1 토르군(1973년 12월 저자 촬영) 주빙하성 각력이 덮고 있는 평탄면 위로 돌출되어 있다. 중앙의 암탑은 높이 약 10m(하부에 사람). 뉴질랜드 남부, 남위 45°의 올드맨(Old Man) 산맥 해발고도 약 1,500m. 토르의 암질은 결정편암이다. 심층 풍화는 백악기에 진행되었으며, 플라이스토세의 빙기에 주빙하 작용으로 삭박된 것으로 보고 있다.

많고 여름 기온이 높은 일본은 화학적 풍화 속도가 빠른 곳이다.

기후의 차이가 풍화에 주는 영향에 대해서는 많은 지식이 축적되어 특히 토양학에서는 암석과 퇴적물의 풍화 생성물을 농업·목축업·임업의 생산에 이용하는 분야인 만큼 풍화를 깊게 연구하고 있다. 그리고 이에 근거한 지형, 특히 기후 지형에 관한 연구가 있는데, 5장 3절의 카르스트 지형도 이런 지형의 하나이다. 열대 기후에서 만들어진 산화철의 집적층이나 지하 깊은 풍화 전선까지 삭박된 평탄면은 에치플레인(etchplain)[3]이라고 하는데, 예를 들어 중부 유럽에서 계단상 소기복 침식면은 마이오세까지 만들어진 이런 종류의 지형으로 보고 있다(平川, 1996). 사진 5.1의 토르와 오스트레일리아의 관광지로 유명한 에어즈록(울룰루)도 이런 종류의 지형이다.

극지부터 열대에 이르는 풍화 생성물·토양의 단면으로 그림 5.2에 제시한 스트라호프(Strakhov, 1967)의 자료가 종종 인용된다. 이 절에서도 이 그림에 해설을 더해 기후와 풍화의 관계를 설명하겠다. 그림 속의 각 지대에는 그림 7.7, 그림 7.8과의 대응을 생각해서 ①~⑧의 번호를 붙였다. 단, 그림 5.2의 구분과 그림 7.7, 그림 7.8의 구분은 기준이 다르므로 대응 관계가 반드시 일치하지는 않는다.

---

3 에치플레인은 심하게 삭박되었거나 지중 풍화를 받은 기반암의 평탄면을 가리키며, 에치플레인을 만드는 프로세스를 에치플래네이션(etchplanation)이라고 한다. 이름과 달리 평탄면보다는 소기복면에 가까우며, 이는 기반암의 풍화가 균일하게 진행되지 않기 때문이다. 에치플레인의 침식으로 인해 지표면에는 인젤베르그와 토르 지형이 출현한다. 에치플레인은 1930년대 동아프리카의 지형면을 기술하면서 처음 등장했으며, 20세기 후반 독일의 뷔델(J. Büdel)에 의해 개념이 정립되었다. 이 용어는 오랫동안 열대 경관 또는 열대 기후와 관련하여 사용했으나 1980년대 이후에는 풍화 작용으로 평탄화된 중위도 지역의 삭박면에 대해서도 사용하고 있다.

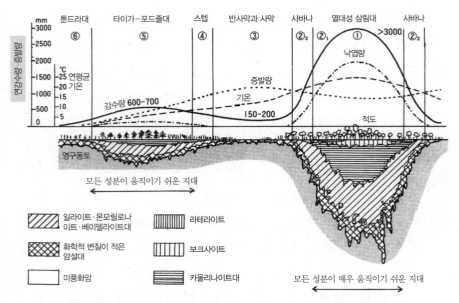

그림 5.2 위도별 풍화대와 기후 요소의 변화(Strakhov, 1967, ①~⑥과 모식적 식생을 가필) 대륙 동안의 습윤역에서는 ③의 반사막과 사막을 대신하여 낙엽·상록의 삼림이 분포하며, 이곳에서의 풍화대 두께는 타이가-포드졸대보다 두껍다. 풍화대의 두께는 타이가-포드졸대에서 1m 전후, 열대성 삼림대에서 100m 전후이다. 단, 온난했던 지질 시대(백악기 등, 그림 1.5)에는 훨씬 더 두꺼웠다. 산지와 같은 침식역에서는 풍화 물질이 삭박되므로 두꺼워지지 않는다. 산지에서의 삭박 속도는 풍화 속도에 규제된다. 풍화대를 나타내는 이 그림에서 지표를 얇게 덮고 있는 부식토층(토양 단면에서 A층의 위쪽 절반)은 생략되어 있다.

이 그림은 대륙 중앙부의 남북 모식 단면도로 설명문에 적었듯이 대륙 중위도 동안의 온대 낙엽수·상록수림대(위도는 ③에 상당)가 나타나지 않으며, 대륙 서안 및 지중해성 기후 지역도 나와 있지 않다. 이들 지역은 계절풍과 편서풍에 의해 대륙 내부보다도 강수량이 많다. 선 모양으로 나타낸 단면의 범례는 생성되고 있는 토양 층위의 조성(화학 성분·점토 광물)을 나타내며, 본래의 암석에서 없어진 화학 성분 또는 광물 조성의 변질을 말하고 있다. ①~②의 저위도 지대는 본래의 암석 종류와 관계없이 다우, 고온, 식물에서 생산된 산에 의해 많은 화학 성분이 지하로 이동하기 쉬운 것을 보여주며, 이곳에서는 풍화대가 두텁다. 두께는 평탄지와 소기복지에서는 수십m에서 100m를 넘는다.

그림을 왼쪽의 고위도 쪽부터 살펴보자. 연평균 기온이 0℃(대략 여름이 10℃)보다 낮은 고위도는 삼림이 없는 툰드라대 ⑥이 되며, 지하에는 현성 또는 빙기에 만들어진 영구 동토가 있다. 동토가 물의 침투를 막기 때문에 지하수면이 얕고, 저온과 어우러져 화학적 풍화가 약하고 물리적 풍화가 탁월하다. 지표는 암설로 덮인 황야가 넓고, 미지형으로 동결·융해 작용에 의한 주빙하 지형(5장 5절)이 만들어지는 곳이다.

앞의 ⑥보다도 강수량이 많고 기온도 높은 타이가-포드졸대 ⑤는 대륙 동안에서는 습윤 온대로 이어지고, 대륙 서안에서는 서안 해양성 내지 지중해성 기후로 이어진다. 타이가(냉대 침엽수림) 지대에서는 그림의 ⑤와 같이 지표로부터 밑으로 카올리나이트대와 일라이트·몬모리로나이트·바이드라이트대가 그려져 있다. 카올리나이트대는 침엽수림에서 생성된 부식산에 의해 사장석이 풍화되어 생긴 카올리나이트($Al_2Si_2O_5(OH)_4$)의 집적층과 나머지 성분(철, 알칼리, 석회 등) 대부분의 용탈로 생긴 백색을 띠는 층(포드졸)으로 이루어져 있다. 그 밑으로는 역시 장석 등이 풍화되어 생긴 점토 광물인 일라이트·몬모리로나이트·바이드라이트 등으로 이루어진 풍화대가 있고, 그곳에는 상위로부터 용탈되어 온 Ca, Na, Mg, Fe 등이 집적되어 있다.

그림 5.2의 ④와 ③에 해당하는 곳에는 뢰스가 분포하여 체르노젬(석회와 유기물이 풍부한 흑색 표토를 지닌 토양)을 볼 수 있는 지대와 그 남쪽의 사막이다. 증발량이 강수량과 거의 같거나 많은 이 지역에서는 다량의 염류와 석회가 녹지 않고 집적된다. ④와 ③이 나타나는 위도의 동안 기후형

에 해당하는 낙엽 활엽수림과 조엽수림[4] 지대(그림 7.8에서는 ⑤의 일부)에는 갈색 삼림토·황갈색 삼림토가 분포한다. 풍화대의 분화는 명료하지 않으나 상위에서는 용탈되고 하위에서는 점토가 집적된다.

그림 5.2의 ①과 ②₁에 해당하는 열대에서는 고온과 다량의 강수에 의해 조암 광물은 대부분 분해되고 규산과 염기의 상당한 양이 용탈된다. ②₁에서는 Fe_2O_3와 Al_2O_2가 잔류하기 때문에 적색을 띤다. 철도 용탈되면 알루미늄의 수산화물인 보크사이트가 만들어지고, 용탈되지 않으면 철·알루미늄의 산화물을 주성분으로 하는 라테라이트가 만들어진다. 또한 라테라이트라고 불리는 것은 주로 지하수면 부근에 Fe_2O_3와 Al_2O_2가 집적된 고토양이라고도 한다.

일본에서는 류쿠(琉球) 열도 남부의 적색토·적황색토에는 현성 토양도 있으나 혼슈 서부의 구릉과 대지 위에 있는 것은 대부분 플라이스토세의 간빙기와 아간빙기의 고토양으로 생각하고 있다. 그리고 이들 토양은 이후의 기후 환경에서 황갈색 삼림토, 갈색 삼림토로 이행되고 있다(松井, 1988).

(2) 중력 지형

중력에 의해 지형 물질이 아래로 이동하는 것을 매스웨이스팅(mass-wasting) 또는 매스무브먼트(mass-movement)라고 부르며, 물질 이동이나 집단 이동으로 번역하고 있다. 매체(물과 바람)에 의존하지 않고 대부분 중력만으로 발생하는 물질 이동(중력 이동으로 부르는 것이 바람직함)으로 만들

---

4 조엽수림(照葉樹林, laurel forest)은 아열대에서 난온대 걸친 다습한 지역에 분포하는 삼림으로 상록활엽수가 주된 수종이다. 동백나무와 사철나무처럼 잎이 두텁고 크지 않으며 특히 잎 표면에 큐티클(cuticle)층이 발달하여 광택이 나기 때문에 붙여진 이름이다.

어진 지형을 본서에서는 중국식 용어(重力地貌)를 본떠 중력 지형으로 부르겠다.

이동 방식에는 유동, 활동, 낙하(붕락), 포행 등이 있으며, 이동의 속도와 방식을 결정하는 조건에는 그림 5.3의 세로축과 가로축에 설정한 두 조건 이외에도 지형 물질과 지표를 덮고 있는 식생 피복의 종류 등이 있다. 그러나 결국에는 지형 물질의 접선 하중(구동력)이 마찰력을 상회하는 것이 필요하다는 점(노트 3.3 참조)에서 그림 5.3에서는 마찰력을 줄이는 데 가장 효과적인 수분 조건과 구동력에 직접 관련된 지형의 구배를 각각 가로축과 세로축으로 놓았다. 그리고 굵은 문자로 추상적인 이동 방식을, 가는

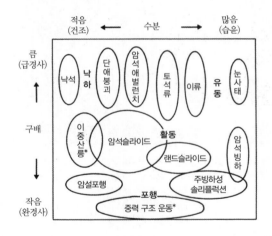

그림 5.3 중력 이동의 종류와 조건 이동의 중요한 조건인 지표면의 구배와 수분 조건을 세로축과 가로축으로 놓고 대략의 위치를 나타냈다. 굵은 문자(테두리 없음)는 이동 자체의 추상적인 명칭이며, 가는 문자(테두리 있음)는 물질과 결부된 구체적인 명칭이다. 구배는 사면 아래쪽으로 이동시키는 중력 성분의 크기를 규정하며, 수분은 이동 물질 내부에서의 마찰력과 지표면과의 마찰력 크기를 좌우한다. 별(*) 표시가 붙은 중력 구조 운동은 큰 산괴(지괴)가 활동면을 경계로 미끄러져 변형된 것을, 또 이중 산릉은 하나의 산맥이 자체 하중으로 인해 산정이나 산 중턱에 균열(요지)을 만든 것을 가리킨다. 그리고 화산체 중앙부가 자체 하중으로 인해 내려앉아 칼데라와 비슷한 지형을 만드는 수도 있다.

사진 5.2 페루 안데스에서 빙하의 붕락으로 생긴 대형 토석류(Plafker *et al.*, 1971) 원경의 산맥은 페루의 최고봉인 네바도스 후아스카란(Nevados Huascaran, 6,764m) 부근의 코르디에라 블랑카이며, 그 정상 바로 아래의 어두운 곳(해발 5,500~6,400m)은 빙괴가 낙하한 흔적. 붕락은 1970년 5월 31일 태평양 안 해저 지진에 동반되어 발생했고 흘러내리면서 대형 토석류로 바뀌었다. 이때의 삭박과 퇴적의 흔적이 밝은색으로 보인다. 왼쪽으로 분기한 토석류에 의해 인구 2만 명의 융가이(Yungay)시가 사라졌다(松田, 1972). 20세기 최대 규모의 토사 재해이다. 토석류는 배경의 산지와 근경 사이에 놓인 하천 리오산타(Rio Santa)를 따라 북쪽으로 흘러 태평양에 도달했다. 또한 원경 산맥의 빙하 아래쪽에 검은색으로 보이는 사면은 비고 2,000m의 단층애로 페루 최장의 단층에 의해 생겼다.

문자로 구체적인 물질 이동을 가리키는 용어를 제시했다. 구체적인 물질 이동 가운데 그림에 없는 용어도 있고 또 영역이 서로 중복되기도 하나 개략적으로 범위를 나타냈다.

　물질 이동에는 움직일 때와 멈출 때 생기는 지형이 동반된다. 이들 중력 지형에는 수직(또는 오버행)의 단애부터 매우 완만한 사면까지 중·소규모 지형과 암석·토석이 개별 내지 집단으로 이동할 때 생기는 미지형이 있다. 또한 이동이 시작된 곳의 지형과 멈춘 곳의 지형도 있어 다수의 유형으로 구분할 수 있다. 지진동[5]에 따른 구동력 증대와 마찰력 감소로 인해 발생하는 사면 물질의 붕락이나 사진 5.2와 같은 특수한(그러나 현지에서는 종종 발생한다) 중력 지형 현상도 있다. 호우로 인해 마찰이 작아지고 곡저에 퇴적되어 있던 토석의 하중이 증가하여 발생하는 이류와 토석류도 중력 이동에 포함할 수 있다.

2. 유수가 만드는 지형

　지구 육상 지형의 상당수는 강수로부터 유래하여 지표를 흐르는 유수에 의해 만들어졌다고 할 수 있다. 이들 지형을 크게는 유수에 의한 침식 지형과 퇴적 지형으로 나눌 수 있는데, 각각 강수의 양과 시간 분포, 지표의 식생, 원지형, 지형 물질 등의 조건에 따라 실로 다양한 지형으로 나타난다. 그 형성 과정에 관해서는 이학적 연구도 적지 않지만, 공학적 입장에서의 연구도 많다. 이 절에서는 이들 지형을 몇 가지 항목으로 한정하여 소

5　지진동(earthquake ground motion)은 지진으로 방출된 탄성 에너지가 지표에 전달되어 발생하는 지면의 진동을 가리킨다. 지진계에 기록된 지진파의 진폭으로 구하는 지진 규모(magnitude)와 달리 진도(震度)는 인체 감각과 구조물에 미친 피해를 기준으로 지진동의 세기를 계급화하여 표시한 것으로서, 관측자의 위치에 따라 달라지는 상대적인 척도이다.

개하겠다. 전모에 대해서는 권말의 참고 문헌을 보기 바란다.

(1) 세계의 유역과 침식 속도

세계의 연간 강수량은 약 $50 \times 10^4 \text{km}^3$로 지표에 균등하게 내린다면 대략 1,000mm의 두께가 되나 지역 차가 크다. 그림 5.4는 세계의 내륙 유역의 분포와 대하천의 유역 침식 속도를 보여준다. 침식 속도는 1,000년간 삭박되는 두께로 표시했다. 침식 속도가 큰 곳은 동아시아의 몬순 지역이며, 이곳은 게다가 산지가 많은 곳이다. 일본의 하천은 평균적으로 1mm/년 정도를 삭박하므로 세계 최대급의 장소라고 할 수 있는데, 이는 산지가 급하고 호우가 많이 발생하기 때문이다.

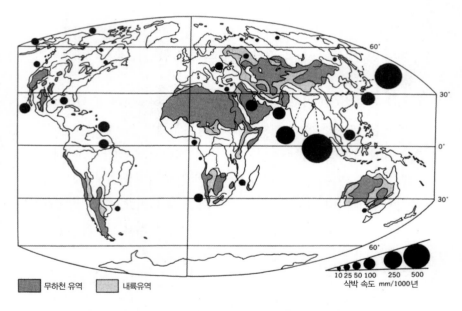

그림 5.4 전 세계 내륙 유역의 분포와 지도에 표시된 대하천의 평균 침식 속도(내륙 유역은 De Martonne, 1927, 침식 속도는 부유·용해 하중을 토대로 구한 Summerfield, 1991의 그림에 근거함)

(2) 유수의 침식 지형

유수의 침식 작용과 이로 인한 지형이라는 관점에서 본다면 지역을 크게 두 개로 나눌 수 있다. 첫 번째는 습윤하고 식생 피복이 조밀한 곳에서 발생하는 선(線)적 침식에 의한 곡 지형이 탁월한 지역이다. 두 번째는 반건조에 식생이 성글어 강수가 식생·토양에 보전되는 일이 적고, 따라서 유출이 빠르고 유수가 면적으로 퍼져 면(面)적 침식에 의한 산록 평탄면(페디멘트와 그 집합인 페디플레인)이 탁월한 지역이다(분포와 시간적 변화에 대해서는 7장 2절 참조).

곡 지형이 탁월한 일본의 산지와 같은 곳에서 기본적인 지형은 유로를 만드는 곡저선, 곡저의 위치와 중력 지형에 의해 결정되는 곡벽 사면, 양쪽 사면이 위에서 만나 생기는 산릉(능선)으로 구성된다. 이 3차원 지형을 특징짓는 변수가 몇 가지 있는데, 곡저의 경사, 곡벽 사면의 경사, 골짜기의 밀도, 기복량(곡저와 산릉의 고도 차) 등이 중요하다.

골짜기의 최소 단위를 모식적으로 나타내면 그림 5.5A와 같은데, 그림 속 3개의 각 θ, λ, ϕ 사이에는 $\tan\theta = \tan\lambda\sin\phi$의 관계가 성립한다(村田, 1930). 여기에서 곡벽 경사는 중력 지형으로서 결정된다는 견해에 근거하여 일정한 것으로 본다. 그러면 골짜기 최상류의 경사는 곡벽 경사보다 작기 때문에(이것이 '골짜기'가 성립되는 근거이다) 최상류에는 곡벽이 없다는 모순이 생긴다. 실제로 유수가 시작되는 곳은 그림과 같은 첨각(尖角)의 곡두가 아니라 둥근 형태인 경우가 많다(그림 2.2 참조). 따라서 곡저 최상류의 경사가 곡벽 사면의 경사와 같다고 보면($\theta = \lambda$라고 하면) ϕ는 위의 식으로부터 90°가 되고, 곡두는 그림 5.5B의 굵은 선과 같은 원형이 된다.

곡저선을 잇달아 연결하면 수로망이 만들어진다. 수로망의 통계적 연구는 1940년대부터 시작되어 호튼(Horton, 1945) 등에 의해 각종 경험칙이 알

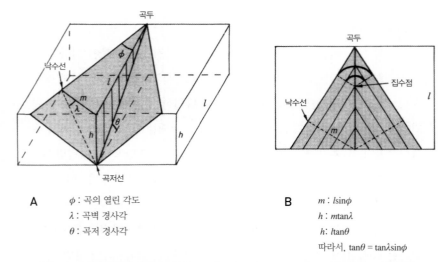

A
ϕ : 곡의 열린 각도
λ : 곡벽 경사각
θ : 곡저 경사각

B
$m : l\sin\phi$
$h : m\tan\lambda$
$h : l\tan\theta$
따라서, $\tan\theta = \tan\lambda\sin\phi$

그림 5.5 유수에 의해 만들어진 골짜기의 최소 단위 지형, A: 입체 표시, B: 등고선 표시와 V자곡의 기본식 (村田, 1930) B의 굵은 등고선에 위치한 곡저점(집수점)의 상류에서 곡저 경사가 곡벽 경사와 같다면($\theta = \lambda$), $\phi = 90°$가 되며 곡두의 등고선은 원호가 됨을 보여준다.

려졌다. 수로망 연구에서는 유수가 만드는 최상류의 골짜기를 1차곡으로 놓고, 1차곡 두 개의 합류로 2차곡 다시 2차곡 두 개의 합류로 3차곡이 만들어진다는 방식을 가장 많이 사용하고 있다(다른 방식도 있다[6]). 그림 5.5B 에서 둥글게 표시한 곡두와 같이 골짜기가 없는 곳에 붕괴가 일어나 작은 골을 만들고, 이것이 곡두 침식을 진행시키는 것이 알려져 있는데, 일본에 서는 이 작은 골에 0차곡이라는 이름을 붙이고 있다(塚本, 1974).

---

6 국내에서는 동일 차수의 하천이 합류할 때만 한 차수가 높아지고 다른 차수의 하천이 합류 할 때는 차수 변화가 없는 스트랄러(Strahler) 방식이 잘 알려져 있다. 그러나 이 방식은 합 류로 인한 하류 하천의 실제적인 변화를 전부 반영하고 있지는 않으므로 다른 차수의 하 천이 합류할 때도 차수가 변하도록 조정한 슈리브(Shreve) 방식을 비롯하여 그라벨루스 (Gravellus), 샤이데거(Scheidegger) 등의 방식이 있다.

호튼 등이 구한 수로망의 법칙이란 실제로 다수의 수로(골짜기)를 앞에서 언급했듯이 등급을 매기면 각 차수의 속성 간에 다음과 같은 통계적 관계를 보이는 수가 많다는 것이다(高山, 1974).

(1) 골짜기 수의 법칙(또는 분기비 일정의 법칙): N_i를 i 차곡의 수, R_n을 분기비라고 하면 $R_n = N_i/N_{i+1}$ 이 된다. 즉 R_n은 어느 차수의 골짜기 수에 대한 하나 낮은 차수의 골짜기 수의 비이며, 뒤에서 언급한 것과 같은 의미에서 일정해지는 경향을 보인다.

(2) 골짜기 길이의 법칙(골짜기 길이비 일정의 법칙): L_i를 i 차곡의 평균 길이, R_i를 골짜기의 길이비라고 하면 $R_i = L_{i+1}/L_i$ 이 된다. 즉 R_i는 어느 차수의 골짜기 길이에 대한 하나 높은 차수의 골짜기 길이의 비이며, 같은 유역 내에서는 거의 일정한 값을 갖는다.

(3) 골짜기 구배의 법칙(골짜기 구배비 일정의 법칙): S_i를 i 차곡의 평균 구배, R_s를 구배비라고 하면 $R_s = S_i/S_{i+1}$ 이 된다. 즉 R_s는 어느 차수의 골짜기 구배에 대한 하나 낮은 차수의 골짜기 구배의 비이며, 같은 유역 내에서는 거의 일정한 값을 갖는다.

(4) 유역 면적의 법칙(유적 면적비 일정의 법칙): A_i를 i 차곡의 평균 유역 면적, R_a를 유역 면적비라고 하면 $R_a = A_{i+1}/A_i$가 된다. 즉 R_a는 어느 차수의 골짜기 유역 면적에 대한 하나 높은 차수의 골짜기 유역 면적의 비이며, 같은 유역 내에서는 거의 일정한 값을 갖는다.

호튼이 발견한 각각의 등비수열적 관계를 나타내는 네 개의 법칙이 실제 하천에서 대체로 성립되고 있는 사례를 그림 5.6에 제시했다. 1차부터 5차까지의 골짜기를 계측한 결과이다. 이렇게 차수가 증가해도 규칙성이 변하지 않는 것은 수로망이 자기상사적 구조를 갖고 있기 때문이다. 이들 법칙이 성립하는 이유에 대해서는 확률론과 위상 수학, 더 나아가 프랙탈[7] 기하학 등에서 수학적 방법으로 해석하고 있다. 지질 구조의 제약이 없고 골짜기가 완전히 무질서하게 합류하는 경우 골짜기의 수가 충분히 많으면 위 법칙의 비는 $R_n=4$, $R_a=4$라는 규칙성을 갖는 수로망에 근접해가는 것으로 알려져 있다. 이 경우 그림 5.6과 같이 골짜기의 차수와 수 사이에 그려지는 직선이 오히려 높은 차수 쪽에서는 위로 오목한 경향을 보이며, 골짜기 수의 법칙은 등비수열보다 더 복잡한 식으로 나타난다. 이

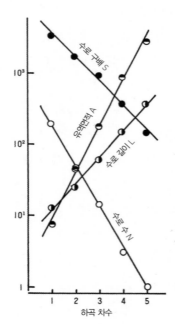

그림 5.6 수로망의 호튼 법칙이 성립하고 있는 사례 와카야마(和歌山)현 오타(太田)천의 지류 구스(楠)천 유역(塚本, 1974), 세로축 단위: N은 개수, L은 m, S는 10^{-4}(탄젠트), A는 ha.

7 프랙탈(fractal)은 작은 일부가 전체와 비슷한 자기상사성(self-similarity)을 지닌 기하학적 형태를 가리키며, 자기상사성을 갖는 기하학적 구조를 프랙탈 구조라고 한다. 만델브로트(B. Mandelbrot)가 처음 사용한 단어로 조각났다는 뜻의 라틴어 형용사 'fractus'에서 유래한다. 자연이 지닌 기본적인 구조 가운데 하나인 프랙탈 구조에 근거하여 불규칙하고 혼돈으로 보이는 현상을 배후에서 지배하는 규칙을 찾아낼 수 있다.

때 R_n=4는 낮은 차수 쪽에서 접근하는 직선의 구배로 생각할 수 있다. 또한 완전히 자기상사적 분기 시스템은 이런 경향을 갖고 있음이 확인되었다(Tokunaga, 1994). 여기에서 R_n=R_a=4, R_i=2, R_s=2라고 하면 골짜기의 종단면은 그림 5.7과 같이 되고, 차수가 하나 달라지는 것으로 인한 곡저의 비고(낙차 b)가 일정해진다. 낙차가 일정해진다는 것을 수로의 등낙차 법칙

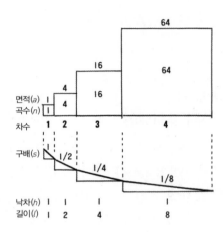

그림 5.7 이상적인 수로망에서 골짜기 차수와 면적, 수, 구배, 낙차, 길이의 관계를 보여주는 모식도

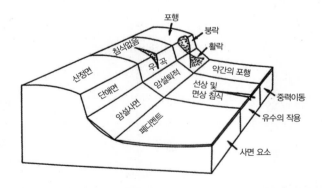

그림 5.8 면적 침식이 탁월한 반건조 지역의 사면형과 형성 작용의 모식도(King, 1967)

이라고 한다. 실측치에서는 R_n과 R_a 모두 4보다 큰 값을 갖는 경우가 많다(島野, 1978).

수로망을 만드는 선적 침식과 달리 반건조 지역에서는 산지 전면의 산록에 페디멘트라고 부르는 면적 침식 사면이 만들어지는 수가 많다. 이런 지형 형태에 관한 모델을 킹은 아프리카 남부의 지형(그림 2.3이 일례) 등에 근거하여 그림 5.8과 같이 제시하고 있다. 페디멘트라는 용어는 미국 서부의 반건조 지역에서 처음으로 사용되었으며, 콜로라도주·애리조나주 등에 전형적인 사례들이 분포하고 있다(大內·貝塚, 1997).

(3) 유수에 의한 퇴적 지형과 대응하는 지층

유수는 곡벽 사면으로부터 떨어지거나 흘러내리는 물질에 더해 유수 자체의 측방·하방 침식 물질(양적으로는 사면으로부터 유입되는 물질량에 비해 작다)을 함께 운반하고, 소류력이 작아지면 퇴적을 시작한다. 소류력(T)은 $T=\gamma HS$로 표시되는데, 여기에서 H는 유로의 수심, S는 유로의 구배, γ는 물의 단위 중량($\gamma=\rho g$, ρ는 물의 밀도, g는 중력 가속도)이다. 소류력이란 물 하중의 하류 방향으로의 성분으로 일반적으로는 하상의 마찰력 τ과 물의 소류력이 균형을 이루며, 하상의 위치(높이)와 구배의 안정을 유지하고 있다. 이런 상태를 정상 상태 또는 동적 평형[8]이라고 한다.

홍수가 발생하여 수심(H)이 증가하면 소류력(T)이 커져 하각(하방 침식)이 일어나고 운반 물질도 증가한다. 국지적인 하각은 바로 하류의 구배(S)를 작게 만들기 때문에 증가한 운반 물질은 바로 하류에 퇴적되는 수가 많

---

8 동적 평형(dynamic equilibrium)은 개방계(open system)가 밖으로부터 유입된 에너지 또는 물질에 걸맞게 움직이도록 계의 구조가 조정되고 있는 상태를 가리킨다.

표 5.1 하성 평야를 구성하는 주요 3유형 비교

[   ] 안은 부차적인 것(貝塚 외, 1985 수정).

요소	유형	망류 지대 (선상지)	곡류 지대 (범람원)	삼각주
평야	형성 환경	산록 평탄지~곡저	산간의 곡저~하성 평야	하구~천해[호소]
	형성 작용	하천 유수[토석류·이류]	하천 유수	하천 유수와 해수[호소수] 흐름
	구배	대(10^{-1}~10^{-3})	중(10^{-3}~10^{-4})	소(<10^{-4})
	구성 요소	하도·구하도(망류 흔적)	하도·구하도(포인트바·우각호)·자연제방·배후습지	좌동 및 하구 사주·수중의 정치면·전치사면
	범람 물질	자갈·모래·실트	모래·실트·점토	모래·실트·점토
	투수성	대(지하수면이 깊고 하천으로부터의 투수성 큼)	중(지하수와 하천수의 교류 있음)	소(지하수면 얕음)
하도	하안 물질	자갈·모래[실트]	모래·실트	모래·실트·점토
	하상 물질	자갈·모래	모래[자갈]	모래·실트
	평면형	망상(전체적으로 굴곡 작음)	굴곡 큼~곡류(사행)	분기[사행]
	이동	측방이동 큼	측방이동 큼, 사행대의 하류로의 이동 큼	작음
	하폭(W)	대	중	중~소
	수심(H)	소	중	대
	W/H	대(10^{3}~10^{2})	중(10^{2}~10^{1})	소(10^{2}~10^{1})
하상	사력퇴 (사주)	복수 열·대소 사력퇴	단일 열(교호) 사력퇴 [복수 열 사력퇴]	불명료

고, 다시 그 하류에서 구배(S)를 증가시키는 방식으로 하상의 변동은 하류로 파급된다.

퇴적역의 하상 형태(유수의 형태이기도 하다)는 크게 망류와 곡류로 구분된다. 이런 흐르는 방식의 차이는 하상 물질과 하상 형태(하폭, 수심, 구배 등)에 변화를 초래한다. 일람표로 만들면 표 5.1과 같다. 유수가 구배가 없는 수면으로 유입되는 곳에 만들어지는 삼각주의 하상도 표에 같이 제시

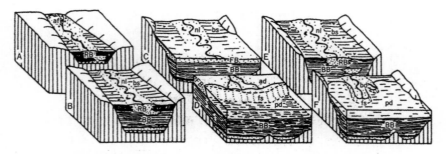

그림 5.9 하성 내지 삼각주 충적 평야의 지형·층상과 환경을 보여주는 모식도(貝塚, 1972) A, B, C, D 또는 A, B, E, F의 순으로 하류가 된다. C, D는 열린 바다에 면한 삼각주의 경우. E, F는 세장형 삼각강을 메운 삼각주의 경우. 검은색: 육성 점토, V: 이탄, 원: 자갈, 점: 모래, 가는 선: 해(호)성 점토, RB: 하도대(곡류대) 퇴적물, FB: 삼각주 전치층, BB: 삼각주 저치층, af: 선상지, nl: 자연제방, bs: 배후습지, ad: 호상 삼각주, bd: 조족상 삼각주, fs: 삼각주 전치사면, pd: 삼각주 저치면.

했다. 하상과 해빈에서 자갈이 부수어져 모래가 되는 것은 주로 광물 집합체가 광물 입자로 분리됨으로써 일어나고, 입경은 불연속적으로 작아진다. 노트 2.1에서 언급했던 자갈이나 진흙과는 다른 모래의 운동이 이 경우에도 생기는데, 망류 하상은 사력으로 구성되어 있는 반면 곡류 하상은 주로 모래로 구성되어 있기 때문이다

표 5.1에 제시한 평야와 하도의 형태, 구성 물질(충적층)의 층상을 주변 환경과 함께 모식적으로 나타낸 것이 그림 5.9이다. 표에는 없는 지형과 지층 형태(펼쳐지거나 길게 뻗은 방식)의 대응 관계가 그림에 잘 드러난다. 예를 들면, 곡류 지대의 하도는 사행하고 그 과정에서 우각호를 남기며 자연 제방(nl)으로 이루어진 사행대를 만든다. 또한 사질 퇴적물은 막대기 모양으로 길게 뻗은(단면형은 렌즈 모양의) 하도대 퇴적물(RB)이 된다. 반면에 배후 습지(bs)는 하천이 범람할 때마다 진흙과 이탄의 퇴적물을 만든다. 이 퇴적물은 판상으로 얇은 층이 집적된 것인데 노트 2.1에서 언급했듯이 이곳에서 진흙은 이탄과 마찬가지로 움직이기 어렵기 때문에 하도도 이동하

기 어렵다. 그림의 F와 같은 삼각강의 파랑이 잠잠한 환경에서 하도대 퇴적물(RB)은 조족상 삼각주(bd)를 만들고 퇴적물은 막대기 모양이다. 반면에 외해로 열려 있어 파랑과 연안류가 있는 바다로 유입하는 하천은 호상(때로는 평활한) 삼각주를 만든다. 그 전치층(FB)은 집합체로서는 판상의 퇴적층을 만드는데, 종종 충적층의 상부 모래층으로 불린다(그림 2.5 참조).

이와 같은 지형과 퇴적물 형태의 대응 관계 또 지형 물질과 층상의 대응 관계는 지층 조사에 의해(충적층의 경우는 주로 시추에 의한 조사) 파악되며, 고지형과 지형 발달사를 복원할 수 있게 만드는 근거가 된다. 또한 지반 조사에서 불연속적인 시추 주상도로부터 지층 형태를 복원하여 지질 단면도를 만들 때도 이런 지식이 필요하다. 도카이도(東海道) 신칸센의 충적 지반 조사 시 지형·퇴적 환경과 지층의 대응 관계를 해수면 변동에 따른 환경 변화와 함께 고찰함으로써 이론적으로뿐만 아니라 실제적으로도 성과를 올렸다(池田, 1964, 1975).

(4) 유역 환경의 변화와 하상의 변화

상류 산지에서는 침식에 따른 운반 물질(하중)이 하천에 공급되고, 하류에서는 퇴적이 진행된다고 해도 중간의 이른바 운반 지역에서는 소류력과 마찰력이 균형을 이루어 하상의 안정은 오래 지속된다고 생각할 수 있다. 미국 서부에서는 매끄럽게 위로 오목한 하상 종단면과 그 양쪽에 펼쳐진 침식 완사면(페디멘트)의 존재로부터 하천의 동적 평형이라는 개념이 생겼다(1890년경 길버트에 의함). 안정이라고 해도 매우 긴 시간으로 보면 산지가 낮아져 하상도 변화하고 또 매우 짧은 시간으로 보면 호우 때마다 하상이 변동하는 등 다양한 시공 스케일의 동적 평형이 논의되고 있다(예를 들면, Chorley *et al*., 1984, 大內(역), 1995).

이 절에서는 $10^3 \sim 10^5$년이라는 제4기의 기후 변동과 해수면 변동을 조건으로 유역 환경의 변화와 하상의 변화를 생각해보자. (1) 해수면은 하천의 침식·퇴적의 기준면이므로 해수면의 하강은 대체로 하류부에서의 하각을 일으킨다. 하각은 하폭을 좁혀 수심을 증가시키고 소류력을 증가시키므로 더욱 하각이 진행되어 하천의 구배가 증가한다. 해수면의 상승은 역으로 하류부에서의 퇴적을 일으킨다. (2) 유역에서 강수의 증가·감소는 소류력의 증가·감소로 이어져 하상의 저하·상승을 초래한다. (3) 산지로부터 암설 공급량의 증가·감소는 하상을 상승·저하시킨다. (4) 식피 밀도의 증가·감소도 암설 공급량을 변화시켜 (3)과 똑같은 효과를 일으킨다. (5) 유역의 지각 변동으로 인한 상류 산지의 융기는 하천의 구배를 증가시켜 하각으로 이끈다. 이상은 모두 다른 조건은 불변이라고 했을 때 유추할 수 있는 것으로, 빙기·간빙기의 기후 변화에는 (1), (2), (3), (4) 등이 연동하고 있어 하상 변동은 지역별로 각각 검토하지 않으면 안 된다. 기후 단구라고 부르는 지형은 이런 맥락에서 만들어진다(7장 4절 2항 참조).

노트 5.1 유속의 수직 분포(경계층과 마찰 속도)

노트 2.1에서 물질 입자는 크기에 따라 유체의 흐름 속에서 동태가 달라진다는 것을 살펴보았다. 이때 흐름의 속도는 어느 정도 두께(수십cm 이상을 상정)를 갖고 있는 유체(물과 공기)의 평균 유속을 문제로 삼았다. 이 노트에서는 유속이 표면(지표면과 하상면)으로부터 위쪽으로 어떻게 변하는지를 미시적으로 관찰하고, 이때 생기는 경계층과 마찰 속도의 개념을 해설하겠다. 이 개념과 수치는 유수와 바람 등의 연구에서 폭넓게 이용되고 있다.

마찰 속도(또는 전단 속도)는 U^*라고 쓰며, 유 별표(U asterisk)라고 읽는다. $U^*=\sqrt{\tau/\varrho}$이다. τ는 흐름에 의해 지표 단위 면적에 작용하는 소류력(tractive force) 또는 전단 응력이며, ϱ는 유체의 밀도이다. 유수에서 소류력 $T=\gamma HS$이다. 여기에서 $\gamma=g\varrho$(g: 중력 가속도), H는 수심, S는 수면 또는 하상의 구배이다. 물이 정상 상태로 흐를 때는 소류력이 바닥에서의 마찰력과 균형을 이루고 있다고 생각할 수 있다(그림 5.10).

그런데 U^*라는 개념은 다음과 같은 사정으로부터 태어났다. 지표에 닿을락말락한 상태에서 유속을 측정하는 것은 최근까지 기술적으로 불가능했고 야외에서는 더욱 그랬다. 따라서 등장한 것이 몇 개의 높이별로 실측한 자료로부터 유속의 고도 분포를 추정하는 방법이다(그림 5.11). 이때의 가정은 (1) 지표에 닿을락말락한 곳에는 거의 유속이 없는 경계층(두께 Z_0)이 있다.

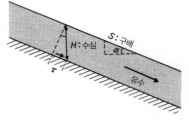

그림 5.10 수로를 흐르는 물의 단면 소류력 τ는 저면에서의 마찰력($\tau=\gamma HS$)과 같다고 본다. 구배 S는 $\tan\alpha$ 또는 $\sin\alpha$(α가 작으면 값은 거의 같다). 저면(하상)의 암설이 움직이기 시작하고 하상이 파이기 시작할 때의 소류력을 한계 소류력이라고 한다.

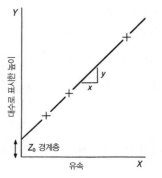

그림 5.11 유속을 편대수(semi-log) 그래프에 그림과 같이 표시할 수 있다. 이 직선의 구배가 마찰속도 U*를 나타낸다.

경계층의 개념은 1904년 독일의 프란들(L. Prandfl)에 의해 제안되었다. 두께 Z_0은 지표의 요철과 유체의 점성과 관계한다(공기와 물에서는 점성이 작으나 표면 가까이에서는 유속의 구배가 크고 점성을 무시할 수 없다). 이 값은 모래와 자갈 입경의 1/30 정도에 불과하다고 한다. (2) 두 번째 가정은 Z_0을 넘으면 실측치는 고도의 로그 값과 직선 관계를 갖는다는 것이며, 이로 인해 $U^* \propto X/Y$가 된다. 이렇게 두 가정에 근거하여 측정 고도에 규정되지 않는 마찰 속도 U^*를 얻을 수 있다.

U^*는 두세 곳 이상의 높이에서 유속을 측정함으로써 구할 수 있는데, 이 값은 유체 바닥에서의 마찰(전단)력과 다음과 같이 관계한다. $U^* = \sqrt{\tau/\varrho}$인데, 이는 상기한 식에서 $\tau/\varrho = gHS$ 또는 $\sqrt{\tau/\varrho} = \sqrt{gHS}$이기 때문이다. U^*를 마찰 속도라고 부르는 것은 이것이 속도의 차원을 갖고 있기 때문이다. 마찰 속도는 유체 바닥에서의 전단 응력의 속도 표시라고 할 수 있다.

3. 지하수의 작용과 용식 지형

지하수는 지하로 침투한 물로 정체하고 있는 것도 있거니와 암석·지층의 틈을 천천히 흐르는 것도 있다. 지하수가 운반할 수 있는 것은 대부분 용해 물질이며, 지하수의 작용으로 만들어진 용식 지형은 석회암 등 가용성 암석 지역에서 나타난다. 이 절에서는 지하수의 일반적인 흐름과 암석 제약 지형의 일종인 용식 지형(카르스트 지형으로 중국에서는 岩溶地貌[9]라고

---

9 '암석이 녹다'라는 의미의 얀롱(岩溶)은 카르스트의 번역어이며, 디마오(地貌)는 땅의 모습 즉 지형을 뜻한다.

부름)을 소개하겠다.

(1) 지하수의 유동

지표에서 지하로 스며든 물은 지하수면에 도달할 때까지 불포화대에서 증발하거나 불포화대 속의 물길을 흐르다가(중간 유출이라고 한다) 사면에서 다시 지표로 나와 하천으로 유입한다. 많은 비가 내릴 때 발생하는 중간 유출이 사면에서 지상으로 나타나 지표를 침식하면 앞 절에서 언급했던 작은 곡두(0차곡)가 발달하는 계기가 된다.

지하수면 아래 포화대의 물은 수압 차로 인해 지층 속이나 갈라진 틈새 사이를 유동한다. 지하수는 물이 놓여 있는 지질 조건에 의해 지층수와 열하수[10]로 구분된다. 또한 압력이 작동하는 방식에 따라 대기압 아래에서 생긴 수압 차에 의한 불압 지하수와 지질 구조에 의해 대기압보다 높은 압력이 작동하는 피압 지하수로도 구분된다.

어느 쪽이든 지하수의 유속은 지점 간의 수압 차와 지층 속 흐름에 대한 마찰 저항(지표수라면 하상의 마찰에 해당한다)에 의해 결정되는데, 지질(구체적으로는 공극의 크기와 공극이 연결된 방식)에 따라 크게 달라진다. 이 관계는 다음 식으로 나타난다.

$$V = -K \cdot \frac{db}{ds}$$

---

10 열하수(fissure water)는 고결암의 틈새, 절리, 단층 외에 용암 속에 발달한 공동과 석회암 지역의 종유동 등에 부존하는 지하수이다. 암반 지대에서의 터널 공사 중에 국지적으로 다량의 지하수가 용출되어 공사를 어렵게 만들기도 하는데, 이 지하수는 열하수인 경우가 많다. 미고결암의 입자 사이의 공극을 채우고 있는 물은 지층수(stratum water)라고 부른다.

여기에서 V는 유속, h는 두 수두의 높이 차($h<0$), s는 수평 거리, dh/ds는 동수 구배(또는 수두 구배), K는 투수 계수이다. 프랑스의 수도 기사인 다르시(H. Darcy)가 실험에 의해 이 관계를 밝혔기 때문에 그의 이름으로부터 다르시의 법칙이라고 부른다.

K는 일정한 압력 차(동수 구배 $dh/ds=1$)가 있을 때 단위 시간당 흐르는 지하수의 유속(단위는 cm/sec)으로 나타내며 일반적으로 다음과 같은 값을 갖는다.

미고결 자갈층: $10^2 \sim 10^{-1}$ 투수층(투수성 높음)

미고결 모래층: $10^{-1} \sim 10^{-3}$ 투수층(투수성 중간)

실트, 양토층: $10^{-3} \sim 10^{-7}$ 반투수층

점토, 화강암: 10^{-7} 이하 난투수층·비투수층(합쳐서 불투수층으로 부름)

불압 지하수와 피압 지하수의 형태가 지형·지질과 어떤 관계에 있는지를 모식적으로 나타내면 그림 5.12와 같다(도쿄 부근의 사례를 토대로 모식화했음). 이 그림은 고결된 기반암 위에 구릉지를 만들고 있는 신제3기~제4기 전기의 반고결층과 대지·단구·저지대를 만들고 있는 제4기 후기의 미고결층 속의 지하수 흐름과 지하수 수두(불압 지하수에서는 지하수면)를 보여주고 있다. 또한 불압 지하수에는 2개의 얕은 우물, 피압 지하수에는 3개의 깊은 우물(피압정)을 그려 넣었다. 그림의 오른쪽에 자연적으로 유출이 일어나는 저지가 없다면 피압 지하수는 흐르지 못하고 정체하는데, 우물을 만들면 이곳의 수두가 지표보다 높기 때문에 결국 자분하게 되고 그결과 지하수의 흐름이 발생하게 된다. 그러나 자분으로 인해 수두가 낮아지면 자분은 멈추고 동력을 이용한 양수가 이루어진다. 도쿄 부근의 관개

용, 건물 용수용, 상수도용의 깊은 우물은 대수층의 수압 저하로 인해 대수층 자체는 물론 그 상하에 놓인 수축하기 쉬운 실트·점토층 속의 물도 삼출시키므로 지반 침하를 일으켰다. 이로 인해 양수 규제가 시행되어 수두의 높이는 복구되었으나 수축된 지층의 두께(결과적으로 지반고)는 불가역성을 갖고 있어 복구되지 않는다. 이는 지하수를 퍼 올림으로써 지반이 침하된 인위적인 지형 변화이다.

그림에는 자연적인 용수도 그려 넣었으며, 이런 장소에 작은 골짜기의 곡두 요지가 만들어진다. 또한 미고결층 지대의 하천수와 지하수는 이어져 있으므로 하천 수위가 주변 지하수면보다 높으면 하천으로부터 주변으로 하천수가 유출하며, 그 반대 상황이라면 주변으로부터 하천으로 지하

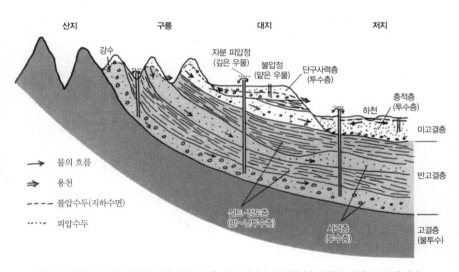

그림 5.12 지하수와 지형·지질의 관계(모식 단면도) 이 그림에서 피압정(깊은 우물)은 아래쪽 투수층까지 관을 넣어 그곳으로부터 채수하고 있는 것처럼 그려져 있는데, 투수층이 복수라면 일반적으로는 투수층이 있는 곳에 채수공이 달린 관(strainer)을 설치한다. 투수층마다 수두를 조사하려면 투수층 수만큼 깊은 우물을 설치해야 한다.

수가 유입하여 하천수를 함양한다. 일본의 대지·단구 위를 흐르는 소하천의 상당수는 대지·단구면의 강수가 일단 지하로 침투한 후 다시 지표로 유출하여 하천수가 되는 경우가 많다. 이렇게 지하수·하천수를 함양하는 과정은 대하천에서도 일반적인데, 하천의 기저 유출이라고 부르는 것이 이에 해당한다.

덧붙이면 화산은 쇄설물과 용암 등으로 구성되어 있는데(4장 3절), 모두 투수성이 크기 때문에 화산체는 빙하나 적설과 마찬가지로 저수지로 비유된다. 화산의 지하수는 산록에서 샘이 되어 유출하고 그곳에 골짜기와 선상지를 만든다. 빙하 밑을 흐르는 물이 빙하 말단에서 유출하여 빙하성 유수 퇴적평야를 만드는 것과 마찬가지이다(5장 4절 참조).

(2) 용식 지형(카르스트 지형)

석회암($CaCO_3$로 구성)과 돌로마이트(백운암으로 불리며 주로 $CaCO_3$와 $MgCO_3$로 구성) 등은 지표수와 지하수에 녹기 때문에 이들 암석으로 이루어진 지역에서는 지표와 지하에 카르스트 지형이 만들어진다. 이들 암석은 지구 표면에서 퇴적암의 10% 이상을 차지하므로 세계 각지에 분포하고 있는데, 특히 한데 모여 있는 곳을 그림 7.7에서 확인할 수 있다. 이 그림에 표시되어 있지는 않으나 아드리아해 동안의 디나르 알프스와 플로리다 반도에도 넓게 분포하고 있다. 또한 광범위하게 분포하는 것으로 산호초를 만드는 석회암이 있다. 석회암은 아니지만 $CaCO_3$가 많은 뢰스(황토)에도 용식에 의한 카르스트 지형이 발달하여 뢰스 카르스트(중국어로는 黃土 喀斯特[11])라고 불린다. 5장 5절에서 소개하는 열 카르스트는 용식에 의한 것

---

11 喀斯特('카스트어'로 발음함)는 카르스트의 중국어 취음이다.

이 아니라 지하 동토의 융해로 인해 요지형이 생기므로 이런 이름이 붙여졌다.

대표적인 카르스트 지형으로는 돌리네(doline) 등 오목한 모습의 지형, 원추 카르스트와 탑 카르스트 등 볼록한 모습의 지형 그리고 석회 동굴(넓은 의미의 종유동)이 있다. 이외에도 암석 표면에 생기는 여러 형태의 미지형이 있어 카르스트 지형은 다양하다. 카르스트 지형의 다양성은 석회암의 두께·암질·구조 이외에 기후(특히 강수량과 기온), 식생, 지형 발달 과정(시간) 등에 기인한다. 이들 조건은 복합적으로 작용하기 때문에 각각의 조건을 분리하는 것은 어렵다.

용식 작용은 대기와 토양 중의 CO_2를 녹인 물물($CO_2+H_2O=H_2CO_3$ 반응으로 생긴 탄산은 약한 2가의 산)에 의해 일어나며, 전체적으로는 다음과 같은 반응으로 작용한다.

$$CaCO_3+CO_2+H_2O=Ca^{2+}+2(HCO_3)$$

이 반응은 가역적이고 정반응 속도는 수중의 CO_2 농도에 달려 있는데, $CaCO_3$가 CO_2에 대해 포화될 때까지는 농도가 높아질수록 용식력이 커진다. 포화 수용액에서 물이 증발하면 반응은 역방향으로 일어나 석회암이 수중에서 침전되어 종유동 안에 종유석과 석순 등 다양한 스펠레오뎀이 만들어진다.

카르스트 지형의 다양한 모습을 시간 경과를 고려하여 작성한 그림 5.13을 해설하는 방식으로 소개하겠다. 온대 카르스트에서 가장 보편적인 지형은 돌리네이다. 돌리네는 석회암을 녹인 물이 지하로 유출하여 만들어지는 것도 있고, 석회 동굴의 천정이 함몰하여 생긴 것도 있다. 양쪽 모두

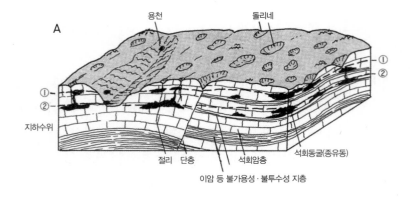

그림 5.13 카르스트 지형의 모식도 A는 요형, B는 철형의 사례를 나타낸다. 단층 오른쪽 지괴의 석회암은 왼쪽 것보다 용식되기 쉬운 것으로 가정하고 A로부터 B로의 변화를 상정. 지하수면 ①, ②, ③, ④는 그 깊이에서 정체했다가 밑으로 내려간 것으로 상정. A와 B 지형은 각각 지하수위 ②와 ④ 시기의 것.

돌리네의 배열은 지하의 물길과 관련되어 있다. 또한 석회 동굴이 만들어지는 고도도 지하수면과 관계가 있는데, 같은 높이에 가지런하게 놓인 동굴은 지하수면, 즉 국지적인 침식 기준면의 정체와 관련되어 생긴 것으로 볼 수 있다. 그림 5.13A에는 두 개의 안정된 지하수면 그리고 이와 관련되어 만들어진 석회 동굴을 나타냈다. 그림 오른쪽 절반에서처럼 석회암 사이에 불투수층이 있으면 이로 인해 지하수면은 높이의 제약을 받는다. 돌리네가 연결되어 큰 쟁반 모양이 된 지형은 우발레(uvala)라고 한다.[12]

중국 남부의 탑 카르스트(그림 5.13B의 왼쪽)는 봉우리의 높이가 가지런하거나 봉우리 정상에 복수의 고도 균일성이 나타나는데, 이는 두꺼운 석회암이 침식되는 과정에서 생긴 곡저면과 여기에 이어진 지하수면이 정체했다는 것으로 볼 수 있다. 구이린(桂林) 부근의 고생대 석회암에는 비고 500m 정도 이내에서 몇 개의 봉우리 정상과 석회 동굴의 출현 높이를 볼 수 있는데, 이는 백악기 말 이후에 만들어진 것이라고 한다(朱 외, 1988; 사진 5.3 참조).

해안에서는 침수된 카르스트 지형(돌리네와 우발레 등)을 볼 수 있다. 이런 지형은 산호초의 석호에서 가장 잘 나타날 것이다. 빙기의 해수면 저하

사진 5.3 중국 남부, 구이린(桂林) 공항에서 본 탑카르스트군(1992년 3월 저자 촬영) 산정의 높이가 상당히 가지런한 것으로 보아 이 높이가 중생대 말의 침식 평탄면 고도로 생각된다. 또한 그 아래쪽으로도 2, 3의 침식 기준면이 있다고 한다. 사진 속 안부도 그 가운데 하나일 것으로 보인다. 석회암은 고생대의 것으로 습곡 작용을 받아 완만하게 휘어져 있다.

---

12 인접한 돌리네가 확대되어 이어지는 경우에는 복합 돌리네라고 부른다. 전통적으로는 돌리네, 우발레, 폴리예를 용식 요지가 확대되는 과정에서 규모에 따라 이름을 달리하는 것으로 해석해왔으나, 지금은 폴리예는 물론이거니와 우발레도 돌리네의 확장된 지형이라기보다는 요형의 지질 구조가 반영된 별개의 용식 분지로 보고 있다.

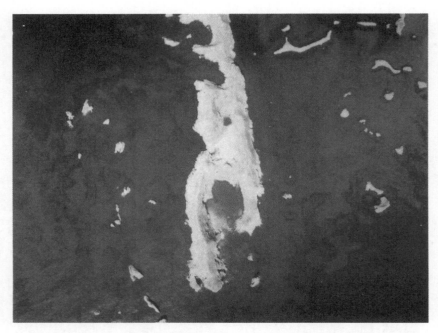

사진 5.4 오가사와라(小笠原) 제도 치치지마(父島)섬 남서쪽에 위치하는 침수 카르스트 지형(國土地理院 칼라 항공사진) 중앙의 미나미지마(南島)섬에서는 직경 100~200m의 돌리네를 여러 개 볼 수 있는데, 주변 해저에도 같은 규모의 요지와 이를 둘러싼 산릉이 보인다. 산릉 정상부는 간빙기의 해안 단구로부터 유래하며, 카르스트 지형이 만들어진 것은 플라이스토세의 해수면 저하기로 생각된다. 이 석회암은 올리고세~마이오세의 것. 오가사와라 제도는 산호초 생육의 북한계에 해당하여 현생 산호초가 가까스로 착생하고 있다.

기에 육화된 산호초에서는 환초이든 보초이든 용식이 진행되어 해수면을 기준면으로 한 용식 지형이 만들어진다. 제4기의 산호 석회암과 같은 고결도가 낮은 석회암은 용식이 빠르다. 따라서 환초에서 석호의 수심은 빙기의 해수면 하강량에 가깝다. 제4기의 산호초가 아니더라도 해안에 카르스트 지형이 발달한 곳에서도 침수 돌리네를 볼 수 있다. 오가사와라(小笠原) 치치시마(父島)섬의 부속섬인 미나미시마(南島)섬 주변의 침수 돌리네는 미나미시마섬의 돌리네와 함께 항공 사진으로 확인할 수 있다(사진 5.4). 돌리네 바닥의 수심에 근거하여 추정하면 이곳의 침수도 환초와 보초의 석호에서와 마찬가지로 후빙기의 해수면 상승으로 인한 것이다.

4. 빙하의 작용과 빙하 지형

현재 지구상의 빙하는 육지 면적의 10%를 차지하고 있고 그 대부분이 남극 대륙과 그린란드에 있다. 지구상의 담수 체적으로 보면 남극 빙상에 90%, 그린란드 빙상에 9%가 존재한다. 그러나 플라이스토세 빙기의 빙하 최대 확장기에는 현재 육지 면적의 30% 가까이가 빙하에 덮여 있었다. 그 가운데 최대의 빙하는 북아메리카 대륙에 있었던 로렌타이드 빙상으로 현재의 남극 빙상과 거의 같은 규모로 확장했었다(그림 7.9).

제4기 약 170만 년 가운데 특히 후반의 70만 년 동안 빙기·간빙기라는 큰 진폭의 기후 변화가 약 10만 년 주기로 반복되며(그림 8.10 참조), 빙하의 확대와 축소를 가져왔다. 약 70만 년 전 이후는 '빙하 제4기', 그 이전은 '선빙하 제4기'라고도 부른다.[13] 이런 기후·빙상의 변화는 심해저의 코어 분석을 통해 밝혀졌는데, 남극과 그린란드 빙상의 얼음 속에도 똑같은 기록이 보존되어 있다. 빙하 제4기에 빙하의 소장은 지구 지형에 현저한 영

---

13 19세기 이래 플라이스토세는 빙하 시대라고 여겨왔다. 그러나 유럽에서 단구 퇴적물과 뢰스의 연대로부터 귄츠 빙기가 100만 년 전 이후에 시작되었다는 사실이 알려지면서 귄츠 빙기로 시작되는 고전적인 빙하 시대는 플라이스토세 후반에 속하게 되었다. 반면에 빌라프랑카 동물군(Villafranchian fauna)으로 대표되는 플라이스토세 전반은 대체로 온난했다고 볼 수 있으므로 플라이스토세 후반(90만~100만 년 전 이후)을 특히 빙하 제4기로 구별하게 되었다.

향을 주었다. 즉 (1) 빙하 자체의 침식·퇴적 작용에 의해 지형을 변화시키고, (2) 빙하 지역과 주변 지역의 수계(호소를 포함)를 바꾸고, (3) 해수면 변동을 일으켜 해안 지형에 대단히 큰 영향을 미치며 또 (4) 빙하의 하중 변화에 의해 아이소스타시에 따른 지각 변동을 일으켰다. 이외에도 식생 분포의 변화를 통한 지형 변화 등이 있다.

빙기에는 빙하에 덮이고 간(후)빙기에는 빙하로부터 해방된 지역에서 지형 변화가 현저했다. 이곳은 고위도의 육상으로(그림 7.9 참조) 특히 북유럽과 북아메리카에서는 앞에서 언급한 (1)~(4)의 영향이 겹쳐져 일어났기 때문에 변화 양상이 복잡하다. 북아메리카의 5대호로부터 위니펙호·애서배스카호·그레이트 슬레이브호·그레이트 베어호를 잇는 일대에서 빙기부터 후빙기에 이르는 약 1만 년 동안 육지와 바다, 하천과 호소의 변천 그리고 이로 인한 퇴적·침식역의 변화는 빙상의 후퇴 속도가 빨랐던(최대 수백m/년) 만큼 "극적"이라고도 할 수 있을 정도이다(캐나다 지질조사소, 1987~89의 지질도, 단 너무나도 거대해서 전모를 파악하는 것은 용이하지 않다). 발트해 연안의 고지리 변천도 극적이지만 이쪽은 규모가 작아 전체 상을 이해하기 쉽다(예를 들면, 貝塚, 1997d).

(1) 빙하의 형태와 작용

빙하는 그 자체로 규모를 달리하는 많은 유형을 갖고 있으며, 이에 따른 침식·퇴적 작용 그리고 결과적으로 만들어지는 빙하 지형도 다양하다. 빙하 자체의 다양성(노트 5.2 빙하의 국제 분류 참조)은 상호 관련되어 있는 다음 항목들에 의해 좌우된다.

첫 번째는 빙하 자체의 규모·두께·유동 속도(표면 구배와 얼음의 온도에 의해 달라지며 이들 요인은 기후 조건에 의해 결정됨)이다. 두 번째는 빙하가 놓여 있는 기반의 광역적, 국지적 기복과 해수면으로부터의 높이(이들은 빙하의 형태를 결정함) 그리고 기반의 암질, 구조와 풍화 환경(암설의 공급량을 결정함)이다. 세 번째는 시간으로 빙하 작용의 지속 시간과 빙하 변동의 속도를 들 수 있다.

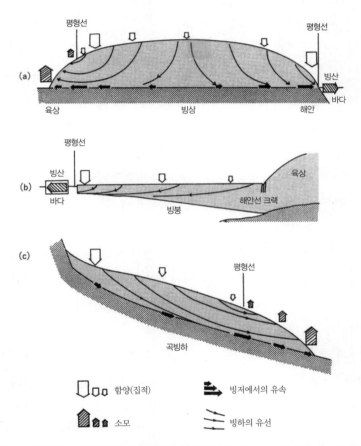

그림 5.14 빙상·빙붕·곡빙하에서 빙하의 함양과 소모의 경로(Sugden and John, 1976) 빙저에서의 유속(검은 화살표) 분포는 확실하지 않아 이 내용을 제외한 교과서도 있다. 한편, 빙하 표면에서의 유속은 '빙저에서의 유속'을 바로 위쪽 빙하 표면으로 옮겨놓은 것과 같은 분포를 보인다.

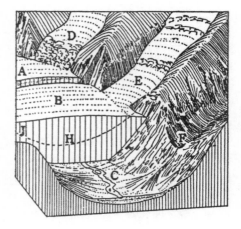

그림 5.15 빙하의 주곡과 지곡에 의한 현곡의 발달
(Davis, 1912) A, D의 시기에는 빙하 윗면에서의 합
류도 불협화적이나 B, E의 시기에는 그렇지 않다.
그러나 빙저에서는 C, F에서 볼 수 있듯이 고도차를
낳아 현곡이 된다. 주곡과 지곡의 U자형 곡벽─곡저
는 불협화적으로 만나 면으로서는 꺾여있어도 동시
에 형성된 지형이다.

　빙하는 상류에서 강설에 의해 함양되고 하류에서 소모되며, 함양과 소
모가 평형을 이루면 유동함으로써 정상 상태에 있는 형태를 갖는다(그림
5.14). 함양역과 소모역의 경계를 평형선이라고 부르는데, 곡 빙하이든 빙
상이든 빙하 표면과 빙저에서의 유속은 평형선 부근에서 최대가 된다. 그
림 5.14(a)와 같이 원래의 지형이 평탄하면 빙상 아래에서 요철이 큰 지형
은 만들어지지 않지만, 빙상 가장자리에 분출 빙하가 있다면(예를 들면, 쇼
와昭和 기지 근처의 히라세白瀬 빙하) 곡 빙하(c)와 마찬가지로 해수면 아래
깊숙이 U자곡을 팔 수 있다.

　하천과 같은 유수인 경우에는 수심을 H, 수면 구배를 S(탄젠트), 물의 단
위 중량을 γ로 하면 소류력 T는 정상 상태에서 하상에서의 마찰력 τ와 균
형을 이룬다(즉 $T=\gamma HS=\tau$)고 생각했다(5장 2절 참조). 물과는 물성이 다르지
만 빙하의 경우에도 근사값으로서 같은 식으로 생각할 수 있다. 즉, 얼음
의 밀도를 ϱ, 중력 가속도를 g, 얼음의 두께를 h, 빙하 표면의 경사를 α로
하면, 얼음(무게 ϱgh)의 사면 방향 성분은 $\varrho gh \sin\alpha$ 이다. 얼음의 운동이 정

상 상태라면 빙하 저면의 마찰력(전단 응력) τ는 $\varrho g b \sin\alpha$ 가 된다. 여기에서 표면 경사와 빙하의 두께를 알 수 있다면 빙하 저면의 전단 응력을 구할 수 있다. 이 값은 많은 빙하에서 0.5~1.5바(남극 빙상에서는 0.2~1.0바)로 얼음의 압축 강도가 1kg/cm² 정도인 것과 대응하고 있다.

빙상은 경사가 완만한 정상부에서는 유속이 느리다. 빙상 가장자리에서는 원지형의 영향으로 빙하가 수렴하는 곳에 구배가 큰 분출 빙하가 만들

사진 5.5 뉴질랜드 최장의 태즈만 빙하(1995년 2월 白尾元理 촬영) 서던 알프스의 최고봉 쿡산(3,763m) 아래로 뻗은 곡빙하이며, 현재 길이는 약 30km이다. 호소가 있는 곳이 말단인데, 빙하의 표면은 대부분 암설로 덮여 있다. 이곳은 빙하의 소모역이므로 양쪽 곡벽에서 유래한 다량의 암설이 빙하 표면으로 나온 것이다. 빙하 양옆으로는 길게 뻗은 신선한 모레인이 있으며, 19세기 말까지의 소빙기에는 모레인 꼭대기 높이까지 빙하가 있었다. 또한 플라이스토세의 최종 빙기에는 곡벽 사면의 어깨(빙설이 없는 급사면의 윗면)까지 빙하가 있었고, 사진 속 호소보다 60km 하류에 빙하의 말단이 있었다.

어지는데, 이런 곳에서는 얼음이 두꺼워져 U자곡이 깊어지고 소류력이 점점 더 커진다. 빙하에 의한 지표의 침식은 연마제 역할을 하는 암설의 양에 따라 크게 다르다.

본류 빙하와 지류 빙하가 합류할 때 빙하 윗면에서는 높이 차이가 작아 하천의 합류와 마찬가지로 대체로 조화적이다. 그러나 빙식곡의 바닥(U자곡의 곡저)에서는 본류와 지류 사이에 높이 차이가 생기므로 빙하가 사라진 후에는 현곡이 만들어진다(그림 5.15). 유수에 의한 하곡보다 빙식곡에서 빙저 마찰력을 좌우하는 h의 크기에 큰 차이가 발생하기 때문이다.

빙하의 유역에서 생산된 암설은 빙하에 포획되었다가 빙체 밖으로 다시 나오게 되는데 이를 틸(till)이라고 한다. 빙하의 윗면, 속, 바닥에서 운반된 암설과 퇴적된 틸에는 빙하와의 위치 관계, 층상, 빙하 소실 후의 지형 등

사진 5.6 아이슬란드의 빙모(1985년 8월 저자 촬영) 아이슬란드 중앙부에 위치하는 아이슬란드에서 두 번째로 큰 호프스 빙하(Hofs Jökull)를 동쪽에서 바라보았다. 소빙기 이후 빙하가 후퇴하면서 드러난 지표가 분출빙하를 둘러싸고 있어 고리 모양으로 보인다. 빙하 말단이 거무스레하게 보이는 것은 빙하 속 화산회와 빙하 밑 암설이 바깥으로 나왔기 때문이다.

을 토대로 여러 명칭이 부여되어 있다. 빙하 소실 후의 틸은 빙하에 의한 침식 지형과 함께 빙하 지형의 발달사를 파악하는 데 중요한 자료이다.

사진 5.5와 사진 5.6에 전혀 다른 유형의 빙하인 곡 빙하와 빙모를 나타냈다. 곡 빙하에서는 산악의 크기와 강설량의 차이에 의해 빙하의 길이와 얼음의 두께에 차이가 있으며, 암설의 양은 현 빙하 자체의 성격과 빙하 소실 후의 지형·퇴적물에 큰 차이를 가져온다. 히말라야와 사진 속 서던 알프스에서의 지형의 험준함(이는 빠른 융기 속도를 반영하는 것으로 볼 수 있다)은 많은 양의 암설 공급으로 이어진다.

반면에 아이슬란드의 빙모는 화산의 산정을 덮고 있는 빙하로 V자곡이 없기 때문에 암설 공급이 적다. 빙하 말단이 녹아 검은색 줄무늬 모양이 보이는 것은 빙상 위로 떨어진 화산회가 많았다는 것을 말해준다.

(2) 빙하 지형에 의한 플라이스토세 빙하의 복원과 편년

플라이스토세의 빙하는 빙하 확장기에는 육지 면적의 1/3을 덮었고, 축소기에는 현재와 같이 1/10을 덮는 정도였다. 확장기인 빙기에는 빙하에 의해 고위도와 고산의 지형이 광범위하게 삭박되었고 빙하의 규모와 성질에 상응하는 침식 지형을 낳았다. 또 한편으로는 빙하 말단에 해당하는 주변 지역에는 삭박되어 온 암설이 퇴적되어 빙하에 상응하는 퇴적 지형과 퇴적물을 남겼다. 1회의 빙기(라고 해도 세분되지만)에 의한 퇴적물은 그 빙기에 만들어진 침식 지형의 대비 지층에 해당한다. 빙하 말단의 퇴적 지역이 본래부터 기복이 작고 낮은 평지일수록 빙하 퇴적 지형은 깨끗한 형태로 남는다.

빙하의 확대와 축소 혹은 빙기와 간빙기의 편년을 짜는 데 유리한 것은 앞에서 언급한 퇴적장의 지형 이외에 오래된 빙하는 크고 새로운 빙하는 작아 신·구 지형과 퇴적물이 겹치지 않고 남아 있거나 오래된 지형이 융기하여 새로운 지형은 오래된 지형보다 낮은 위치에 만들어져 있는 경우이다. 이런 경우에는 지형과 퇴적물 모두 육상에서 관찰할 수 있다. 19세기 후반부터 20세기에 걸쳐 이런 장소에서 진행된 연구를 통해 빙기·간빙기가 반복되었다는 사실이 먼저 밝혀졌고, 세계의 제4기 편년 연구(초기에는 빙기·간빙기의 편년 연구라고 해도 과언이 아닌 것)의 선구가 되었다.

연구가 가장 먼저 진행되었던 지역은 알프스 북록이다. 1882년 이곳에서 3회에 걸친 빙기가 있었다고 보고한 펭크[14]의 연구는 1909년까지 브뤼크너(E. Brückner)와의 공저 『빙기의 알프스(*Die Alpen im Eiszeitalter*)』 전 3권으로 간행되었고, 다시 네 번째 빙기도 확인되었다. 알프스 북록에는 그림 5.16과 같이 알프스의 큰 골짜기에서 밀고 나온 산록 빙하가 대량의 암설로 모레인과 그 전면의 빙하성 유수 퇴적평야 같은 지형·퇴적물을 남긴 데다 최종 빙기(뷔름 빙기)의 것은 이전 빙기(리스 빙기 등)의 것보다 범위가 좁다. 이는 전 세계 거의 공통된 현상인 것으로 나중에 밝혀졌다. 더욱이 펭크에 견해에 따르면 알프스 북록에서는 산지 쪽이 융기하는 경향이 있기 때문에 오래된 빙기의 빙하성 유수 퇴적평야는 고위 단구로 또 새로운 빙기의 것은 저위 단구로 남아 편년에 유리한 조건을 갖고 있다(그림 5.16A·B 참조). 편년에는 고도·범위뿐 아니라 층서는 물론 형태와 퇴적물의 풍화, 침식 정도 등이 사용되었다. 또한 빙기의 명칭은 그림 5.16C의 하천명을

---

14 펭크(A. Penck, 1858~1945)는 독일의 지형학자·지리학자로 1887년에 출간한 『독일 지지』에서는 독일의 지리 구분을 시도했다. 빙하를 비롯하여 해수면 변화, 지형에 미치는 기후의 영향, 산지 분포의 규칙성, 하천 프로세스 등 지형의 형성 프로세스에 중점을 둔 과학적 연구를 수행하여 높은 평가를 받았다. 지형학 분야의 대표작으로는 『지표의 형태학(*Morphologie der Erdoberfläche*)』(1894)과 브뤼크너와 공동으로 저술한 『빙기의 알프스』(1901~1909) 등이 있다.

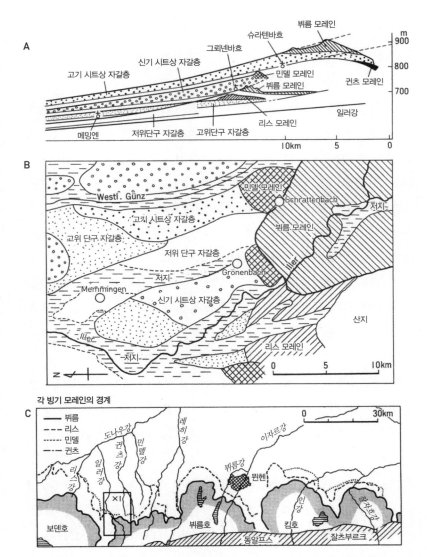

그림 5.16 알프스 북록의 모레인과 빙하성 유수 퇴적평야의 퇴적물 A: 모레인과 빙하성 유수 퇴적평야 퇴적물의 관계를 일러강을 따라 투영 단면도로 나타낸 것(Penck and Brückner, 1909; 小林·阪口, 1982). 뷔름 모레인과 저위 단구, 리스 모레인과 고위 단구, 민델 모레인과 신기 시트상 자갈층, 귄츠 모레인과 고기 시트상 자갈층이 각각 한 쌍을 이루고 있다. B: A단면이 그려진 일대의 평면도(Penck and Brückner, 1909; 成瀬, 1982; 平川, 1985). C: 알프스 북록 빙하(모레인)의 한계(Penck and Brückner, 1909; 小林·阪口, 1982). B의 위치를 박스로 나타냈다. ×1은 메밍엔(Memmingen). 히라가와(平川, 1985)는 새로운 연구로 모레인의 위치를 나타내고 있다.

따라 두문자가 뷔름(Würm), 리스(Riss), 민델(Mindel), 귄츠(Güntz)로 알파벳의 역순이 되게끔 붙여졌다.

이 지역(특히 그림 5.16B 부근)에서는 이후 더 오래된 빙기로서 1930년에는 도나우(Donau) 빙기, 1953년에는 비버(Biber) 빙기를 제창했고, 근년에는 귄츠 빙기와 민델 빙기 사이에 하스라흐(Haslach) 빙기를 찾아냈다(Jerz, 1993). 이들 플라이스토세 전기와 중기의 빙하 연구는 주로 알프스의 북쪽 지역에서 이루어졌고 남쪽 지역에서는 많지 않다. 이는 알프스 남록의 포(Po)강 주변 평야는 침강 속도가 빨라 오래된 빙기·간빙기의 자료가 지하에 묻혀 있기 때문이다. 이에 비해 알프스 북록의 도나우강 주변 평야는 침강 속도가 느려 퇴적장으로서의 조건이 좋았다. 또한 8장 5절에서 언급할 칠레 남부와 뉴질랜드는 알프스 북록과 유사하지만, 이곳은 또 다른 독자적인 조건을 갖고 있어 단순하게 응용할 수 있는 사례 지역으로 보기는 어렵다(이는 일반적으로 어느 곳에 대해서도 말할 수 있는 것이지만).

19세기 말에 알프스에서 빙기의 반복이 밝혀지자 곧 이어 발트해 남안에서 스칸디나비아 빙상의 확대·축소가 규명되었고, 북아메리카에서는 로렌타이드 빙상의 소장이 알려지게 되어 각각의 지역에서 빙기·간빙기의 명칭이 주어졌다(小林·阪口, 1982; 成瀨, 1982). 그리고 대륙 간 대비도 시도되었는데, 여기에는 방법·기술상의 진전, 특히 연대 측정의 진보가 필요했다. 방사성 원소에 의한 연대 측정과 고지자기에 의한 편년 연구에 대해서는 이쪽 방면의 문헌(예를 들면, 小嶋·齊藤, 1978; 日本第四紀學會, 1993)을 참고하기 바란다.

또한 1960년경에 시작된 심해저 코어에 포함된 미화석(특히 유공충)에 의한 산소 동위체비 측정 결과가 전 세계 해수면 변화를 나타내고 있음이 밝혀졌다. 세계 각지의 해저에서 채취한 피스톤 코어의 분석 결과가 같은 주기성을 지닌 곡선을 나타내고 있음이 확실해졌고, 본서 여러 곳에도 실려 있는 동위체 스테이지 번호(그림 1.5, 표 2.3, 그림 8.10 등)를 세계의 편년 특히 제4기 편년의 기준으로 사용할 수 있게 되었다. 또한 5장 6절에서 언급할 육상 뢰스의 편년, 특히 황토 고원과 중부 유럽에서의 뢰스 편년을 심해저 코어의 동위체 스테이지와 대비할 수 있다는 사실이 알려지자 세계의 편년 기준은 동위체 스테이지로 옮겨갔다(이 이행기의 연구사는 貝塚, 1978에 소개되어 있다). 이렇게 해서 육상 각지에서 만들어진 빙기·간빙기에 의한 편년을 국지적으로는 사용할지라도 세계의 편년 기준으로 지금은 사용하지 않게 되었다.

단, 육상의 지형과 지층 또 이들로부터 구한 기후 변화 등의 정보에 의한 편년과 심해저와 빙상 코어에 의한 편년은 상호 대비가 직접적이지 않

사진 5.7 스톡홀름 부근에서 볼 수 있는 연주기의 모레인(드엘 모레인)(De Geer, 1932) 암괴로 구성된 구릉은 연주기의 모레인으로 빙상은 맞은편에 있다. 스칸디나비아 빙상이 후퇴 하고 있던 약 1만 년 전에 남긴 것. 모레인의 높이와 암설의 크기는 장소에 따라 다양하나 전부 가늘고 길게 뻗어 있다.

사진 5.8 로렌타이드 대륙 빙상이 깎은 양배암(1993년 9월 저자 촬영) 허드슨만 남서안의 처칠 해안에서
볼 수 있는 선캄브리아기 결정질 암석의 표면 형태로부터 빙상이 앞쪽으로 유동했음을 알 수 있다. 또한
암반 위에 얕게 파인 빙하와 암설에 의한 선상의 흔적(찰흔)도 같은 방향의 유동을 증명한다. 그리고 이
곳은 원래 선캄브리아기 암반이 침식된 소기복면이었는데, 일단 오르도비스기·실루리아기층에 덮였다가
이들이 삭박된 후 빙상에 덮였다. 따라서 넓게 본다면 이 지형은 삭박 준평원이다.

은 까닭에 광역 테프라와 소천체 충돌로 발생한 미세 먼지 등에 근거하여
직접 대비할 수 있는 표준 편년 척도를 정비할 필요가 있다.

빙하 지형·빙하 퇴적물과의 관련이 깊은 빙호 점토에 관한 연구는 1년
단위로 시간 척도를 설정할 수 있었다는 점에서도 또 연구 자료와 방법으
로서도 특기할 만하다. 이 연구는 고정밀도의 편년·대비를 위한 연구의 선
구였다. 빙호 점토에 의한 빙상 말단의 연대 결정은 1910년경부터 스웨덴
의 드엘(de Geer)에 의해 시작되었다. 빙호 연대학의 방법은 과거 빙하가
확장되었던 지역에서 폭넓게 이용되어 후빙기(홀로세)의 연대 확립에 기여

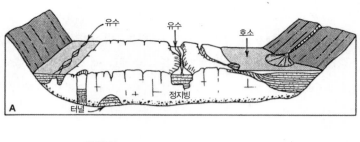

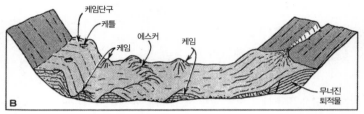

그림 5.17 빙하에 접해 만들어진 층리가 있는 퇴적물과 지형의 기원(Flint, 1971) A: 움직임이 멈춘 채 소모되고 있는 곡빙하의 정지빙과 곡벽 사이에 생긴 하천이나 호소 혹은 빙하 윗면이나 빙저 터널을 흐르는 유수로 인한 성층 퇴적물을 보여준다. B: 빙하가 녹은 후에 남겨진 성층 퇴적물. 이들은 지탱해 주었던 빙하가 없어졌기 때문에 변형된다.

했다. 후퇴하는 빙상의 말단에는 1년마다 만들어지는 모레인의 열과 그사이에 퇴적된 1매의 빙호 점토가 있어 연주기 모레인 또는 드옐 모레인이라는 이름으로 불리고 있다(사진 5.7, 발트해 주변의 빙호 점토에 대해서는 貝塚, 1997d에 소개되어 있다).

이 절에서는 빙하가 만든 미지형 사례로 연주기 모레인을 들었는데, 빙하가 만든 중·소·미지형에는 이외에도 여러 가지가 있다. 예를 들면, 에스커, 케임, 드럼린, 양배암(경배암,[15] 사진 5.8), 빙하 찰흔 등으로 이들 지형에 대해서는 프린트(Flint, 1971) 등의 빙하 지질학 개론서와 인용 문헌에 실려

---

15 양배암이 고래의 등과 같이 둥근 모양을 보이므로 경배암(whale backs)이라고도 한다.

있는 서적을 참조하기 바란다. 여기에서는 프린트의 책에 나오는 그림 하나를 예시로 인용하는 것으로 마무리하겠다. 그림 5.17은 빙하가 후퇴할 때 남긴 중·소규모 퇴적 지형(B)과 빙하가 존재할 때 이들 퇴적물(주로 빙하성 유수에 의한 하성 퇴적물)의 상태(A)를 보여주는데, 그림을 통해 빙하 지형 발달사의 이미지를 얻을 수 있다.

노트 5.2 빙하의 국제 분류

세계의 수자원 조사와 관련하여 전 세계의 빙하를 등록하는 지침으로서 국제 수문학 10년 계획(IHD, 1965년 개시)의 국제 설빙 위원회가 작성한 것이다. 광역적으로 분포하는 각종 빙하를 분류하기 위해 간편한 방법(형태적 특징에 근거하여 분류, 기재하는 방법)을 사용했다. 이 방법에 따르면 모든 빙하의 형태, 성질, 상태를 여섯 자릿수의 숫자로 표현할 수 있다(표 5.2).

첫 번째 자릿수: 기본적 분류
1. 대륙 빙상: $10^6 km^2$보다 크고 대륙을 덮는 빙하
2. 빙원: 빙하 밑의 지형을 추정할 수 있는 정도의 두께로 시트 또는 포상 빙하
3. 빙모: 돔 모양의 빙하로 주위를 향해 흘러나간다.
4. 분출 빙하: 빙상 또는 빙모로부터 흘러나온 빙하로 통상 곡 빙하를 형성한다. 유역의 윤곽을 명료하게 그을 수 없다.
5. 곡 빙하: 골짜기를 흘러내린다. 유역이 명료함.
6. 산복 빙하: 권곡 빙하, 니치, 화구형

분출빙하

표 5.2 빙하의 국제 분류

(국제설빙위원회 발행, 지상 및 지하 만년설빙의 세계 목록용 지침, IHD 결의, 1967)

	첫 번째 행	두 번째 행	세 번째 행	네 번째 행	다섯 번째 행	여섯 번째 행
	기본 분류	함양역	말단부 형상	종단면 형상	함양원	말단부 활동
1	대륙빙상	복합 유역	산록형	평탄	적설	현저하게 후퇴
2	빙원	복합 함양	말단 확장형	현수	눈사태	다소 후퇴
3	빙모	단순 함양	로브형	계단상	결빙 등	정체
4	분출빙하	권곡(카르)	부유 분리형	빙폭		다소 전진
5	곡빙하	니치	유착형			현저하게 전진
6	산복빙하	화구				진퇴 반복 (가능성 있음)
7	소빙하·설원					진퇴 반복(명료)
8	빙붕					
9	암석빙하					
10	위에 들어가지 않는 것	위에 들어가지 않는 것	위에 들어가지 않는 것	위에 들어가지 않는 것	위에 들어가지 않는 것	위에 들어가지 않는 것

예를 들면, '적설로 함양되어 만들어진 몇 개의 빙하가 합류해서 하나의 빙하가 되어 골짜기를 흘러내리고 있다. 도중에 빙폭이 많다. 말단은 약간 전진하고 있다'라는 경우에는 510414로 기재한다.

7. 소빙하와 설원: 소빙하는 요지나 하상 안에 생긴 큰 얼음덩어리 또는 눈사태, 바람에 날려 쌓인 눈, 수년간의 특히 많은 적설량으로 인해 성장한 사면상의 형태가 정해져 있지 않은 큰 얼음덩어리이다. 뚜렷한 흐름은 보이지 않고 따라서 설원과의 구별이 분명하지 않다. 적어도 두 번의 여름 동안 존재해야 함.

8. 빙붕: 빙하·빙상이 바다로 흘러나가 떠 있는 것

9. 암석 빙하: 틈새에 얼음, 만년설, 눈을 채우고 있는 암석이 많은 빙하. 권곡이나 골짜기 안에 있으며 서서히 흘러내린다.

두 번째 자릿수: 함양역

1. 복합 유역: 두 개 이상의 곡 빙하가 합류하여 하나로 된 것

2. 복합 함양: 두 개 이상의 함양역에 의해 함양되는 빙하계

3. 단순 함양: 함양역이 하나인 것

4. 권곡(카르): 산록에 있는 독립된 원형 요지에 있다.

5. 니치(Niche): V자곡 또는 사면의 요지에 만들어진 작은 빙하

6. 화구: 설선보다 위에 있는 사화산 또는 휴화산의 화구에 있다.

복합유역 　복합함양 　단순함양 　권곡 　니치

세 번째 자릿수: 말단부의 형상

1. 산록형(Piedmont): 한 개 또는 다수의 빙하가 옆으로 펼쳐졌거나 합체하여 저지대에 만들어진 빙원

2. 말단 확장형: 빙하 하류부에서 곡벽이 없어지고 보다 수평적인 지표에 펼쳐진 것

3. 로브형: 빙상과 빙모의 일부로 귓볼 모양으로 늘어진 것

4. 부유 분리형: 바다와 호소 안으로 길게 뻗은 빙하의 말단으로 부수어져 빙산을 만든다.

5. 유착형

말단 확장형   로브형   유착형

네 번째 자릿수: 종단면 형상

1. 평탄

2. 현수: 험준한 산록에 달라붙어 있든가 현곡에서 나온 것

3. 계단상

4. 빙폭

다섯 번째 자릿수: 함양원(생략)

여섯 번째 자릿수: 말단부의 활동(생략)

5. 동결·융해 작용과 주빙하 지형

지면의 동결과 융해에 관련된 지형 형성 작용은 고위도 지역과 중·저위도 산지에서 광범위하게 진행되고 있으며, 유수나 빙하의 작용과 달리 면적으로 일어나는 것이 특징이다. 이런 점에서는 풍화 작용, 특히 물리적 풍화 작용과 공통된 성격을 갖고 있으나 물의 동결·융해가 작용의 핵심을 이룬다는 점과 독특한 지형을 만든다는 점에서 구별된다. 대상 지역이 빙기에는 확대되고 간(후)빙기에는 축소되므로 과거의 화석 지형으로 볼 수

있는 지역이 넓다(7장 2절 참조). 동결·융해 작용이 탁월해서 만들어진 지형을 주빙하 지형이라고 부르나 유수 등의 작용도 겹쳐 있어 분포의 경계를 긋는 것은 어렵다.

이 작용은 영구 동토와 관련된 대규모의 것과 계절적으로 혹은 밤에 표층만 동결되어 일어나는 소규모의 것으로 크게 나눌 수 있다. 하나하나의 지형은 소규모일지라도 면적으로 연속해서 펼쳐져 있기 때문에 지형을 변화시키는 작용으로 경시할 수 없다. 또한 영구 동토 지역에서도 여름에는 표층이 녹아 생긴 활동층에서 단기적인 작용이 진행되므로 영구 동토 지대에서는 대규모와 소규모 바꾸어 말하면 연주기성과 일주기성의 이중의 작용이 일어나고 있는 셈이 된다.

(1) 동결·융해의 지형 형성 작용

지온의 변화는 지역에 따라 영하 50℃부터 영상 50℃까지 달해 암석이나 흙과 물에 변화를 준다. 물은 동결하여 얼음이 되면 체적이 9% 정도 증가하므로 갈라진 틈 속의 물은 암석을 파쇄하고, 지하로 냉각이 진행되면 동결면(동결 전선)의 위쪽으로 얼음이 석출[16]되어 동상을 일으킨다. 동결면으로는 수분이 모세관 작용에 의해 지하로부터 보급된다.

동상은 지중의 자갈을 지상으로 들어 올려 평탄한(경사 1~2° 이하의) 지면에서는 원형 또는 다각형 구조를 만들고, 경사면에서는 호상 또는 계단상 구조 등 방향성을 지닌 형태를 낳는다. 이런 기하학적 모양을 지닌 지면을 일반적으로 구조토(patterned ground)라고 부른다(그림 5.18). 구조토

---

16 토양 중의 수분이 빙정으로 분리되는 작용을 석출(析出)이라고 하며, 그 빙정을 석출빙 또는 분리빙(segregated ice)이라고 한다. 지표로 석출된 빙정이 서릿발이다.

는 삼림으로 덮이지 않은 나지 또는 초지에 만들어지므로 삼림 한계는 주빙하 지역의 경계로 간주되는 경우가 많다.

그림 5.18의 오른쪽 상단의 대규모 다각형 구조토는 한 변의 길이가 수m에서 십수m에 달하며, 영구 동토에 생긴 동결 균열[17]이 연결되어 형태를 만든다. 이런 갈라진 틈은 지온이 급격하게 내려갈 때 토양이 수축되며 생

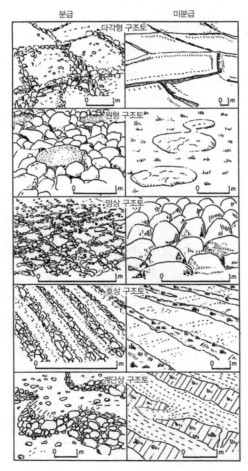

그림 5.18 구조토로 총칭되는 동결·융해 작용으로 생긴 지표의 패턴과 구성 물질(岩田, 1981) 역질은 자갈·모래 등의 분급이 이루어진 것. 토질은 자갈이 분급되지 않은 것. 그림에는 초본 식물이 자라고 있는 사례가 많이 제시되고 있는데, 초본 식물의 도움을 받아 만들어지는 구조토도 있다. 여기에 해당하는 사진과 이들에 대응하는 지층의 변형 사진은 貝塚 외(1985)에 다수 수록되어 있다.

기는 것으로 갈라진 틈에는 쐐기 모양의 얼음이 들어 있고, 얼음은 겨울마다 성장하여 굵어진다. 이 빙괴를 얼음 쐐기(아이스 웨지, ice wedge)라고 부른다. 얼음 쐐기 폴리곤이라고 부르는 대형 다각 구조토는 평탄한 영구 동토 지대에서 가장 보편적인 미지형이다. 이외에도 영구 동토 지대의 특징적인 지형으로는 열 카르스트라는 요지와 핑고 등이 있다. 열 카르스트는 카르스트 지형의 요지와 유사하므로 이런 이름이 붙었는데 그 기원은 지하 동토의 융해이다. 삼림의 산불 등으로 지표의 피복이 없어져 생기는 지온의 상승이 융해의 계기가 된다. 핑고로 불리는 낮은 산 모양의 특이한 지형 발달에 대해서는 후쿠다(福田, 1997)가 상세하게 보고하고 있다.

경사지에서 동결·융해 작용이 만드는 미지형에는 그림 5.18의 호상 구조토와 계단상 구조토가 있으며, 경사가 급해지면 사면은 동결·융해에 의한 표토와 암설의 유동(포행), 즉 주빙하성 솔리플럭션(보통 '주빙하성'이라는 접두어를 생략하여 사용한다)에 의해 삭박된다(그림 5.3 참조). 물론 원래의 지형 경사가 더욱 급하면 붕락이 일어나 사면이 후퇴한다. 그림 5.1에서 지하 풍화 물질의 제거와 뒤에 남은 토르 지형(사진 5.1)은 고온 다습한 풍화 환경에서 동결·융해가 탁월한 기후 환경으로 바뀌면서 생기는 수가 많은 것으로 알려져 있다.

1950년 전후 지형 형성에 동결·융해 작용의 중요성이 인식되기 시작하자 주빙하 윤회라고 하는 침식 과정을 침식 윤회의 한 형식으로 간주하게 되었다. 얼음이나 한랭·동결을 의미하는 접두어 크리오(cryo)를 붙인 크리오플래네이션은 일반적인 용어로 또 크리오페디멘트는 페디멘트와 닮은

---

17 동결 균열(frost fissure, frost crack)은 온도가 내려감에 따라 얼음을 많이 포함하고 있는 동토가 열적으로 수축되며 생긴 균열을 가리킨다. 0℃ 얼음의 선팽창률은 52.7×10^{-1}이나 -30℃에서는 50.5×10^{-1}로 변화하여 수축을 일으키는 요인이 된다.

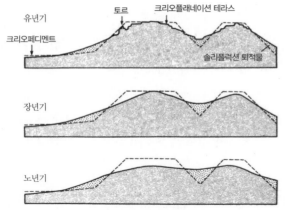

유년기

크리오페디멘트

토르 크리오플래네이션 테라스

솔리플럭션 퇴적물

장년기

노년기

그림 5.19 주빙하 윤회 모델(小野, 1981)

산록 침식면을 가리키는 용어로 사용하게 되었다. 그림 5.19는 주빙하 윤회의 한 모델이다. 작은 급사면이 주빙하성 솔리플럭션에 의해 평활화되고 산록에는 크리오페디멘트가 형성되는 과정을 나타내고 있다. 하식 윤회의 침식 기준면에 해당하는 것이 주빙하 윤회에서는 주빙하 작용이 끝나는 곳으로, 중위도의 산지라면 대체로 삼림 한계가 이에 해당하는 것으로 볼 수 있다. 혼슈 중부의 아카이시(赤石) 산지 등에는 산릉부에 소기복의 완만한 지형이 산재하는데, 빙기의 크리오플래네이션에 의한 것이라는 의견도 있다(須貝, 1992).

홋카이도에서 널리 볼 수 있는 소기복 침식 지형은 후빙기의 지형과는 명료하게 구별되는 바가 많아 빙기의 주빙하 작용에 따른 것으로 생각된다(일본의 주빙하 지형에 대한 1970년경까지의 연구사는 吉川 외, 1973을 보라). 과거의 주빙하 지형(화석 주빙하 지형)에 관한 연구는 지형과 함께 지층에 나타나는 동결·융해 작용으로 인한 각종 교란(동결 교란 현상)을 그림 5.18과 같은 미지형과의 대응에 초점을 맞추어 해독하고 또 층서학적 연구를 통해 시기를 밝히는 것이 중요하다.

(2) 영구 동토 지대의 분포

지금도 동결·융해 작용이 일어나는 곳은 지표의 70% 가까이 달한다고 하지만, 주빙하 지대를 지도로 나타내는 것은 현재에 대해서도 또 빙기에 대해서도 모두 어렵다. 그러나 극히 개략적으로 현재의 분포를 그림 7.7로 빙기의 분포를 그림 7.9로 나타냈다. 반면에 영구 동토는 정의가 분명한 만큼(조사가 충분하다고 말할 수는 없지만) 그림 5.20의 분포도를 제시할

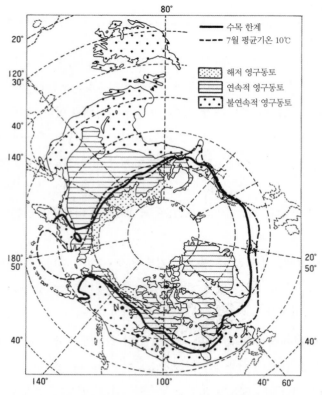

그림 5.20 북반구의 영구동토 분포도(小疇, 1985; Washburn, 1979. 수목 한계와 7월 평균기온 10℃ 등온선은 小林, 1969 등의 자료에 의함) R, N, H는 그림 5.21의 3지점.

수 있다. 영구 동토는 육상에서는 연속적 영구 동토와 불연속적 영구 동토로 구분된다. 그림 5.21의 단면도에서 이 구분의 의미를 파악할 수 있을 것이다. 영구 동토의 두께는 캐나다 북부에서는 400m, 시베리아 동부에서는 500m에 달하는 것으로 알려져 있다. 시베리아 동부에서는 삼림 지대에 영구 동토가 넓게 분포하는데, 빙기에 이곳은 빙상이 발달하지 않았고 삼림도 없어 지면이 냉기에 노출되어 있었기 때문이다. 북극해의 해저 영구 동토는 빙기의 해수면 하강으로 인해 대륙붕이 냉각되었던 곳이다.

영구 동토는 일본에도 현존하는데, 다이세츠(大雪)산과 후지(富士)산 산정부에 분포한다. 빙기에 일본의 영구 동토 분포는 얼음 쐐기의 화석이라고 할 수 있는 얼음이 토양으로 바뀐 토양 쐐기의 존재와 항공 사진에 보이는 대형 다각형 구조토의 분포로부터 적어도 홋카이도의 북부와 동부에는 불연속적인 영구 동토가 있었다고 생각된다. 당시의 연 평균 기온은 현재의 영구 동토와 기온의 관계에 근거하여 −2℃ 이하였을 것으로 추정하고 있다.

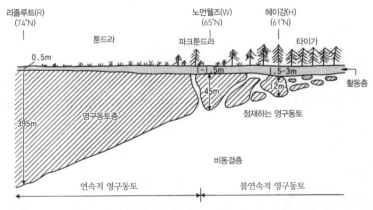

그림 5.21 캐나다에서 영구동토의 북쪽(왼쪽)에서 남쪽(오른쪽)으로의 변화(Washburn, 1979) 3지점의 위치는 그림 5.20.

6. 바람이 만드는 지형

바람의 침식·운반 작용이 지형 형성 작용으로서 탁월하게 일어나는 곳은 식물 피복이 없거나 적은 사막(desert), 해안, 활화산 지역(화구 부근의 화산회 강하 지역과 화산 쇄설류 발생 지역 등)이다. 사막의 적은 식물 피복은 건조로 인한 것과 저온으로 인한 것이 있다. 이들 지역으로부터 날아온 모래와 실트는 사구와 뢰스(황토)로서 바람의지 쪽에 퇴적되며, 더 미세한 점토는 광역으로 퍼져 원양 퇴적물도 된다.

(1) 사구와 뢰스의 분포 지역

모래와 실트·점토가 바람에 의해 공급되고 이들이 퇴적되어 사구 지대를 만들고 있는 장소는 해안과 활화산 지역을 별도로 치면 연 평균 기온-연 강수량 다이어그램(그림 7.8)의 건조 지역③과 주빙하 지역⑥이며, 개략적인 분포를 빙기의 빙하 분포와 함께 세계 지도에 나타내면 그림 5.22와 같다. 이 지도에서 사구 지대와 뢰스 지대는 현성(홀로세)의 것과 과거 주로 플라이스토세 빙기의 퇴적역을 나타내고 있다. 과거 사구 지대였던 곳은 지금은 초목으로 덮여 모래가 이동하지 않는다. 뢰스는 본래 풀과 나무가 있는 곳에 퇴적되는 데다 뢰스 지형이라고 따로 구분되는 지형이 있는 것이 아니라 원래의 지형을 눈과 같이 덮고 있을 뿐이므로 현성 분포역과 과거 분포역을 구분하여 표시하는 것은 뢰스 연대를 현지에서 결정하지 않는 한 어렵다. 또한 뢰스의 연대 결정이 어려운 지역도 있다. 세계 지도로는 나타낼 수 없는 국지적인 사구 지대와 뢰스 지대도 적지 않다. 해안은 본래 공급물에 모래가 많고 실트·점토는 적기 때문에 해안 사구는 있어도 뢰스 지대는 출현하기 어렵다. 그러나 물이 마른 해저(호저) 퇴적물로부터 빙기에 뢰스가 퇴적된 것으로 알려진 지대는 있다(예를 들면, 뉴질랜드 북섬과 일본의 연안역). 넓은 강변 나지대(범람원·선상지와 빙하 말단의 빙하성 유수 퇴적평야에 많다)는 모래와 실트의 장기간에 걸친 공급원이 되기 쉽고, 바람 의지 쪽에 이 충적지로부터 거리 순으로 사구와 뢰스 지대가 분포하는 것이 일반적이다. 화산에서 분출하여 저지대에 쌓인 경석과 화산 쇄설류도 나지를 만드는 데다 그 자체가 바람에 날려 사구를 만드는 경우도 자주 있다.

그림 5.22에 보이는 광역적으로 분포하는 사구 지대와 뢰스 지대는 분포

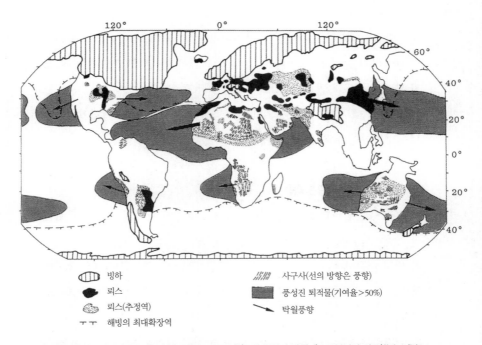

그림 5.22 최종 빙기에 퇴적한 풍성 퇴적물과 그 공급원(모래 폭풍의 발생지)으로부터의 경로(井上·成瀬, 1990) 뢰스는 주로 빙기에 퇴적되며, 사구사도 빙기에 분포가 확대된 곳이 많으므로 이 그림은 현재의 주요 풍성 퇴적물의 분포역을 보여주고 있다. 해안선은 빙기의 것. 해저의 풍성진 퇴적물 분포는 리시친(Lisitzin, 1978, 押手 외 옮김, 1984)에 따른다.

하는 위치로부터 알 수 있듯이 빙기의 빙하 주변 주빙하 지대(한랭 사막)의 것과 건조 사막의 것이 있다. 중부 유럽의 뢰스는 빙기의 빙하성 유수 퇴적 평야의 강변 나지대가 주된 공급원이었다. 사하라 사막·아라비아 사막·오스트레일리아의 사막 등의 모래와 그 주변역의 뢰스는 중위도 고압대의 건조 사막이 공급원이다. 이들 지역의 모래와 뢰스는 하천의 범람원에서 기원한 것은 적고 기반 암석이나 기반암 요지의 퇴적물을 기원으로 하는 것이 많다고 한다. 이들 지역에 대해 뢰스 분포역을 명시한 지도는 없는 것으로 보이는데, 공급원을 특정할 수 있는 곳이 많지 않은 때문일 것이다. 중국 북부의 타림 분지에서 황하 유역에 이르는 지역의 사구와 황토(뢰스)는 내륙의 건조 사막이 공급원이지만, 그 기원을 더 거슬러 올라가면 빙기에 타림 분지 주변과 황하 상류 산지 주변으로부터 운반되어 온 빙하성 모래와 실트가 많은 것으로 추정된다(황토 고원에 대해서는 8장 4절 참조).

두 말할 나위 없이 사구와 뢰스의 퇴적은 대기가 있는 천체인 지구·화성·금성·타이탄(목성의 위성)에서 볼 수 있는 현상이다.

(2) 바람의 토사 운반 작용

그림 5.23에 나타냈듯이 지상의 모래도 수중의 모래와 비슷하여 샐테이션·전동·활동에 의해 움직이지만, 다른 모래 입자와 충돌하면 더 움직이기 쉽기 때문에 바람에 의한 시동 속도는 그림 5.24와 같다(마찰 속도에 대해서는 노트 5.1 참조). 실트·점토는 부유하여 높은 곳까지 올라가나 모래 입자는 일반적으로 1m 이상(사람의 허리 이상) 올라가는 일은 드물고 수평 도약 거리는 10m 이하이다. 따라서 큰 하천을 날아서 넘을 수 없어 하천이 있으면 사구의 분포는 일단 끊어진다. 이런 모래·실트의 운동 양식에 의해 뢰스의 시트상 퇴적, 사구와 모래 벌판의 구릉상 퇴적 형태가 생긴다.

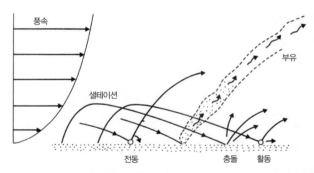

그림 5.23 바람에 의한 입자의 운동 양식 운동 양식의 모식도(오른쪽)와 이에 대응하는 풍속(가로축)·높이(세로축)의 관계.

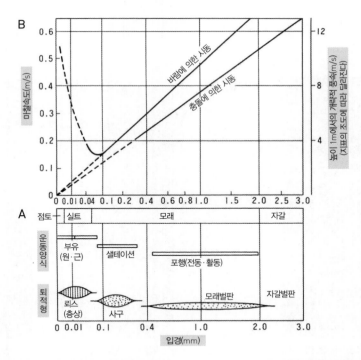

그림 5.24 A 바람에 의한 입자별 입자의 운동 양식과 이로 인해 생긴 퇴적형. B 시동 속도의 입경에 따른 차이를 마찰 속도와 보통의 속도로 보여준 것(A, B 모두 Summerfiled, 1991) 마찰 속도에 대해서는 노트 5.1 참조.

(3) 사구의 형태

이동하는 모래는 장애물로 인해 풍속이 떨어지면 퇴적되어 사구를 만든다(사진 5.9 참조). 사구의 형태는 그림 5.25와 같이 분류되며, 사구 형태를 지배하는 요인에는 (1) 풍향 이외에 (2) 모래 공급량, (3) 바람의 강도, (4) 식생 피복도가 있다. 한 방향으로 부는 바람이 탁월한 애리조나에서 연구한 해크(Hack, 1941)에 의하면 사구의 형태는 모래 공급량, 바람의 강도, 식물 피복도 사이에 그림 5.26의 관계를 보인다.

풍향 변화로 인한 사구 형태의 변화는 그림 5.25의 오른쪽 열에도 나타나는데, 그림 5.27은 풍향 변화와 모래 공급량을 요인으로 하는 경우에 사구 형태의 차이를 보여주고 있다. 그림의 오른쪽 아래에서 위로 배열된 바

사진 5.9 사구(원경)와 자갈 사막(사막 포도, 근경) (1987년 9월 저자 촬영) 중국 간쑤(甘肅)성 둔황(敦煌) 부근. 자갈 사막에서 날려 온 모래가 식생 때문에 생긴 풍속 저하로 인해 바람의지 쪽에 퇴적되어 있다. 원경의 사구는 언덕 너머의 하상으로부터 모래를 공급받았을 것이다.

르한–연결된 바르한–횡사구의 계열은 그림 5.25 왼쪽 열의 위에서 아래로의 계열과 대응하고 있다. 그림 5.27의 중앙에 놓인 종사구는 그림 5.25

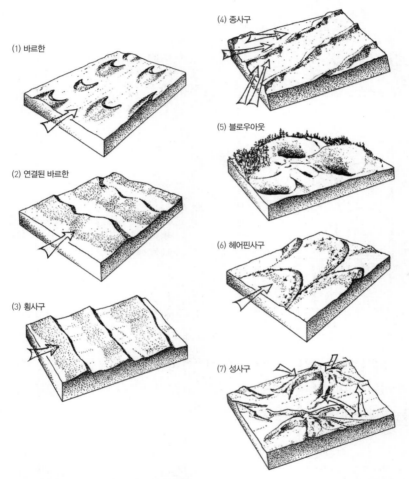

(1) 바르한

(2) 연결된 바르한

(3) 횡사구

(4) 종사구

(5) 블로우아웃

(6) 헤어핀사구

(7) 성사구

그림 5.25 맥키(McKee, 1979)에 의한 사구 유형 풍향과의 관계를 잘 알 수 있다. 원도는 이외에 돔형 사구(풍향 없음)와 대치 횡사구(반대되는 두 방향의 풍향에 의해 만들어진다)가 있으나 생략했다. (5)와 (6)은 식생이 있는 것에서 알아차릴 수 있듯이 침식 과정에서 생긴 것.

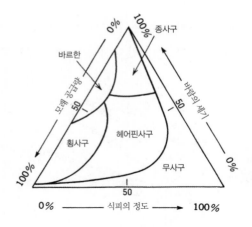

그림 5.26 사구의 형태와 이에 관여하는 세
요인(애리조나주 자료(Hack, 1941)에 근거
함) 한 방향으로부터의 바람이 탁월하고 식
생이 있는 곳도 있다.

종사구
0% 100%
바르한
모래 공급량
바람의 세기
50 50
횡사구 헤어핀사구
100% 무사구
0%
50
0% ━━━ 식피의 정도 ━━━▶ 100%

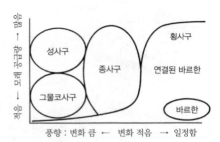

그림 5.27 풍향(가로축)과 모래의 공급
량(세로축)에 근거한 형태별 사구의 위치
(Livingstone and Warren, 1996)

많음
↑
모래의 공급량
↓
적음

성사구
그물코사구
종사구
횡사구
연결된 바르한
바르한

풍향 : 변화 큼 ← 변화 적음 → 일정함

오른쪽 열의 최상단과 대응하고 있으며, 그림 5.26에서는 풍속이 빠르고
모래 공급이 적기 때문에 생기는 것으로 제시되고 있다.

식생에 의한 사구의 변화와 침식 사구는 그림 5.25의 오른쪽 열에 예시
가 있는데, 여러 유형이 만들어지는 것 같다. 성형(또는 피라미드형) 사구에
는 거대한 것도 있다고 한다.[18]

---

18 피라미드 모양의 대규모 복합 사구를 구르드(ghroud) 또는 피라미드 사구(pyramidal
dune)라고 한다. 규모 면에서는 드라(Draa, 미고결 모래로 만들어진 풍성 지형 가운데 규
모가 가장 큰 지형을 가리키는 아랍어)의 일종으로 여러 방향에서 불어오는 바람에 의해 생
긴다. 특히 방사상으로 뻗은 것을 성(형) 사구(star-shaped dune)라고 한다. 높이는 150m,

(4) 뢰스(황사)의 퇴적

실트·점토 입자와 같이 바람에 의해 운반되는 부유 물질 가운데 실트 (입경 약 4~60μm)는 공급원으로부터 대략 100km 이내에 낙하하여 뢰스가 되지만(그림 5.28 참조), 보다 세립인 점토(더스트)는 비에 씻기거나 집합하여 큰 입자가 되어 강하한다. 실트·점토가 일단 착지하면 식생이 있는 지역이라면 다시 움직이기 어렵다. 뢰스의 경우에는 초지와 삼림지가 퇴적되는 장소가 되며, 나지(사막, 고산에서는 거의 삼림 한계 이상)에서는 재동하므로 퇴적물이 되지 않는다. 따라서 뢰스의 분포 한계(Löess limit)는 과거의 식생 한계를 나타내는 지표가 된다. 일본의 화산회도 똑같아 있을 만

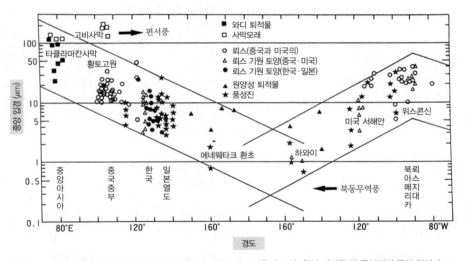

그림 5.28 북반구에서 와디 퇴적물, 사구사, 뢰스, 뢰스 기원의 토양, 원양 퇴적물 및 풍성진의 중앙 입경과 공급원으로부터의 거리 관계(井上·成瀨, 1990)

폭은 1~2km에 달한다.

한 분포역에 화산회가 없다면 그곳은 나지였을 가능성이 크다고 생각할
수 있다.

아이슬란드에서는 뢰스의 퇴적 속도가 기원후 500년경부터 0.5mm/년
이하에서 수mm/년으로 빨라진 사실이 뢰스 사이에 껴있는 10매 가량의
화산회 연대에 의해 밝혀졌다. 이 결과는 소라린슨(Thorarinson, 1979)에 의
한 화산회 편년학(tephrochronology)의 응용이다. 뢰스 퇴적 속도의 급증은
토양의 취식이 증가했기 때문인데 이는 양 도입으로 식생 파괴가 발생한
결과로 해석되었다.

7. 파랑·해수류의 작용과 해안·천해저 지형

(1) 해안 지형의 유형

바람의 마찰력으로 생기는 파랑(풍파)은 먼 바다에서는 물 분자의 원 운
동을 일으키고 있으나 물 자체의 흐름을 동반하지는 않는다. 그러나 수심
이 파장의 1/2보다 작아지면 파랑은 해저와의 마찰로 인해 방향을 바꾸거
나 해수의 흐름을 생기게 한다(그림 5.30 참조).

해안에서는 밀어닥치는 물과 운반되어 온 암석이 갯가에 충돌하여 파괴
력을 미치고 천해저의 물질을 이동시킨다. 이동은 해안 쪽과 바다 쪽 이외
에 해안을 따라 평행하게도 발생한다. 이런 작용에 의해 해안의 물질은 침
식되어 암석 해안을 만들고, 운반 물질(모래와 자갈)은 퇴적되어 사질 해안
을 만든다. 운반 물질 가운데 진흙은 먼 바다의 해저에 퇴적된다. 암석 해
안과 사질 해안(해빈)은 해안 지형의 기본적인 유형이다.

시·공간적으로 보다 대규모로 암석 해안과 사질 해안이 조합되어 생긴

해안 유형으로 하곡이 침수한 리아스 해안과 빙식곡이 침수한 피오르 해안이 있다. 이수한 해안에는 단구 지형이 생긴다. 해안 단구가 발달한 해안은 평활한 경우가 많으나 리아스 해안에서도 해안 단구가 출현하는 일이 적지 않다. 원래 평탄하고 사질인 평야가 침수하면 앞바다에 연안 사주(barrier island)를 지닌 해안이 만들어지기 쉽다(미국의 대서양안 남부는 이런 사례). 또한 이수·침수의 영향보다도 퇴적 작용이 탁월하게 나타나는 해안으로 하천이 만드는 삼각주 해안, 화산 분출물이 만드는 해안, 산호초가 만드는 해안을 들 수 있다.

이와는 별도로 대규모의 지구조적 시점에서 판이 침강하는 해안과 침강하지 않는 해안으로도 구분할 수 있다.

앞에서 침수·이수라는 용어를 사용했는데, 이는 바다와 육지의 상대적인 관계에서 사용하는 용어이다. 침수는 육지의 침강으로도 또 해수면의 상승으로도 일어난다. 해수면의 상승과 하강이 세계적으로 일어나(국지적이 아니라 전 세계적으로 같다는 의미로 유스타틱이라고 표현한다) 현재의 해안 지형·천해저 지형에 큰 영향을 준 것은 제4기의 기후 변동에 동반된 빙하성 해수면 변동(glacial eustasy, glacial eustatic change of sea level)이다. 이 해수면 변동의 폭은 100m를 넘는다.

(2) 해안 지형의 세계적 분포

암석 해안과 사질 해안에 대한 언급은 뒤로 미루고 먼저 중규모 해안 지형의 분포를 모식도(그림 5.29)로 살펴보자. 빙기에는 빙하가 확대되고 얼음에 해당하는 분량만큼 해수면이 하강했다. 최종 빙기 최성기의 하강 폭은 120m 정도로 볼 수 있다. 빙기·간빙기의 반복은 과거 70만 년 동안 약 10만 년 꼴로 발생했고(그림 1.5와 그림 8.10 참조) 그때마다 세계의 해안과 기후 패턴에는 그림 5.29와 같은 변화가 생겼다. 해수면 저하기 혹은 하강·상승 중에 진행된 침식·퇴적이 현재의 대륙붕 지형을 형성한 요인으로 볼 수 있다. 빙하성 해수면 변동과 기타 원인에 의한 여러 주기와 진폭의 해수면 변동은 제3기와 그 이전에도 그림 1.5의 기온 변화 곡선과 유사하게 일어났기 때문에 대륙붕 지형은 제3기와 그 이전에도 있었던 것 같다.

후빙기·간빙기에는 해수면이 상승하여 빙기에 만들어진 하곡과 빙식곡이 침수하여 각각 리아스 해안과 피오르 해안을 만들었다. 그러나 해안 부근이 건조 지역인 곳(중위도의 서안에 있다)에는 하천이 없기 때문에 골짜기가 만들어지지 않았으므로 리아스 해안은 존재하지 않는다. 페루·칠레의

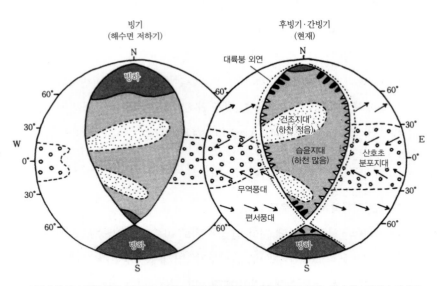

그림 5.29 단순화한 해류 분포도에 표시한 기후대와 해안형의 분포(貝塚, 1992) 빙기에는 빙하가 확대되고 해수면과 해수온의 낮아져 해안선은 단조로웠다. 후빙기(현재)와 간빙기에는 해수면이 상승하여 리아스 해안과 피오르 해안을 만들고 산호초 분포 지대가 확대되었다. 건조 지대의 해안이 리아스 해안이 아닌 것에 주의하기 바란다.

아타카마 해안과 아프리카 서안의 사하라·나미브 해안에 리아스 해안이 없는 것은 이 때문이다. 그림 5.29에는 해안 사막의 성인으로 중요한 풍계를 표시했고, 또 바다 수온에 의해 북한계와 남한계가 결정되는 산호초의 개략적인 분포도 나타냈다(현재와 최종 빙기의 건조 지대와 산호초역의 구체적인 분포는 그림 7.9 참조).

(3) 암석 해안과 사질 해안에서의 파랑의 작용

암석 해안은 일반적으로 침식이 진행되는 장소이고, 사질 해안은 퇴적에 의해 만들어지나 때로는 침식도 받는 장소이다(그림 5.30). 파랑에 의한 침식·운반의 힘은 해안에서의 충격력·흡인력, 파저에서의 마찰력으로 나누어진다. 일반적으로 파랑의 에너지는 대략 파고 H에 비례하므로 충격력·마찰력도 H의 함수로 근사화한다.

해안의 암석이 파랑에 의해 파괴되는 강도는 압축 강도에 비례하는 것으로 알려져 있다. 인장 강도도 관계하나 압축 강도에 비해 훨씬 작다. 압축이든 인장이든 암석의 강도는 화성암·변성암의 암질 또 퇴적암이라면 암질과 연대에 의해 크게 달라진다. 해식애의 하부가 파랑에 의해 침식되고 상부는 무너져 내려 해식애가 후퇴하는 속도는 이런 암질과 연대에 관계한다.

해식애가 후퇴한 후에는 파저에서 유수와 쇄설물이 기반을 마모하여 파식대로 불리는 평탄한 침식면이 남게 된다. 파식대의 깊이는 보통 10~20m 이내이고 이보다 깊은 곳에는 모래와 진흙의 퇴적면(퇴적대)이 만들어진다(그림 5.30). 이 깊이를 파식 기준면(surf base)이라고 한다. 파식 기준면의 위치는 파랑과 암질, 시간에 따라 깊어지기도 하는데, 미고결 화산 쇄설류의 퇴적물에서는 40~50m에 달한다는 사례도 보고되고 있다

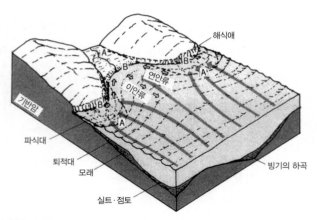

기반암

해식애

A

B

B

연안류

이안류

B

A

B

A

파식대

퇴적대

모래

실트·점토

빙기의 하곡

그림 5.30 곶을 둘러싸는 암석 해안과 만 안의 사질 해안(貝塚, 1992) 해저가 얕아지면 파랑이 굴절하여 곶에 집중된다. 또한 곶으로부터 만으로 향하는 연안류가 생겨 모래가 만으로 운반된다. 파선 A-A-A는 과거의(일본에서는 수천 년 전인 경우가 많다), 실선 B-B-B는 현재의 해안선. 만은 본래 골짜기였던 곳 (빙기의 골짜기)이 침수되어 생겼다.

(Sunamura, 1992). 이와 같이 침식이 미치는 한계를 일반적으로 파랑 침식 한계심(wave base)이라고 한다.

한편, 빙하성 해수면 변동에 의해 해수면이 최종 빙기부터 후빙기에 걸쳐 크게 상승했다. 유럽에서는 프랜들(Frandel) 해진, 일본에서는 유라쿠초 (有樂町) 해진이라고 한다(후자의 어원은 8장 1절 1항 참조). 현재의 해수면 높이에 도달한 것은 약 6,000년 전이다. 따라서 해도를 사용하여 해식애부터 기반암으로 이루어진 파식대 선단까지의 폭을 측정하면 약 6,000년 동안 진행된 해식애의 후퇴량을 구할 수 있다. 그림 5.31에 일본 각지에서 구한 해식애 후퇴량을 큰 값부터 순서대로 늘어놓고 암질과 연대 등을 같이 나타 냈다. 결정질 암석(화성암·변성암)은 퇴적암에 비해 후퇴량이 작고, 퇴적암 은 연대에 따라 후퇴량의 자릿수가 달라질 만큼 차이가 있음을 알 수 있다.

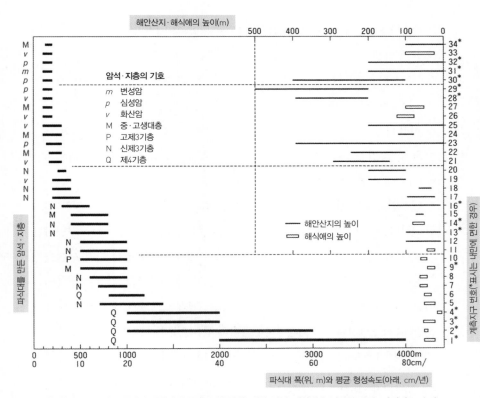

그림 5.31 일본열도 각지의 파식대의 폭과 구성 암석, 해안 산지·해식애 높이와의 관계 파식대는 수심 10m보다 얕은 것의 폭을 표시했는데, 20m보다 얕은 것의 폭은 거의 2배가 된다. 이 폭은 1/10만보다 대축척의 해도 또는 해저 지반도에서 계측했다. 파식대의 폭과 암석·지층과의 관계는 상관이 높지만 해안 산지의 높이와의 관계는 분산된다. 해식애 높이가 100m 이내인 것은 단구애의 경우가 많다. 파식대의 평균 형성 속도는 후빙기의 해수면이 거의 현재 수준에 도달한 5,000년 전부터 현재까지의 연수로 나누어 표기되어 있다.

(4) 해안선의 동적 평형

그림 5.30과 같은 리아스 해안에서 곶이었던 암석 해안 쪽이 점차 후퇴하고 만입부였던 곳은 하천의 퇴적물과 곶에서 생긴 침식 물질로 메워진다고 하면 이때 해식 속도와 매립 속도는 배후 육상의 지형 물질의 침식을

받기 쉬운 정도에 따라 크게 달라진다. 현재 일본의 해안선을 따라 들쭉날쭉한 해안과 평활한 해안이 모두 나타나지만, 유라쿠초 해진이 시작되었을 무렵에는 모든 해안이 들쭉날쭉한 리아스 해안이었다. 그러다가 지금과 같은 해안으로 변화되었는데, 이는 지형 물질에 근거하여 설명할 수 있다(이런 사실은 오츠카大塚, 1933에 의해 처음으로 언급되었다). 지형 물질의 차이에 따른 침식 속도의 차이를 나타낸 것이 그림 5.31로 구체적인 내용은 8장 1절에서 언급하겠다.

해수면과 육지가 안정되어 있다면(이수·침수가 없다면) 해안선이 점차 평활해진다는 사실은 과거부터 알려져 있었는데, 연대 측정이 가능해지면서 약 6,000년 전의 유라쿠초 해진 이후 발생한 해안선 변화에서 이런 사실을 확인할 수 있게 되었다. 일본에서 육상 지질이 제4기층으로 이루어진 곳의 해안선은 평활하다. 또한 해안으로 공급된 다량의 토사가 해안선을 따라 운반되는 곳(예컨대 덴류天龍천 하구 동쪽의 엔슈遠州탄 해안, 니가타新潟 해안, 구쥬쿠리九十九里 사빈[19])에도 평활한 해안이 나타난다.

이들 외해에 면한 평활한 해안선에서 토사의 공급과 외해로의 배출이 동적 평형에 도달했는지 여부는 확실하지 않으나 동적 평형에 근접했던 곳이 많았을 가능성은 있다. 그 하나로 해안선을 따라 동시에 만들어지는 비치 릿지의 지형 연구를 통해 바다 쪽으로 해안선의 전진 속도가 느려지고 있는 사례(예를 들면, 니가타 평야, 아키다秋田 평야, 구쥬쿠리 사빈 등에 대한

---

19 구쥬쿠리 사빈은 지바(千葉)현 동부의 태평양 연안에 면한 일본 최대의 사질 해안으로 길이는 66km에 달한다. 일본 최대 하천인 도네(利根)천 하구에서 유출된 토사와 구쥬쿠리 평야 동쪽에 인접한 해식애인 보뷰가우라(屛風ケ浦) 등에서 침식으로 발생한 토사가 운반, 퇴적되어 형성되었다. 유사 이래 지속적인 해퇴 발생 해안이었으나 현재는 해퇴가 멈춘 상태이며 오히려 사빈의 감소가 발생하고 있다. 이는 퇴적 토사의 공급원인 도네천의 하천 정비와 해안 침식을 막기 위한 구조물의 설치로 토사의 공급이 감소한 결과이다.

Moriwaki, 1982; 최근의 구쥬쿠리 사빈에 대한 宇多, 1996) 혹은 메이지[20] 이후 약 100년간의 지형도와 항공 사진의 비교로부터 후반기에는 일본 전역에서 육지 쪽으로 해안선의 후퇴가 늘고 있다는 사례(이는 댐에 의한 토사의 저류에 부합한다)가 있기 때문이다(小池, 1987). 해안선의 동적 평형은 하천의 경우와 마찬가지로 시·공간적 스케일에 대응하여 생각해야 하지만, 실제적(공학적) 문제와 연결되는 까닭에 평가의 중요성이 있다.

8. 생물과 인간에 의한 지형 개변

생물과 인간이 지형을 바꾸는 작용은 직접적인 것과 간접적인 것이 있다. 직접적인 작용은 예컨대 산호충이 산호초라는 지형을 만들거나 인간이 산을 깎아 평지를 만들고 해수면을 매립하는 등의 작용이다. 간접적이라는 것은 예컨대 식생의 유무와 종류에 따라 침식이 가속 또는 완화될 수 있고 또 인간이 식생을 벌채하고 불을 놓음으로써 같은 효과를 주는 것으로 5장 6절 4항에서 언급한 아이슬란드의 사례가 이에 해당한다.

이런 직·간접적인 생물과 인간에 의한 지형 개변의 방식과 정도는 지구의 역사와 함께 변화했으며, 제4기에 들어와 그 원인으로 기후 변동과 인간 활동의 영역과 강도가 현저하게 커졌다. 특히 서구 문명의 세계적 확대가 지형을 포함하여 자연의 개변에 미친 영향은 크다. 그 구체적인 발현으로 대형 토목 기계에 의한 지형 개변과 대형 댐의 건설을 들 수 있다. 이 절에서는 제4기의 자연과 인간 활동 영역의 변화를 시·공간도의 형태로

---

20 메이지 시대는 1868년부터 1912년까지 44년간을 가리킨다.

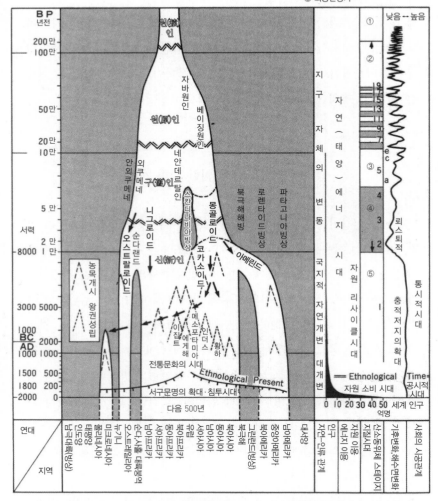

그림 5.32 인류사·자연사의 시·공간 다이어그램(貝塚, 1997a) 자연 자체의 변화에 더해 인류사와 서구 문명의 토지 석권을 그렸다.

그림 5.32에 제시하고 약간의 설명을 곁들이는 것으로 마무리하겠다.

이 그림의 구조는 세로축이 시간으로 오래된 과거는 눈금을 개략적으로 표시했다. 가로축은 지구상의 위치로 축 아래에 지역을 나누어 배정했으며, 인류가 거주하는 영역인 외쿠메네[21]를 안외쿠메네보다 넓게 표시했다. 시간 축에서는 기후 변화·해수면 변화의 곡선(이른바 밀란코비치 사이클을 나타낸다)을 주목하기 바란다. 앞에서 언급했듯이 대략 70만 년 전부터 지금까지 진폭이 크고 명료한 약 10만 년 주기로 기후 변화가 나타난 시대를 빙하 제4기라고 부른다. 80만~12만 년 전 사이에 7회의 간빙기·빙기가 있었다. 12만~1만 년 전 사이(최종 간빙기와 최종 빙기)가 간빙기·빙기의 하나이며, 홀로세(1만 년 전까지)는 최신의 간빙기·빙기가 시작하는 부분에 해당한다. 여기가 보통 말하는 역사 시대이다.

제4기를 기후 변화·해수면 변화와 인류의 발전으로 특징지을 수 있는 시대라고 해도 기후 변화가 특히 현저했던 곳은 고위도·중위도 지역이며, 저위도 지역에서는 변화가 크지 않았다(그림 7.1 참조). 해수면 변화가 인류의 분포 확대에 크게 영향을 미친 것은 대륙붕이 넓은 곳으로 순다랜드와 베링지아는 빙기에 육화되었다. 최종 빙기부터 후빙기에 걸친 기후의 완화와 함께 식생은 분포를 넓혔고 인류도 거주지(외쿠메네)를 확대했다. 이어서 농업(곡물 재배)이 시작되었고 중위도 반건조 지역에서는 빙기에 분포역이 확대되었던 뢰스(그림 5.22)가 농업과 목축의 정착을 토양 면에서 떠받쳤을 것이다. 중위도와 저위도에서는 후빙기의 해수면 상승과 강수 증가로 하천의 범람이 잦아져 충적 저지라는 형태의 농업 기반이 확대되었다.

---

21 외쿠메네(ökumene)는 지구상에서 인류가 장기적으로 거주할 수 있는 지역이다. 사막, 설선 위 고산 지대, 극지 등 안외쿠메네(anökumen)를 제외한 전 지구 육상의 약 87%를 차지하고 있다.

이런 시·공간도를 작성함으로써 깨닫는 것은 보통의 지구사와 세계사 혹은 세계 지리에서의 시대 구분과 지역 구분이 이 그림의 구분으로는 (반드시) 적당하지 않다는 것이다. 예를 들면, 약 1만 년 전 즉 플라이스토세와 홀로세의 경계가 중요하고 또 구대륙과 신대륙의 구별도 중요할 것이다. 그러나 그림 속 ethnological time(민족학적 시한)과 ethnological present(민족학적 현재, 이는 대항해 시대의 민족학자가 당시의 것을 현재형으로 기술하고 있는 것에서 유래)는 이 그림에서 제1급의 시대 경계일 것이다. 이런 종류의 시·공간도를 작성하게 된 계기는 실은 이즈미(泉, 1970)[22]의 『대항해 시대 직전의 세계(大航海時代直前の世界)』에서 ethnological time이라는 용어를 발견했기 때문인데, 제1급의 경계가 될 필연성이 있다고 할 수 있을 것이다. 지금으로부터 500년 전 서기 1,500년경은 서양 문명이 세계를 석권하기 전에 아직 전통적 문화가 또렷이 각각의 특징을 유지하고 있던 시대라고 할 수 있다.

이 시한을 경계로 서양 문명이 지형에 미친 영향은 간접적인 것까지 포함하여 지구 표층의 기권·수권·생물권으로부터 암권에 이르는 모든 권역에 걸쳐 있으며, 특히 하천과 해안에서 집중적으로 나타나고 있다. 지형 개변은 물의 이용, 홍수 제어, 수로·항만 정비, 간척, 매립지 조성 등을 목적으로 대규모 토목 기계에 의해 공공사업으로 시행되는 일이 많다. 개변의 밀도는 국가에 따라 차이가 큰데, 일본은 특히 고밀도 국가이다. Sabo(사방)라는 말이 국제적인 용어가 되었다. 이제는 일본의 하천과 해안에서 자연 그대로의 하천과 해안은 드물어졌다(小池, 1997). 일본에서는 1980년에

---

22 이즈미 세이치(泉靖一, 1915~1970)는 도쿄대학 동양문화연구소 소속 교수로 일본의 대표적인 문화인류학자이다. 1930년대 제주도의 모습을 담은 문화인류학 보고서 『제주도(濟州島)』를 1966년에 간행했다.

지형학·토목 공학·사방 공학·해안 공학 등 지형학과 관련된 연구자·기술자가 일본 지형학 연합(JGU)을 발족했는데, 과거의 지형 개변에 대한 평가를 포함하여 해야 할 역할이 많다. 이 기관에서 제공하는 간행물에는 본서 머리말에서 소개한 전문 학술지 『지형(地形)』 외에 『JGU 지형 공학 시리즈』[23] 등이 있다.

---

23 시리즈 1편은 1996년 『지형학으로부터 공학으로의 제언(地形學から工學への提言)』이라는 제목으로 출간되었으며, 지형학적 시점이 토사 재해와 해안 침식 문제를 생각하는 데 어떻게 도움이 되는지에 대한 5편의 논문으로 구성되어 있다. 이어서 1998년에는 하천, 충적 저지, 호소, 해안 등의 환경 보존에 초점을 맞춘 6편의 논문으로 구성된 『수변 환경의 보존과 지형학(水辺環境の保存と地形學)』이 출간되었다

6장
외래 작용에 의한 지형

1. 충돌 크레이터

지구에서는 내·외적 작용이 활발하게 진행되므로 지구 바깥에서 기원한 고체 물질(소행성, 미소 천체, 혜성, 운석 등 여러 가지로 불린다)에 의한 충돌 크레이터는 그 원형을 오래 유지하기 어렵다. 지금까지 지구에서 발견된 충돌 크레이터의 흔적은 140개 정도인데(Grieve and Shoemaker, 1995), 대부분 원형을 유지하고 있지 못하고 많은 곳이 침식 지형(암석 제약 지형)으로서 그 존재가 알려졌다.

그러나 태양계의 지구형 행성과 달에서 가장 보편적인 지형은 충돌 크레이터이다. 충돌 크레이터(이하 간단히 크레이터라고 하겠다)의 형태에 관해서는 달 탐사로 얻은 지식이 중요한 기초가 되었다. 충돌은 그림 1.3에 나타냈듯이 지구형 행성의 탄생 초기에 많았던 것으로 알려져 있다. 따라서 지구에도 크레이터가 많았던 시기가 있었음에 틀림이 없다.

또한 크레이터의 명칭은 처음 달을 향해 망원경을 들었던 갈릴레오가 달 표면의 원형 와지에 그리스어로 컵 혹은 밥공기를 의미하는 크레이터를 붙인 것에서 유래한다.

(1) 충돌 크레이터의 형성

고속의 소천체가 고체 표면에 충돌하면 운동 에너지($0.5MV^2$, M은 질량, V는 속도)는 충격파가 되어 지표 물질을 파괴하고, 열과 파동 에너지가 되어 지표에 크레이터를 만든다. 이는 화산의 폭발적 분화와 흡사한 면도 있으나 보존이 좋거나 다른 증거, 특히 고압 변성 광물이 존재하면 구별할 수 있다.

충돌 프로세스는 1분 이내의 극히 단시간에 끝나는 것으로 보고 있다. 이 프로세스는 세 단계로 구분된다(水谷, 1980). (1) 압축 단계: 소천체가 지면에 박히면 충격파(압축파)는 그 반발로 팽창파를 낳는다. 팽창파는 암석의 파괴 강도보다 훨씬 커서 암석을 고온·고압에 노출시키고 동시에 팽창에 의해 충돌 지점에서 바깥쪽으로 지표 물질을 날려 보낸다. 이것이 (2) 굴삭 단계이다. 굴삭으로 인해 물질은 주변으로 비산되어 고리 모양의 고지대를 만들고 또 멀리까지 비산된 물질이 2차 크레이터를 만든다. 이후 (3) 변형 단계가 이어진다. 변형에는 여러 작용이 포함되고 걸리는 시간도 다양하다. 예를 들면, 중력 등에 의한 크레이터 내벽의 붕락, 풍화·침식에 의한 벽면의 변화와 크레이터 바닥의 퇴적에 따른 매몰 등이다. 대형 크레이터가 형성되면 지각이 얇아지고 감소한 하중 때문에 아이소스타시에 의한 상승이 일어난다. 또한 충돌 직후 또는 시간이 지나 크레이터 바닥에서 화산활동이 일어나 용암이 유출하는 일도 있다(10장 1절 참조). 게다가 나중에 생긴 충돌 크레이터에 의한 파괴·매몰과 단층으로 인한 지구조적인 변형도 발생할 수 있다.

장기적으로는 크레이터와 그 주변 일대의 삭박에 따른 암석 제약 지형이 형성되고 때로는 크레이터 전체가 매몰되거나 다시 삭박이 일어난다. 따라서 달과 수성 같이 대기가 없고 유수와 풍화에 의한 침식이 없더라도 오래된 크레이터일수록 형태가 불명료해진다. 6장 3절에서 언급하겠으나 지구상의 충돌 크레이터의 1/3은 형성 연대가 5,000만 년 이내로 젊고 그 가운데 반은 직경이 20km 이상으로 큰데 이는 형성된 이후에 침식을 받았기 때문이다. 어느 정도라도 원형을 유지하고 있는 것은 10개 정도밖에 되지 않는다.

(2) 크레이터의 분류

크레이터의 분류는 주로 달 사례에 근거하여 다음과 같이 이루어지고 있다. 크레이터는 직경(D)이 수cm인 것부터 2,000km를 넘는 것까지 다양하다. 크레이터의 지형은 크기와 관계가 있어 직경이 커지면서 다음과 같이 변화한다(水谷, 1980).

(1) 밥공기 모양의 크레이터: 얕은 밥공기 모양으로 달에서는 직경이 15km를 넘지 않는다. 깊이 d는 대부분 2km 이하이고 d/D의 평균값은 1/5 정도이다.

(2) 바닥이 평평한 크레이터: 달에서는 직경 10~50km의 크레이터에 나타나며 평평한 바닥을 지닌다. d/D는 1/5~1/30의 범위를 보인다.

(3) 중앙구(中央丘)를 지닌 크레이터: 달에서는 직경 10~180km의 크레이터에 나타나며 직경이 50km를 넘는 신선한 크레이터는 대부분 이 유형이다. 중앙구의 직경과 높이는 크레이터의 직경과 함께 증가한다.

(4) 다중 환상 크레이터: 2개 이상의 동심원 모양의 고리를 지닌 유형으로 직경 60km 이상의 크레이터에서 많이 볼 수 있다. 최대 직경은 1,000km를 넘는다. 달에서는 보통 직경이 300km를 넘는 크레이터를 분지(basin)라고 부른다.

위에서 언급한 유형과 직경의 관계는 달의 크레이터 자료에 근거한 것으로 다른 행성에서는 약간의 차이가 있다. 또한 크레이터의 지형도 구성 물질과 형성 환경(물이 있던 곳에서 만들어진 것도 있다), 대기의 밀도, 중력의 크기 등에 따라 달라지는 것으로 보인다. 중앙구와 다중 고리의 성인은 충돌 시 특별한 메커니즘이 관련된 것으로 보이며, 달의 동쪽의 바다(Mare Orientale)에 대한 모델이 알려져 있다(Wilhelms, 1987).

지구의 오래된 크레이터는 대부분 암석 제약 지형으로 볼 수 있는데, 중앙구 주위에 환상의 요지형이 나타나는 경우(사진 6.1은 일례)가 많은 것으로 보아 환상으로 침식되기 쉬운 곳이 틀림없이 있는 것 같다. 이 부분은 앞에서 언급한 분류에서 중앙구를 둘러싼 환상 저지에 해당하는 것으로 보인다. 중앙구는 지하 물질이 상승하여 만들어지기 때문에 침식 과정에서는 주변보다 침식되기 어려운 것으로 생각할 수 있다.

2. 크레이터 연대학

달의 크레이터 분포를 보면 월면의 지역에 따라 차이가 크다. 바다에는 분포가 성글고 고지에는 조밀하며 또 바다에는 큰 크레이터가 적다(사진 11.1). 1970년대에 크레이터의 분포 밀도와 아폴로 우주선이 갖고 돌아온 시료로부터 알게 된 월면 연대와의 관계를 연구하여 달의 크레이터 연대학이 확립되었고, 같은 방법이 다른 고체 행성에도 적용되고 있다. 크레이터의 밀도는 지형면의 대비에 도움이 되어 정성적으로는 2장 2절 1항에서 언급한 지형의 신구 판정 원칙의 5)로서 이용할 수 있고, 정량적으로는 아래에서 설명하듯이 지형면의 절대 연대를 알아내는 데 도움이 되고 있다.

(1) 크레이터의 크기와 수의 관계

어떤 지형면에 대해 크레이터의 직경(D)과 직경별 크레이터의 수(N)를 구하고, D와 N을 로그 그래프의 가로축과 세로축으로 놓으면 그림 6.1과 같이 D와 N 사이에는 직선 관계가 성립하여 다음과 같이 쓸 수 있다.

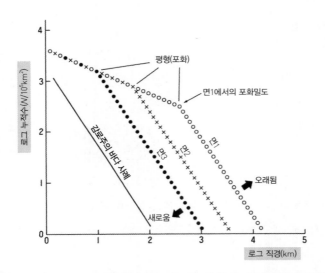

그림 6.1 크레이터 크기와 수의 관계(Greely, 1994의 모식도에 감로주 바다 추가) 오래된 월면에서도 새로운 월면에서도 크레이터의 직경과 수의 관계는 변하지 않는다. 이 관계는 $logN=-alogD+b$로 나타나며, 감로주 바다의 경우에는 $a=+2.0$, $b=+3.6$. 네 선의 구배는 변하지 않으며, a는 거의 두 배가 되고 있다. 월면이 오래될수록 직경이 큰 크레이터도 작은 크레이터도 모두 증가한다.

$$\log N = -a \log D + b \text{ 또는 } N = bD^{-a}$$

감로주 바다에서 a는 2.0, b는 3.6이다. a가 2이므로 D가 1/10이 될 때마다 N은 100배로 증가한다. 이 관계는 달 대부분의 지형면에서 성립하여 면이 오래되면 기울기 a는 변화하지 않고 직선만 그래프의 오른쪽으로 평행 이동한다(b가 커진다). 즉 면이 오래될수록 직경이 큰 크레이터가 나타난다. 크기와 수 사이에 보이는 이런 종류의 관계는 지진 규모의 빈도 분포나 암석 또는 유리가 파괴될 때 생기는 파편의 빈도 분포에서도 알려져 있으며, 일반적으로 파괴 현상에 공통으로 나타난다. 충돌한 소천체의 크기 분포도 이 규칙을 따르는 것으로 생각된다.

(2) 크레이터의 포화(평형) 현상
월면의 고지와 같이 지형면 전체가 크레이터로 덮여 있는 곳에서는 크레이터의 포화 현상이 생겨 $\log N = -a \log D + b$의 직선 관계가 나타나지 않는다. 그림 6.1에서 세 평행선이 중간에 꺾여 있는 것이 이를 보여준다. 크레이터의 밀도가 충분히 커지면 오래된 크레이터가 새로운 크레이터에 의해 파괴(침식)되기 때문에 밀도는 증가하지 않고 크레이터의 신생과 소멸이 평형에 도달하는 것이다. 이 밀도를 평형 밀도라고 한다. 평형 밀도에 도달한 시점의 직경(De)은 지형면의 연대마다 다르며 오래된 지형면일수록 De가 크다. 포화에 도달한 D-N 선은 같은 직선 위에 늘어서는 것으로 알려져 있다.

(3) 월면 연대와 크레이터 밀도의 관계
월면의 크레이터 생성률은 달이 형성되고 나서 크게 변화했다. 이런 사실은 1970년 전후 아폴로 계획으로 채취한 암석 시료로 월면 각지의 연대를 측정하게 되면서 밝혀졌다. 시료가 채취된 지역마다 지형면의 연대와 크레이터 밀도가 측정됨으로써 그림 6.2의 그래프가 작성되었다. 그 결과 달 탄생 초기에는 크레이터 생성률(소천체의 충돌)이 대단히 높았으나 그 이후 급속하게 감소했음이 밝혀졌다.

　이런 지식에 근거하면 크레이터 밀도로부터 그곳의 월면 연대를 측정할 수 있다. 그림 6.3은 크레이터의 직경과 단위 면적당 크레이터 수를 각각

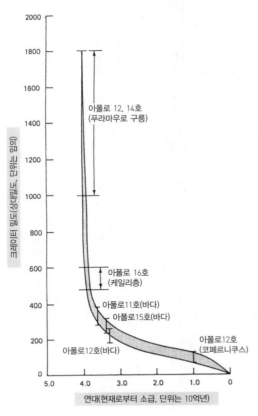

그림 6.2 월면에서 충돌 크레이터의 밀도와 그곳의 연대와의 관계(Soderblom *et al.*, 1974 원도, Greely, 1994 인용) 연대는 아폴로 계획으로 채취된 다수의 암석 시료에 근거한다. 달의 역사 초기에 밀도가 높고, 그 이후 급속하게 작아진다. 아폴로의 착지 지점은 그림 10.2 참조.

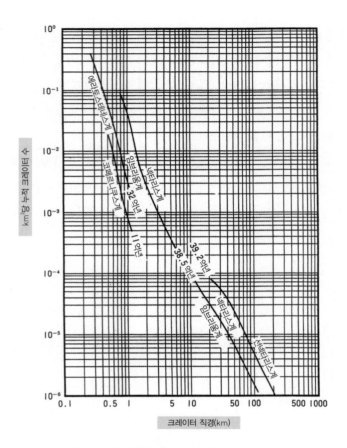

그림 6.3 크레이터 밀도로부터 연대를 산출하는 그래프(Wilhelms, 1987을 간략하게 작성한 小山·白尾, **1995의 그림)** 일정 직경 이상 크레이터의 단위 면적당 개수를 세고, 이 그래프에 맞춰봄으로써 그 지역의 크레이터 밀도 연대(그림 안에서는 달의 지질 시대명에 따라 표시되어 있다)를 구할 수 있다. 오래된 지역의 연대 결정에는 장기간 보존된 큰 크레이터를 이용한다. 젊은 지역에는 큰 크레이터가 드물기 때문에 작은 크레이터를 이용한다. 그래프 안의 굵은 선은 지질 시대의 경계를 나타낸다. 이들 연대의 수치를 근거로 경계선을 내삽하여 대략적인 연대를 구할 수 있다.

가로축과 세로축으로 놓은 로그 그래프이며, 이 그래프에 계측한 크레이터의 수를 표시하여 그곳의 월면 연대를 추정할 수 있다. 단, 2차 크레이터는 계측에서 제외해야 하는 것에 유의해야 한다.

3. 지구에서 볼 수 있는 충돌 크레이터

현재 알려진 지구상의 충돌 크레이터는 약 140개이다(Grieve and Shoemaker, 1995). 그 분포는 그림 6.4와 같이 안정 대륙에 많고 변동대에 적다. 원래의 지형이 남아 있는 경우는 극히 적고, 형성 연대로는 그림 6.5 와 같이 젊은 지질 시대에 생긴 것이 많은 이유는 오래된 것이 남아 있지 않기 때문으로 볼 수 있다. 직경 20km 이상의 크레이터를 대상으로 직경

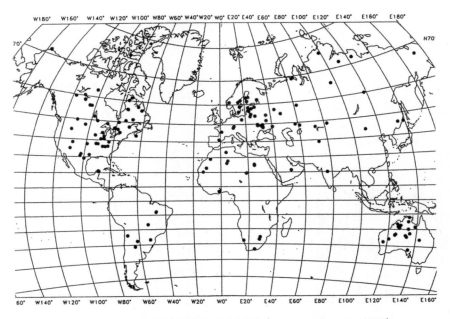

그림 6.4 지구상에 알려져 있는 충돌 크레이터의 분포(Grieve and Shoemaker, 1995)

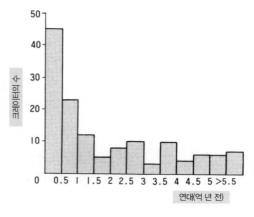

그림 6.5 지구상의 충돌 크레이터 연대와 수의
관계(Grieve and Shoemaker, 1995)

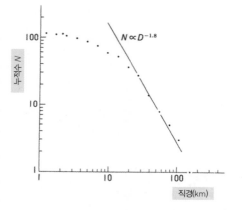

그림 6.6 지구상의 충돌 크레이터 직경과 누적
수의 관계(Grieve and Shoemaker, 1995)

(D)−누적 수(N)의 그래프를 작성하면 그림 6.6과 같이 $N \propto D^{-1.8}$이 된다. 지수 −1.8은 달에서의 지수 −2에 가깝다. 그러나 20km 이하의 크레이터에서는 이 직선 관계가 나타나지 않는데, 이는 발견되지 않았거나 내·외적 작용으로 소멸되어 버린 것이 많이 있음을 시사한다.

크레이터의 직경(D)과 충돌 물체의 직경(d)의 비는 충돌 속도와 비중 등이 거의 같을 경우 지구 중력 아래에서는 실험상으로 20:1이므로(水谷, 1980) 알려진 최대급 크레이터(약 200km)에 대한 d는 약 10km로 추정된다.

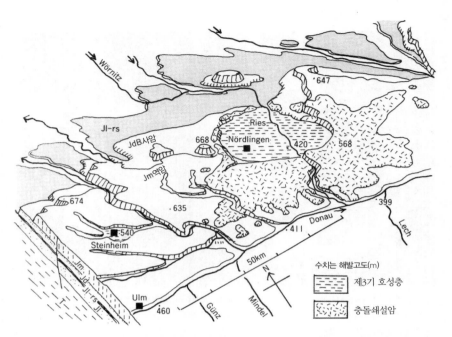

그림 6.7 독일 남부 뮌헨의 북서쪽 약 60km에 위치하는 리스 지방에서 볼 수 있는 두 개의 충돌 크레이터 지형(Gall, 1983 원도; Bremer and Späth, 1989 간략화) 리스(Ries) 분지와 스타인하임(Steinheim) 분지. 모두 마이오세에 만들어졌으며, 호소성 제3기층이 퇴적했다. J: 쥐라기층(Jm: Malm, Jd: Dogger, Doggers, Jl-rs: Lias Rhat Sandstein, Jl: Lias), T: 트라이아스기층.

백악기~제3기 경계(65Ma)의 대멸종[1]을 일으킨 것으로 알려진 유카탄 반도의 칙술루브(Chicxulub) 크레이터의 직경은 180km이다.

충돌 크레이터의 원형을 잘 남기고 있는 사례로는 미국 애리조나주의 베링거(또는 운석) 크레이터(직경 1.2km, 약 5만 년 전)가 유명하며, 독일 남부의 2개의 크레이터(그림 6.7)는 마이오세의 것인데도 형태가 잘 남아 있

---

1 지구사의 5대 대멸종(mass extinction) 가운데 가장 최신인 중생대 백악기에서 신생대 제3기로 넘어가는 약 6,500만 년 전에 발생한 사건으로 보통 K-T(또는 K-Pg) 대멸종이라고 부른다. 새를 제외한 공룡이 멸종했고 이후 포유류와 속씨식물이 크게 번성하기 시작했다.

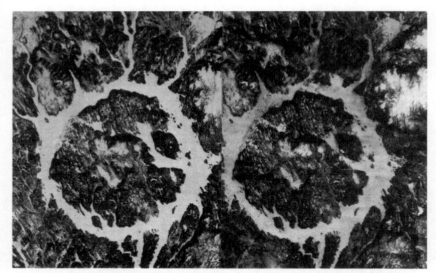

사진 6.1 마니쿠아간(Manicouagan) 크레이터(캐나다 퀘벡주)의 실체시 사진(랜드샛 1호 촬영) 직경 65km의 원형 호소에 둘러싸인 중앙 구릉(높이 180m)이 있으며, 유리질 용결암으로 구성되어. 호소는 수력 발전용 저수지로 이용되고 있다.

다(일본에서는 생각할 수 없는 일이다). 리스 분지는 직경 24km로 15.1Ma에 만들어졌고 스타인하임 분지는 직경 3.8km로 14.8Ma에 형성되었다. 두 크레이터 모두 제3기의 호성층에 매몰되어 있으며, 리스 분지 주변에는 충돌 방출물(용결 응회암과 흡사한 각력암)이 남아 있다. 또한 리스 분지에는 직경 11km의 내부 고리 구조가 나타나고, 스타인하임 분지는 규모는 작으나 중앙구를 갖고 있다. 두 크레이터의 형성 연대가 오차 범위에서 일치하는 것(14.7±0.7Ma)으로 보아 위성을 지닌 소행성의 충돌로 인해 동시에 만들어진 것으로 생각된다.

　침식 지형으로서 지구상에 남아 있는 크레이터 지형에는 고리 모양의 요지를 가지고 있는 것이 많은 것 같다(예를 들면, 사진 6.1의 마니쿠아간호[2]).

요지대는 중앙부와 가장자리보다 침식되기 쉬웠을 테지만, 과연 이곳은 크레이터 원지형의 어디쯤 해당하겠는가.

---

2 마니쿠아간호(réservoir Manicouagan)는 캐나다 퀘벡주 중부에 소재하는 면적 1,942km²의 호소이다. 르네-레바즈르(René-Levasseur)섬을 둘러싸고 있는 고리 모양의 지형은 약 2억 1,400만 년 전에 지상에 떨어진 직경 5km의 운석에 의한 충돌 크레이터로 보고 있다. 호소와 중앙의 섬이 우주에서 뚜렷하게 보이므로 '퀘벡의 눈'으로 불린다. 충돌 당시에는 직경 100km의 크레이터였으나 침식과 퇴적으로 인해 현재는 직경이 72km로 줄어들었다. 크레이터의 중앙구인 섬의 최고봉 바벨(Babel)산은 충돌 후 아이소스타시에 의해 융기한 것으로 보고 있다.

제3부

지형 발달사의 구성과 모델

빙식곡이 모레인에 막혀 형성된 루이스호(캐나디언 로키스)

- 지구 표면은 본래 어떤 곳일까?
- 발달사의 소재 – 공간상의 분류와 시간상의 편년
- 지형 변화의 속도를 빈도·강도로부터 조사한다.
- 지형 환경의 변천과 지형 발달사
- 지형 발달의 각종 모델 – 앞으로의 기대를 담아서

7장
지형의 시·공 계열과
지형 변화의 속도

1. 지형학도와 지형 발달사의 구성

(1) 지형학도[1]

어느 지역의 지형을 연구하기 위해 특히 그 지역의 지형 발달사를 이해하고 기술하기 위해 지형학도의 작성으로부터 시작하는 경우가 많다. 지금까지 본서에서도 지형학도와 그 3차원 표시인 지형 블록다이어그램을 실었다. 모식적인 것도 있었고 더 구체적으로 나타낸 것도 있었으며, 지형 중에서 특정한 사상(예를 들면, 단구면과 소기복면)에 주목한 것도 있었다.

---

1 지형 분류도와 거의 같은 의미로 사용된다. 그러나 일본에서는 지형 분류도가 지형의 일반적인 분류와 응용을 목적으로 제작되는 반면 지형학도는 지형의 성인이나 형성 연대 등 지형학적 주제를 표현하기 위해 보통 대축척으로 제작되며, 지형 분류도와 달리 도면에 모든 지형이 전부 표현되지는 않는다.

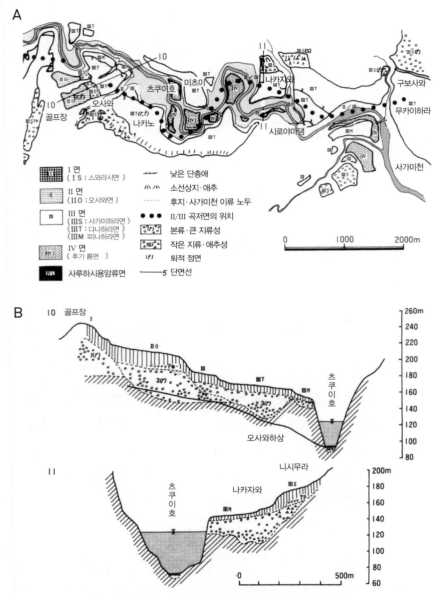

그림 7.1 사가미(相模)천 중류의 단구 지형 분류도(A)와 단구 횡단면도(B)(貝塚, 1986) 지형 발달사 연구의 기초 자료로서 작성한 지형학도의 일례. 1970년 4월 일본 지리학회 답사 자료에 가필한 것. 단구면의 연대(Ⅰ~Ⅲ)와 지층(1~4)은 지형과 그림 7.3의 화산회를 기준으로 구분했다.

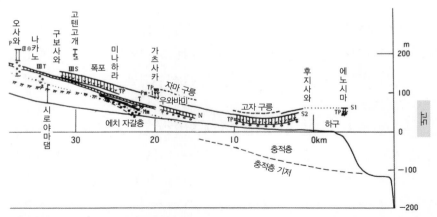

그림 7.2 사가미천 하류부의 종단면도(貝塚, 1986) 세로선은 간토롬, ∨∨은 열쇠 화산회층, 점과 흰 원은 사력층. ПП는 II/III의 매몰 곡저이며, 그림 7.14A의 검은 원에 해당한다. 고자(高座)구릉에 보이는 향사 구조는 그림 8.7의 하다노(榛野)·요코하마(横浜) 침강대에 해당한다.

이 절에서는 두세 가지 사례를 들어 지형학도를 설명하겠다.

비교적 대축척 지형학도의 사례로 사가미(相模)천[2]의 단구에 관한 도면을 제시한다(그림 7.1, 그림 7.2). 이 도면들은 환경 변천사라는 배경과 하천 작용에 대한 이해까지 포함하여 사가미천의 단구 형성사를 전체적으로 기술할 목적으로 작성한 것이다. 범례에 있듯이 단구면에 관해서는 형태 및 연대 구분과 함께 어떤 작용으로(본류에 의한 하안 단구인지 지류에 의한 하

---

2 사가미천은 도쿄 동쪽 야마나시(山梨)현의 후지(富士) 5호소 가운데 하나인 야마나카(山中)호를 수원으로 갖는 하천이다. 후지산 북록의 물을 모아 북서쪽으로 흐르다 후지요시다(富士吉田)시에서 북동쪽으로 유로를 바꾼 후 츠루(都留)시를 지나 오츠키(大月)시에서 동쪽으로 흐른다. 사가미호와 츠쿠이(津久井)호 2개의 인공호소를 지나 사가미하라(相模原)시에서 서서히 남동쪽으로 흐르다 아츠기(厚木)시에서 본격적으로 남류하여 사가미만으로 유입한다. 츠루시 상류에서는 후지산의 분화에 따른 분출물 관련 지형을 볼 수 있다. 오츠키시 하류에는 하안 단구가 분포하며, 사가미하라시 하류에는 사가미 평야가 발달한다. 하천 좌안에는 여러 단의 단구면을 지닌 사가미노(相模野) 대지가 펼쳐져 있다. 아츠기시 하류에는 자연 제방을 지닌 범람원이 발달하나 하구에 삼각주는 나타나지 않는다.

안 단구인지 또는 중력 작용에 의한 애추인지 등) 만들어진 것인지를 구분했다. 단구의 구성 물질과 두께도 전부 표현하는 것이 바람직하지만, 도면의 내용이 번잡해지는 것을 피해 대표적인 지점의 횡단면도를 보여주는 선에서 그쳤다.

야외조사 시에는 지형 분류도와 표층 지질도 2매를 작성하고 후자에는 지형 물질과 두께를 기입했다. 일반적으로 지질도에 평면도와 함께 단면도가 제시되지 않으면 층후와 구조를 잘 표현할 수 없는 것과 마찬가지로 지형학도에도 지형과 함께 관련된 물질의 구성을 나타내는 단면도가 필요하다. 단면도는 비고와 층후를 보여주고, 지형 변화를 연대순으로 밝히는 데도 편리하다. 하안 단구의 경우에는 하천을 따라 작성한 종단면도도 중요하다(그림 7.2). 이 도면에 지층의 두께도 표현했다. 이들 도면을 토대로 지형 발달사를 구성하게 되며 이때 다음 7장 1절 2항에서 언급하는 그림을 만들기도 한다.

지형학도는 이 사례처럼 지역의 지형 발달사를 읽어낼 목적으로 만들어지는 것이 일반적이지만, 다른 용도 예컨대 산지의 붕괴 프로세스를 나타내어 사방과 산지 재해를 경감시킬 목적으로 만들어지기도 한다. 지도에 일반도와 주제도가 있듯이 지형학도에도 일반도에 해당하는 것과 주제도에 해당하는 것이 있다. 또한 지형 발달사의 경과를 설명하고 이해를 도울 목적으로 만들어진 도면(뒤에서 소개한 것 이외에 블록다이어그램이 많다)도 있다.

(2) 지형 발달사의 구성

지형학도와 지질도가 지형 발달사의 공간 분포를 중심으로 도면으로 정리한 자료라고 한다면 이들을 토대로 시간 축을 따라 조직된 그림과 편년

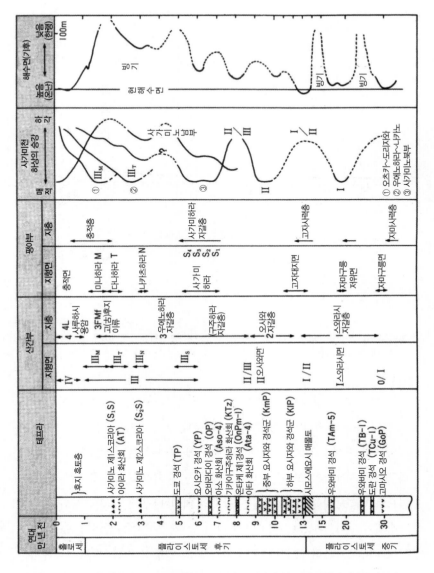

그림 7.3 사가미천 유역의 제4기 중·후기 편년(貝塚, 1986) 사가미천의 매적과 하각의 시기가 상류의 오
츠키(大月)~도리사와(鳥澤)부터 하류로 우에노하라(上野原)~나카노(中野), 사가미노(相模野) 북부, 사가
미노 남부와 어긋나 있는 것에 주의. 사가미노 남부의 곡선은 해수면의 변화 곡선과 비슷한데, 상류부에
서는 위상이 거꾸로 되어 있어 다른 원인(기후)이 작용하고 있는 것처럼 보인다.

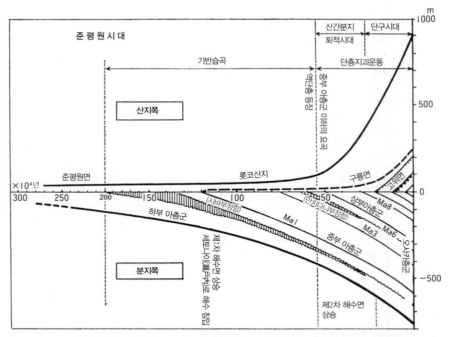

그림 7.4 롯코(六甲) 산지의 성장 곡선과 오사카만 쪽(오사카층군 퇴적 분지 쪽)에서 침강과 해수면 상승에 동반된 지층의 퇴적(藤田, 1983) Ma는 해성 점토의 약칭 기호(그림 1.5 참조).

표는 보다 더 발달사를 지향하여 작성한 자료라고 할 수 있다. 이 경우에 도 여러 종류의 정리법이 있으며, 그 가운데 두세 가지를 제시하겠다.

앞에서 소개한 사가미천의 하안 단구 발달사에서는 하천을 따라 몇 개의 장소에서 하상 고도가 어떻게 변화했는지 시간을 세로축으로 놓은 그림으로 나타냈다(그림 7.3). 일본 각지의 하안 단구에 대해 유사한 그림이 작성되어 있다. 이 그림을 보면 하천의 상·하류에서 하상의 고도 변화 양상이 매우 달라 하류에서는 해수면 변화의 영향이 컸던 반면 상류에서는 산지의 환경 변화로 인한 퇴적·침식이 발생했음을 추정할 수 있다.

어느 지역에서 지형의 고도 변천을 나타내는 데는 지사학적 자태(姿態)

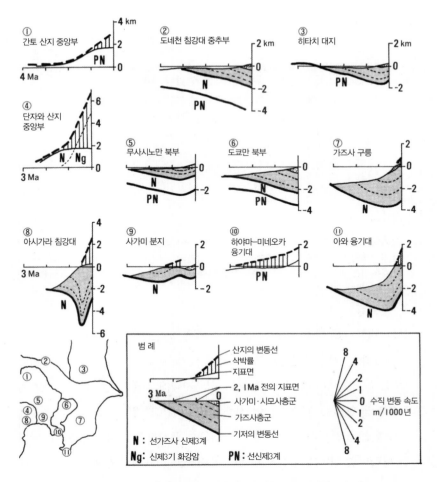

그림 7.5 간토 각지의 변동·퇴적·침식 과정도(貝塚, 1987 가필)

곡선과 산지의 성장 곡선이 도움이 된다. 오사카층군과 롯코(六甲) 산지의 지형면을 이용한 후지타(藤田, 1983)의 그림(그림 7.4)이나 모리야마(森山, 1990)의 연구를 토대로 혼슈 중부의 산지 성장 곡선이 제시되어 있다(貝塚·鎭西 편, 1995). 지사학적 자태 곡선과 산지의 성장 곡선을 결합하여

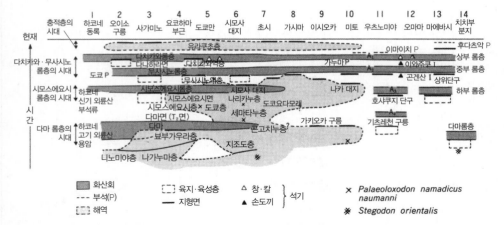

그림 7.6 간토 롬에 근거한 간토평야 제4기층 및 지형면의 편년(貝塚, 成瀨, 1958 수정) 지금 다시 작성한다면 상당히 달라질 수밖에 없으나 종합적인 제4기 시공간도의 첫 사례이므로 원래대로 실었다. 지금과 크게 다른 점은 시간 눈금이 없는 것, 롬층의 간격에 대한 평가(현재는 간격이 거의 없는 것으로 볼 수 있다) 그리고 다마(多摩) 롬층 아래쪽 모든 면.

3Ma 이후 간토 각지에 대해 작성한 그림을 그림 7.5로 제시한다.

　지사학적 자태 곡선이란 버브노프(S. v. Bubnoff, 1954)가 작성하고 미나토(湊, 1953)가 소개한 그림으로서, 어느 지역에 지질 주상도(지층의 연대와 두께를 알 수 있는 자료)가 있어 지층의 퇴적 심도를 알 수 있다면 가로축에 연대를 놓고 세로축에 연대별 퇴적 심도를 표시하여 작성할 수 있다. 이렇게 나타내면 기반의 수직적 변화를 알 수 있고 또 이 곡선과 그 장소의 해발 고도 등으로부터 산지의 수직적 변동과 함께 삭박 심도를 알 수 있다. 양자를 연결한 것이 그림 7.5이다.

　지형과 지층 등의 시·공 분포를 한 장의 도면으로 작성한 시간-공간 다이어그램도 지역의 지형 발달사를 정리, 고찰, 제시할 때 편리하다. 일례로 간토 평야의 제4기 후반에 대해 작성한 도면을 제시한다(그림 7.6). 이런 도면은 작성하는 중에도 편년상의 미해결 문제나 지형 발달의 조건과 원동력을 깨닫게 해준다.

2. 지형의 공간 계열과 그 변화: 기후-식생 환경의 경우

1장에서 개관하고 4장과 5장에서 유형별로 살펴봤듯이 지형은 내·외적 작용으로 만들어지고, 각각의 작용과 그 변화는 '지형 형성 환경'과 그 변화로 인해 야기된다. 개개의 지형을 다룰 때는 그렇다 치더라도 공간 시스템으로서 지형을 생각할 때는 변동 지형이든 기후 지형·해안 지형이든 지구 규모~지역 규모의 '지형 형성 환경'이 문제가 된다. 이미 대규모의 변동 지형을 다룬 4장 1절에서는 판 운동의 변화를 소개했고, 해안 지형에 관한 5장 7절에서는 제4기의 해수면 변화를 언급했다. 판 운동과 해수면의 변화는 내·외적 작용과 관련하여 중요한 지형 형성 환경이라고 할 수 있다. 이절에서는 주로 육상에서 진행되는 외적 작용과 관련된 지형 형성 환경으로서 기후-식생 환경과 그 변화를 소개하겠다.

육상의 지형 형성 환경으로서 가장 중요한 인자는 기후-식생 환경, 본래의 지형(원지형) 그리고 지형 물질(조직과 구조)일 것이다. 특히 지구 규모의 지형 형성 환경으로는 기후-식생 환경이 중요하다. 세계의 기후 지형구로 불리는 몇 개의 지도가 만들어져 있는데, 이들은 지형의 관점에서 바라본 기후-식생 환경에 대한 구분도라고 해도 좋다. 이때 문제가 되는 것은 현재 보이는 지형 중에는 규모와 지역에 따라 형성 기간이 10^7년의 것도 있거니와 10^5년, 10^4년 또는 더 단기의 것도 있다는 사실이다.

현재의 지형 형성 환경으로 잘 알려진 것은 고작해야 100년 이내이며, 기후-식생 자체도 잘 알려진 것은 과거 100년 정도이다. 따라서 특정한 지형 유형을 낳은 기후-식생 환경을 명시하기 쉽지 않으므로 지형의 기후-식생 환경도를 작성할 때는 시기를 달리하는 그림이 필요하다. 구체적으로 말하면 제4기의 빙기와 간빙기의 기후-식생 환경도를 구별해야 하며, 제3기와 그 이전의 기후-식생 환경도는 대륙 이동을 고려하여 작성해야 한다. 시대에 앞서 만들어진 것이 베게너가 대륙 이동설을 뒷받침하기 위해 만든 고지리-고기후도이다(Wegener, 1929; 都城·紫藤 옮김, 1981). 이런 시대 의식의 차이가 지금까지 작성된 기후 지형 구분도와 앞으로 언급할 구분도 사이에 상당히 다른 점(예를 들면, Büdel, 1977; 끄川 옮김, 1985의 표지 안쪽 그림)이 있는 이유의 하나이다.

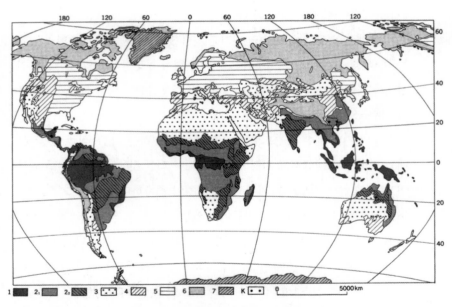

그림 7.7 현재의 외적 형성 작용에 의한 지역 구분(기후 지형 구분)(Hagedron and Poser, 1974 간략화; 貝塚, 1997c) 설명은 표 7.1 참조. 1: 습윤 열대, 2: 건·습 열대, 3: 건조, 4: 반건조, 5: 습윤 온대, 6: 주빙하, 7: 빙하, K: 카르스트 지형.

표 7.1 그림 7.7의 범례

기후 지형구	개략적인 식생	면적 삭박 (지표류와 중력에 의함)	선적 유수 침식 (하천에 의함)	개략적인 쾨펜 기후구
① 습윤 열대	열대 다우림	○	◎	Af, Am
②₁ 건습 열대	우록림·사바나	◎	○	Aw
②₂ 건습 열대	사바나	◎	○	Aw, Cw
③ 건조 (사막)	없음	○	—	BW
④ 반건조	초원·소림	◎	○	BS, Cs
⑤ 습윤 온대	온대림	○	◎	Df, Da
⑥ 주빙하	침엽수림·툰드라	(◎ 동결에 의함)	○	ET, Dc
⑦ 빙하	없음	(◎ 빙상에 의함)	—	EF

삭박·침식의 강도: ◎ > ◔ > ○ > −

이 절에서는 현재의 외적 지형 형성 작용에 의한 지역 구분도(기후 지형 구분도)로 하게드론과 포저(Hagedron and Poser, 1974)의 것을 제시했다(그림 7.7). 그리고 원도의 범례를 수정하여 표 7.1을 범례로 같이 제시했다. 이 표는 현재의 연 강수량과 연 평균 기온을 가로축과 세로축에 놓고 작성한 기후−식생−침식 구분도(그림 7.8)를 참조하여 정리한 것이므로 그림 7.8 자체가 범례라고 할 수 있다. 여기에서 '현재'라고 하는 것은 대체로 홀로세(후빙기)로 생각하고 있다.

플라이스토세 빙기의 지형 형성 작용과 지형 형성 환경은 어느 정도 알려져 있으며(특히 빙하·주빙하 지역에서), 최후 빙기의 기후−식생도도 몇 개 만들어져 있다(小林·阪口, 1977). 여기에서는 그 가운데 하나를 같은 관점에서 작성된 현재의 기후−식생도와 함께 제시했다(그림 7.9, B, C). 그림 7.9C는 현재와 빙기에 변화가 있었던 기후−식생 지역을 비어 있는 공간으

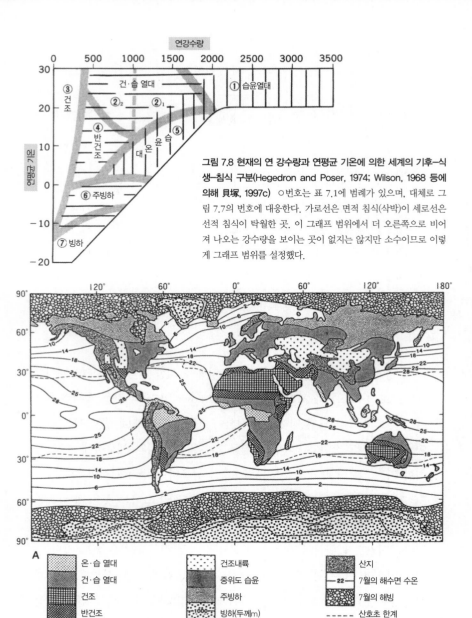

그림 7.8 현재의 연 강수량과 연평균 기온에 의한 세계의 기후–식
생–침식 구분(Hegedron and Poser, 1974; Wilson, 1968 등에
의해 貝塚, 1997c) ○번호는 표 7.1에 범례가 있으며, 대체로 그
림 7.7의 번호에 대응한다. 가로선은 면적 침식(삭박)이 세로선은
선적 침식이 탁월한 곳. 이 그래프 범위에서 더 오른쪽으로 비어
져 나오는 강수량을 보이는 곳이 없지는 않지만 소수이므로 이렇
게 그래프 범위를 설정했다.

A

온·습 열대	건조내륙	산지
건·습 열대	중위도 습윤	—22— 7월의 해수면 수온
건조	주빙하	7월의 해빙
반건조	빙하(두께m)	----- 산호초 한계

그림 7.9 현재(A)와 1만 8,000년 전(B)의 기후 지형대 및 A와 B로부터 알 수 있는 현재와 1만 8,000년 전
에 차이가 없는 기후 지형역(C)(Brunsden, 1990에 근거함. 원 자료는 A: Tricart and Cailleux, 1972, B:
Chorley et al., 1984, McIntyre et al., 1976; 산호초 한계는 堀, 1980에 근거하여 기입) 범례는 A, B, C
모두 공통. C를 달리 말하면 육상의 빈 지역은 현재와 최종 간빙기의 기후 지형이 달라 상이한 기후 지형
이 중첩되어 있는 곳이다.

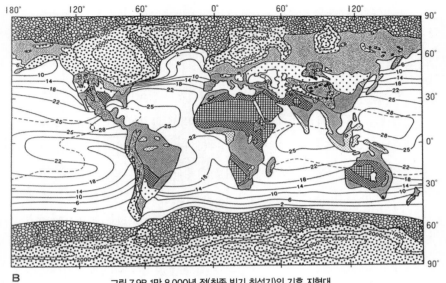

B   그림 7.9B 1만 8,000년 전(최종 빙기 최성기)의 기후 지형대

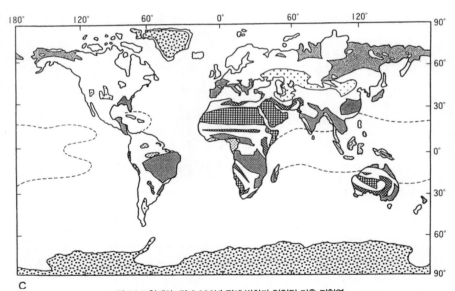

C   그림 7.9C 현재와 1만 8,000년 전에 변화가 없었던 기후 지형역

로 나타낸 것이다. 변화한 지역(그림 7.9C의 비어 있는 부분)은 빙기의 기후 지형과 후빙기의 기후 지형이 다르고 따라서 이들 지형이 겹쳐져 나타나는 곳을 가리킨다.

현재와 빙기를 비교하여 설명할 수 있는 것을 들어보겠다(그림 7.9 참조). 빙기에는 고위도와 고지대에서는 빙하·주빙하 환경이 확대되었고 저위도에서는 열대 환경이 축소되었다. 건조·반건조 지역은 저위도 쪽으로 치우쳐졌다. 그림 7.8에 따르면 빙기에는 연 평균 기온이 고위도에서는 10℃ 정도 낮았고 저위도에서는 3~5℃ 정도 낮았다. 강수량은 전반적으로 감소했으나 중위도 일부에서는 증가했다. 증발량은 저온화로 인해 감소했으나 강수량과 차감되어 지형에 미친 변화는 일부 지역에서만 나타났을 뿐이다. 그림 7.8에서 양축의 수치를 그대로 놓으면 빙기에는 현재의 ①~⑦에 들어갈 지점이 왼편 아래쪽으로 치우치게 된다. 일본과 같이 현재 습윤 온대역 ⑤에 위치한 곳은 일부가 주빙하 지역으로 옮겨갔다. 이와 같이 기후-식생 환경이 수평적으로는 위도로 보면 최대 10~20° 저위도 쪽으로 이동했으며, 이에 대응하여 기후-식생대는 수직적으로 최대 1,000~2,000m 낮아졌다. 일본 부근에서 후빙기와 최종 빙기 사이에 발생한 기후-식생대의 이동은 그림 7.10과 그림 7.11에 제시했다.

그림 7.8에서 가로선 영역과 세로선 영역을 구분했는데, 이들은 각각 면적 침식 작용과 선적 침식 작용이 탁월한 곳이다. 이 가운데 주빙하 지역은 암석·토양의 동결·융해 작용이 강한 곳으로 5장 5절에서 언급했듯이 면적 침식(삭박)은 유수의 작용이 아니라 동결·융해 작용으로 일어난다. 이외의 지역에서는 면적·선적 침식 작용 모두 유수에 기인한다. 유수가 두 유형의 상이한 작용을 낳는 원인은 개개 지역에서는 원지형, 지형 물질, 강수 방식도 관련되어 있지만, 지구 규모에서 볼 때는 식생 유형에 기인하

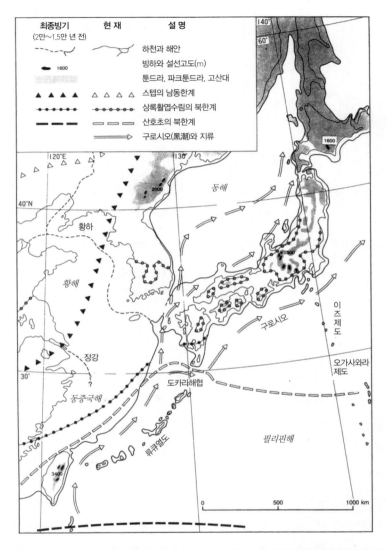

범례 (지도 내):

최종빙기 (2만~1.5만 년 전)	현재	설명
		하천과 해안
1600		빙하와 설선고도(m)
		툰드라, 파크툰드라, 고산대
▲ ▲ ▲ ▲	△ △ △ △	스텝의 남동한계
●─●─●─●─●	○─○─○─○	상록활엽수림의 북한계
━ ━ ━ ━	▱ ▱ ▱ ▱	산호초의 북한계
⇒		구로시오(黑潮)와 지류

지도 내 지명 및 표기:

140°, 60°, 120°E, 40°N, 130°, 30°

동해, 황하, 황해, 장강, 동중국해, 류큐열도, 도카라해협, 구로시오, 이즈제도, 오가사와라제도, 필리핀해

2000, 1600, 2900, 3400

0 500 1000 km

그림 7.10 일본 열도의 현재와 최종 빙기 최성기(2만~1.5만 년 전)의 비교 (貝塚, 1990a) 현재와 빙기의 지형 환경을 비교한 일례로 범례에 든 여러 항목을 비교할 수 있다. 같은 관점에서 만든 그림 7.11과는 상보적이다. 기온이든 식생대이든 일본 부근에서는 수직 1km가 거의 수평 1,000km에 상당하며, 수직적 변화는 수평적 변화보다 대체로 단시간 내 나타난다. 해수면의 변화는 광범위하게 영향을 미치는데, 빙기의 약 120m에 달하는 해수면 하강은 황해를 육지로 만들고 동해를 호소(또는 호소라고 말해도 좋은 바다)로 만들었다. 빙기에 구로시오의 유로는 미확정이지만, 동해에 난류가 유입하지 않은 것은 확실해서 일본 열도의 겨울은 건조·한랭화가 현저해졌다.

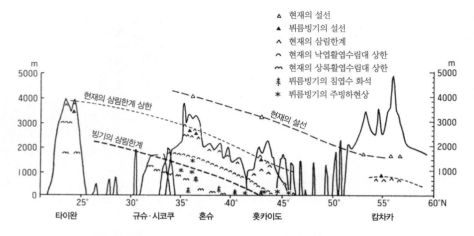

凡례:
△ 현재의 설선
▲ 뷔름빙기의 설선
∧ 현재의 삼림한계
⌢ 현재의 낙엽활엽수림대 상한
〜 현재의 상록활엽수림대 상한
⚘ 뷔름빙기의 침엽수 화석
✳ 뷔름빙기의 주빙하현상

그림 7.11 현재 및 최종 빙기의 일본과 주변 지역의 수직 분포 제 현상의 비교(貝塚, 1969) 최종 빙기는 극성기인 경우를 상정하고 있다(특히 파선). 지금은 이 그림을 작성했던 1969년 당시보다 훨씬 많은 현상, 특히 빙기의 현상이 증가하여 상세한 그림도 작성되고 있지만, 대국적으로는 큰 차이가 없다. 최종 빙기에 설선과 식생대는 현재보다 1,500m 전후 낮아졌다고 생각해도 좋을 것이다.

는 바가 크다. 초본·목본의 식피 밀도가 높은 곳에서는 유수가 한곳으로 모여들어 선상으로 흐르며 선적 침식, 즉 골짜기를 만드는 침식을 일으킨다. 반면에 식생이 적은 곳에서는 강수가 빠르게 지표류가 되고 물길은 분산되어 면적 침식을 일으킨다. 이는 페디멘트·페디플레인을 만드는 작용이다.

이와 같이 빙기에는 면적 침식역의 확대를 가져왔고, 초본(사초과 식물)이 없었던 마이오세 이전에도 면적 침식이 탁월했을 것으로 생각된다. 식피 밀도가 낮으면 침식 속도가 급격하게 커진다(7장 4절). 육상에 식물이 진출하지 않았던 실루리아기까지의 침식 속도는 지리적으로 또 시대별로 강수 자체의 차이는 있었다 할지라도 지표 전체로는 현재보다 두 자릿수나 빨랐을 것으로 생각된다. 이런 환경에서는 면적 침식이 탁월하여 넓은

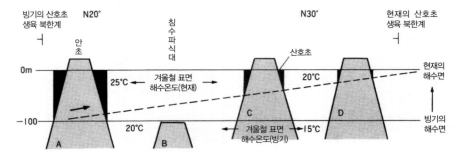

그림 7.12 최종 빙기부터 현재까지 산호초 북한계에서 산호초의 형성 분포역과 성장 경과를 보여주는 모식도 파선(화살표 병기)을 따라 빙기로부터 현재(후빙기) 쪽으로 해수면과 표면 해수 온도가 상승하고 이에 동반하여 산호초가 위로 성장하는 모습을 류큐(琉球) 열도를 모델로 삼아 작성했다. B의 침수 파식대는 본래 섬의 높이가 낮고 해수면과 해수 온도가 상승해도 산호초 형성역(겨울의 표면 온도 약 20℃)에 미치지 않는다. 현재와 빙기의 산호초 형성 북한계는 그림 7.9A·B에 나와 있다. 그림에서는 단순화를 위해 해수면 상승은 등속, 산호초의 상향 성장은 해수면에 도달한 것으로 설정했다. 해수면의 상승이 멈춘 후 산호초의 성장에 대해서는 그림 2.5 참조.

침식면이 형성되었을 것이다. 그 일부가 평탄한 부정합면이 되어 있는 것을 탁상지와 순상지 주변에서 찾아볼 수 있다(예를 들면, 콜로라도 고원의 선캄브리아기 변성암을 자르는 부정합면). 또한 이들 부정합면이 박리 준평원[3]으로서 지표에 노출하고 있는 곳도 적지 않다. 예를 들면, 스웨덴 남부(貝塚, 1997d 참조), 캐나다 중앙부(사진 5.8 참조), 오스트레일리아(Twidale, 1997) 등이다.

트위델(Twidale, 1985)에 따르면 오래된 지형이 잔존하는 형태는 앞의 두 경우 이외에도 오래된 지형과 그 이후의 지형이 계속해서 지표에 있는 경

---

3 지층 아래에 묻혀 있던 매몰 준평원이 피복층의 풍화와 침식으로 다시 드러난 것을 가리킨다. 노출되는 과정에서 다소간의 변형을 피할 수가 없어 생성 당시의 모습이 아니므로 준평원 여부를 식별하기가 쉽지 않다. 박리 준평원(stripped peneplain) 외에도 발굴 준평원(exhumed peneplain), 부활(소생) 준평원(resurrected peneplain) 등으로도 불린다.

우(표성성, epigene[4])와 오래된 풍화 전선(일종의 고지형)까지 그 이후에 삭박되고 현재의 지형이 되어 드러난 경우가 있다. 오스트레일리아 남부의 에어즈록(Ayers Rock, 울루루)은 이런 사례로 지하에서의 풍화 지형으로서는 제3기에 만들어졌으며, 그 이후 주위가 삭박되어 지금의 형태가 되었다(5장 1절 1항 참조).

전 세계의 최종 빙기와 후빙기의 지형 형성 환경(기후 지형대)을 비교한 자료를 그림 7.9의 A, B에 나타냈으며, 일본과 주변 지역에 대해서도 최종 빙기와 후빙기의 기후 지형 환경도라고 할 수 있는 자료를 그림 7.10과 그림 7.11에 제시했다. 세계 구분도인 그림 7.9C에 해당하는 즉 빙기와 후빙기 사이에 변화가 있었던 기후 지형역과 변화가 없었던 기후 지형역을 일본 주변에 대해서도 열거해 보자. 다음에서 볼 수 있듯이 '기후 지형역'이라고 해도 지역의 범위와 환경에 따라 세계와 일본에서의 내용이 같지는 않다.

'바다의 기후 지형역'에서 표식으로 중요한 산호초의 분포 한계(북한계)에 대해 살펴보면, 후빙기에 일본 부근에서는 북위 20° 부근까지 남하했다. 따라서 류큐(琉球) 열도 전역은 빙기와 후빙기에 산호초에 관한 한 전혀 다른 '바다의 기후 지형역'에 속한 것이 된다. 그렇다면 빙기에서 후빙기로 들어오면서 산호초가 어떻게 실지를 회복했는가라는 흥미로운 문제가 등장한다. 류큐 열도에는 수심 100m 전후에 평탄한 침수 파식대라고 부를 만한 고립된 지형이 있다. 아마도 빙기의 해식 작용으로 형성되었을 것이다. 후빙기가 되어 수온이 상승하기 시작해도 이곳에는 섬과 달리 산호초가 달라붙을 '섬'이 없어 실지를 회복할 수 없었을 것이다(그림 7.12).

---

4 epigene의 사전적 의미는 '표면에서 생성된'이며, epigene process는 외적 작용을 뜻하는 exogenetic process와 동의어로 사용된다.

유사한 현상이 육상에도 있다. 혼슈 중부 이북의 많은 산지가 그림 7.10과 같이 최종 빙기에는 툰드라 혹은 파크 툰드라(삼림이 있는 툰드라)[5]와 고산대(고산 툰드라)였으나 간빙기에는 대체로 삼림대였다. 빙기에 이곳은 동결·융해가 탁월한 곳이 되었고 영구 동토가 생긴 곳도 있었다. 그러다가 후빙기에 들어와 산호초와 마찬가지로 남에서 북으로 위도에 따른 시차와 저지에서 고산으로 고도에 따른 시차를 보이며 후빙기의 기후 지형 환경으로 편입되었다. 따라서 빙기의 툰드라·삼림 툰드라대는 빙기와 후빙기의 상이한 기후 지형 작용의 영향을 받아 어떤 지역에는 빙기의 지형이 또 다른 지역에는 후빙기의 지형이 뚜렷하게 남아 있다. 이들을 분별하는 것은 상이한 환경에서 만들어진 지형과 토양을 이용하는 데 간과할 수 없는 문제가 된다.

그렇다면 그림 7.11에서 '빙기의 삼림 한계'라는 북쪽으로 내려가는 파선(선의 구배가 수직 대 수평의 비율로 거의 1:1,000이다)과 산호초의 북한계인 도카라(トカラ) 해협[6] 사이가 빙기~후빙기를 통해 거의 같은 기후 지형대에 속했다고 할 수 있을 것이다. 수평적으로는 혼슈 북부의 저지부터 규슈에 이르는 지대라고 해도 된다. 그러나 일본의 기후 지형대는 다설역과 무강설역의 차이와 태풍의 통로에 해당하는지 아닌지도 문제가 되므로 평탄하

---

5 파크 툰드라(park tundra)는 최종 빙기가 끝난 후 북서 유럽을 차지했던 식물 군락(plant community)을 가리킨다. 오늘날 시베리아의 툰드라와 타이가의 경계 지대에 나타나는 난장이자작나무(dwarf birch, *Betula nana*), 난장이버들(dwarf willow, *Salix herbacea*) 등의 관목을 포함하는 식물 군락과 유사하다. 드리아스기(Dryas stadial)와 같은 후빙기 한랭기에는 파크 툰드라가 보편적이었다.

6 도카라 열도 남부의 아쿠세키(惡石)섬과 고타카라(小宝)섬 사이에 위치한 해협으로 일본의 주요 동물 분포 경계선 가운데 하나인 와타세(渡瀬)선이 그어져 있다. 와타세선은 일본원숭이와 일본산양 등의 남한계에 해당한다. 이 해협에는 도카라 갭(gap)으로 불리는 수심 1,000m에 달하는 해저곡이 놓여 있다.

여 조건이 단순한 대륙과는 달리 복잡한 지형 환경 아래에서 생긴 빙기~
간빙기의 차이를 분별하지 않으면 안 된다.

3. 지형 변화의 빈도와 속도

(1) 작용의 규모·빈도와 지형 변화의 크기

지형의 변화는 지형 물질에 가해지는 작용에 의해 일어난다. 이때 유수
의 작용이든 바람의 작용이든 모든 작용에는 강약의 빈도 분포가 있고, 그
결과로 어떤 지형 변화가 일어나는지가 지형 발달사에서 문제가 된다. 표
현을 바꾸어 말하면 "지형을 변화시키는 데 가장 많이 공헌한 지형 형성
작용은 어느 정도의 규모(크기)−빈도를 갖고 있는가" 혹은 "장기간에 걸친
지형 변화에서 어떤 규모−빈도의 것이 어느 정도의 비율을 차지하고 있는
가"라는 문제이다.

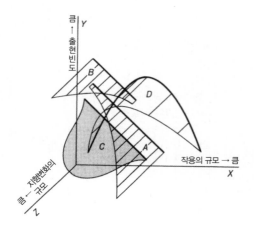

그림 7.13 지형 작용의 규모와 출현 빈도 그리고
결과로서 생기는 지형 변화 규모의 상호 관계(貝
塚, 1983) 굵은 선은 XY면 위에 있으며 이곳에
서 나오는 평행선(C에서는 회색 부분)은 Z축에
평행하다. 즉 평행선이 긴 만큼 지형 변화의 규
모가 크다. A~D의 설명은 본문 참조.

지형의 변화와 작용의 규모—빈도 관계를 다룬 자료가 여러 내·외적 영력에 대해 아직 충분하지 않은 만큼 금후 자료 축적에 대한 기대가 크다. 여기서는 규모—빈도 관계에 대한 지식이 비교적 많이 축적된 주제로 지형 변화의 속도에 대해 잘 알려진 자료를 들어 언급하겠다. 이 문제에 대해서는 일본 지형학 연합이 1982년 10월에 심포지엄을 개최했던 일도 있고 또 지형학·지질학의 개론서(예를 들면, 홈즈A. Holms의 『일반지질학』)의 여러 곳에도 소개되고 있다. 다음 내용은 이들에 대한 소개이지만, 실제로 지형 발달사를 이해하고 금후의 지형 변화를 예측하기 위해서는 장소마다의 조건에서 구동하는 작용의 규모—빈도 관계에 대한 지식이 필요하다.

지형 형성 작용의 규모—빈도와 지형 변화의 크기와의 관계에서 볼 수 있는 네 유형을 그림 7.13에 나타냈다.

유형 A는 약한 작용은 높은 빈도로 일어나고 강한 작용은 낮은 빈도로 출현한다. 그리고 지형에 주는 변화는 후자가 큰 경우이다. 예를 들면, 광역적·장기적으로 봤을 경우의 활단층이라든가 충돌 크레이터 등으로 보통 파괴에 동반되는 현상에서 볼 수 있다. 산사태와 화산 분화도 통계적으로 같은 유형이다. 그러나 특정 단층과 화산 분화에서는 개략적이지만 주기를 갖고 동일한 규모의 이벤트가 반복되며, 이것이 지형 변화의 속도를 지배한다. 활단층에 사용되는 A급, B급, C급[7]은 이런 성질에 따른 분류이다. 뒤에서 언급하는 유수에 의한 침식도 같은 유형에 속한 경우가 많다.

---

7 일본에서는 단층의 1,000년당 평균 변위량에 근거하여 활단층을 A~C의 세 등급으로 구분하고 있다. 현재 활동도 A급 활단층은 약 100개, B급 활단층은 약 750개, C급 활단층은 약 450개가 알려져 있다. 그러나 변위량이 작은 C급은 지형으로 판명하기 어려우므로 실제 C급 활단층은 훨씬 더 많을 것으로 보고 있다. 등급별 변위량은 A급 1~10m, B급 10cm~1m, C급 1~10cm이다.

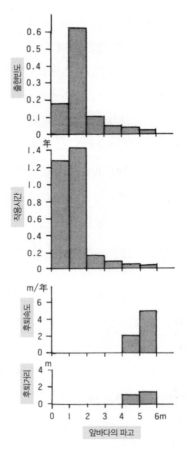

그림 7.14 파랑에 의한 해식애의 후퇴에서 볼 수 있는 파고의 출현 빈도·작용 시간·후퇴 속도·후퇴 거리의 관계 (砂村, 1983의 자료에 근거함) 지바(千葉)현 뵤부가우라 (屏風ケ浦)에서 1965~1967년에 측정.

유형 B는 유형 A와 마찬가지로 약한 작용이 높은 빈도로 출현하나 약한 작용의 누적이 드물게 일어나는 대규모 현상보다 지형 변화에 더 크게 공헌하는 경우이다. 예를 들면, 기온의 일변화에 의한 암석 파쇄-중력 붕괴가 드물게 발생하는 기온의 급변보다 큰 지형 변화를 일으키고, 일주기의 동결·융해에 의한 솔리플럭션이 드물게 발생하는 붕락보다 큰 변화를 가져오는 경우이다.

해안과 하천을 따라 일어나는 지형 변화에는 유형 A의 변화도 있으나 월 1회, 연 1회라는 비교적 중빈도·중규모의 현상이 1,000년에 1회라는 저빈도·대규모 현상보다도 또 매일 발생하는 고빈도·소규모 현상보다도 큰 누적 효과를 일으키는 경우가 유형 C이다(예를 들면, 미국에서 1~2년에 1회 발생하는 것으로 알려진 하안 만수 하천의 작용[8]).

유형 D는 중규모 현상이 대규모 현상보다도 또 소규모 현상보다도 높은 빈도로 발생하고 이로 인한 지형 변화가 큰 경우이다. 예를 들면, 평소 강우와 유수는 드물고 1년에 수차례 발생하는 홍수가 지형을 바꾸는 최대의 지형 형성 기구인 반건조 지역의 유수가 여기에 해당할 것이다.

그러나 이런 종류의 문제는 시간의 길이를 어느 정도로 정할지에 따라 유형이 달라진다. 또한 유수라는 지형 형성 기구가 작용하더라도 지형 물질을 이동시키는 데 충분한 속도(시동 속도)가 없다면 지형 변화를 일으키지 않는다(노트 2.3 참조). 즉 역치(threshold value)[9]는 지형 변화와 그 속도의 고찰에 중요하다. 그림 7.14는 해안에서 파랑의 강도·빈도와 해식애 후퇴량을 2~3년간 측정한 결과로 유형 A에 속하지만, 파랑 에너지가 역치에 도달하지 못한 날이 많았음을 잘 보여주고 있다. 또한 5장 7절에서 언급한 사질 해안에서 폭풍 때는 사빈이 후퇴하고 평온할 때는 사빈이 전진하는 연 단위의 주기는 유형 A이지만, 지형 변화의 방향(그림 7.13의 Z축)은 플러스가 되었다(평온할 때) 마이너스가 되었다(폭풍 때) 하면서 양자가 거의 같

---

8 하도가 만수 상태에 도달했을 때의 유량을 하안 만수(위) 유량(bankfull discharge)이라고 하며, 하도 형상을 결정하는 중요한 인자이므로 유효 유량(effective discharge)이라고도 한다. 일반적으로 습윤 지역에서는 1.58~2.33년의 확률 홍수량이 이에 상응한다.
9 일반적으로 반응이나 기타의 현상을 일으키기 위해 계(系)에 가하는 물리량의 최소치를 가리킨다.

은 정도의 양이 되어(마이너스와 플러스가 균형을 맞추어) 동적 평형을 유지하는 것으로 볼 수 있는 사례이다.

(2) 지형 변화의 장기적·평균적 속도

각종 지형 형성 작용의 속도에 대해서는 5장에서도 다루었는데, 여기에서는 관련 내용을 종합해서 정리한 그림 7.15를 제시하고 약간의 해설을 덧붙이는 것으로 멈추겠다.

지형 변화의 속도가 어느 정도인지는 일본처럼 변동대에 위치하는 데다 각종 침식 속도도 빠른 곳에서는 실용적인 면에서도 주목을 받아왔다. 저자도 1960년대 당시까지의 자료를 모아 소개했던 적이 있고(貝塚, 1969), 그 후에도 이런 종류의 자료에 계속 주목했다. 유럽에서는 더 일반적인 관점(예를 들면, 지구사의 길이를 측정한다는 관점)에서 관심도 있고 해서 다윈의 『종의 기원』에서도 해식애의 후퇴 속도 사례를 볼 수 있다. 그림 7.15는 가이즈카(貝塚, 1969)의 그림에 다른 자료들을 추가한 것이다. 최근의 출판물 가운데 지형의 변화 속도가 비교적 잘 수록된 것으로는 서머필드(Summerfield, 1991)와 가우디(Goudi, 1995)를 들 수 있다.

지형 변화의 속도를 측정하는 방법은 다양하다. 장기적·광역적인 침식량을 구하기 위해서는 큰 댐의 퇴사량을 이용할 수 있다. GPS 관측망을 정확하게 설치하면 장기적·광역적인 지각 변동과 더불어 연속적·국지적인 지각 변동도 관측할 수 있다. 지형에 남겨져 있는 지형 변화량(예를 들면, 침식량·퇴적량·융기량)과 해당하는 시간 간격으로부터 장기적인 침식·퇴적·융기 속도를 구하는 것은 지형 발달사의 응용이라고도 할 수 있다(해식애의 후퇴 속도에 대해서는 5장 7절과 8장 1절 참조).

그림 7.15에서는 1,000년당 미터라는 속도를 중심으로 값이 분포하고

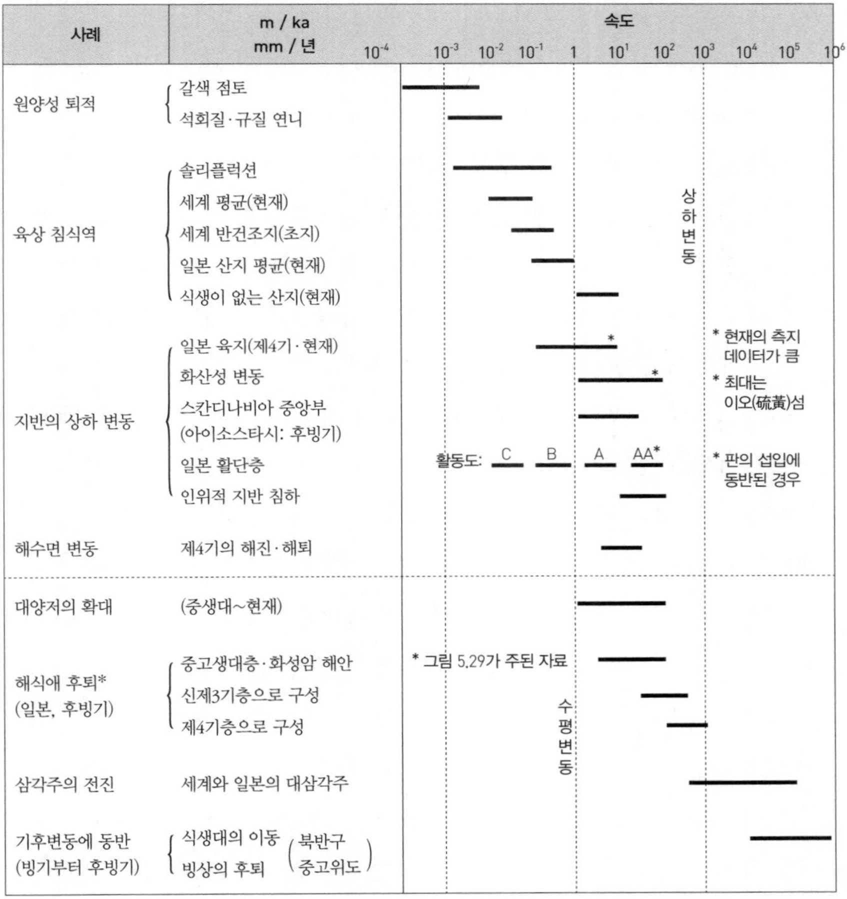

사례	m / ka mm / 년	속도
		10^{-4}　10^{-3}　10^{-2}　10^{-1}　1　10^1　10^2　10^3　10^4　10^5　10^6
원양성 퇴적	갈색 점토	
	석회질·규질 연니	
육상 침식역	솔리플럭션	
	세계 평균(현재)	
	세계 반건조지(초지)	
	일본 산지 평균(현재)	
	식생이 없는 산지(현재)	
지반의 상하 변동	일본 육지(제4기·현재)	*
	화산성 변동	*
	스칸디나비아 중앙부 (아이소스타시: 후빙기)	
	일본 활단층	활동도:　C　B　A　AA*
	인위적 지반 침하	
해수면 변동	제4기의 해진·해퇴	
대양저의 확대	(중생대~현재)	
해식애 후퇴* (일본, 후빙기)	중고생대층·화성암 해안 신제3기층으로 구성 제4기층으로 구성	* 그림 5.29가 주된 자료
삼각주의 전진	세계와 일본의 대삼각주	
기후변동에 동반 (빙기부터 후빙기)	식생대의 이동 ⎱북반구⎰ 빙상의 후퇴 ⎱중고위도⎰	

상하 변동 / 수평 변동

* 현재의 측지 데이터가 큼
* 최대는 이오(硫黄)섬
* 판의 섭입에 동반된 경우

그림 7.15 지형 변화의 속도 비교(貝塚, 1969 가필) 이 그림에서는 산사태의 유하 속도, 용암류의 유속, 단층애의 지진을 동반한 성장 속도와 같은 단기 사례를 포함하지 않고 장기적인 평균 속도를 들고 있다.

있는데, 이 값이 지형 변화의 대표치이기도 하다. 1,000년당 밀리미터라는 속도의 단위를 B(Bubnoff[10]에서 유래)라고 한다. 또한 m/1,000년이라는 값은 빙하의 일반적인 유동 속도에 가깝고(그림 1.2), 유수, 토석류, 붕락은

m/1,000년부터 km/1,000년(m/년)의 범위에 들어가는 것이 많다.

지형에 기록된 변화의 사례를 다수 수집하여 조건을 비교하면 지형 환경에 따라 달라지는 지형 변화의 속도를 계통적으로 파악할 수 있다. 일본 열도와 넓게는 환태평양 변동대(판의 활동적 수렴대)가 이런 비교, 검토에 적합한 조건을 갖추고 있다. 그 첫 번째 이유로는 지각 변동 속도, 특히 융기 속도가 크므로 오래된 이벤트와 새로운 이벤트가 마치 멈추지 않고 송출되는 검조 기록처럼 겹치는 일 없이 기록되고 있기 때문이다. 그 결과 해안 단구가 발달한 곳이 많고 연대가 알려진 경우도 적지 않다(Ota and Kaizuka, 1991). 두 번째로는 단층 지형·화산 지형·하천 지형 등 각종 작용으로 만들어진 지형이 나타나고, 유년기 산형부터 노년기 산형까지 산형에 차이가 있는 데다 지형 물질의 종류도 많아 비교, 검토의 재료가 풍부한 때문이다. 앞에서 해안 단구를 들었던 것은 해안 단구가 해식애와 파식대로 구성되어 있고 원형이 명료하여 변화를 측정하는 데 안성맞춤이기 때문으로 최근 이런 연구가 시작되고 있다(예를 들면, Mizutani, 1996).

그림 7.15에서는 상하 변동과 수평 변동을 구분했다. 일반적으로 전자의 값이 작은 것은 상하 방향으로의 물질 이동은 중력을 거스르는 경우가 있기 때문이다. 또한 기후와 관련된 변동으로 예컨대 삼림 한계와 설선의 이동 속도는 이들 현상의 분포에 근거하여 수직으로의 1m가 대략 수평으로의 1km에 대응하는 것으로 설명할 수 있다.

---

10 버브노프 단위(줄여서 B로 표시)는 러시아의 지질학자인 버브노프(S. v. Bubnoff, 1888~1957)가 삭박으로 인한 지표면의 저하 속도를 나타내기 위하여 제안한 것으로 1B는 100만 년에 1m 또는 1,000년에 1mm의 속도에 해당한다.

4. 지형 변화의 모델

지형이라는 3차원의 다양한 형태를 성인적으로 혹은 발달사적으로 계통을 세우기 위해서는 단순화·모델화(유형화)를 피할 수 없다. 모델화는 모델을 통해 본질적으로 중요한 형태의 구성·성인·역사적 순서 등을 일반적인 것으로 제시하려는 것이다. 발달사 지형학에서 모델화가 지향하는 것이 바로 이 지점이라고 할 수 있다. 따라서 앞의 여러 장·절에서 이미 지형을 분석적으로 보는 방식부터 종합적·유형적 혹은 모델화하여 보는 방식까지 두루 살펴보았다. 유형이란 '어떤 특징을 공통적으로 가지고 있는 일군의 사물에 대해 그 특징을 그려내어 만든 형식'이다(廣辭苑, 1990). 바로 이 형식을 구하려는 탐구, 즉 모델화를 정리하여 소개하겠다.

(1) 산호초 발달사

모델화된 산호초 지형, 특히 대양 중에 고립·산재하는 환초나 산호섬과 그 발달사를 하나의 모델로 만들고, 이에 근거하여 산호초 지형을 전면적으로 이해시킨 다윈의 『산호초(*The structure and distribution of coral reefs*)』(1842)는 지형 발달사 연구에서 고전 중의 고전이라고 할 수 있다. 모델을 두 시기를 비교하는 방식으로 구성한 멋진 단면도를 그림 7.16에 제시했다.

비글호로 영국에 돌아와 이 그림을 작성하기 전에 다윈은 산호초를 안초·보초·환초로 구분하고 또 산호초의 형성 조건과 과정을 문헌으로 조사했으며, 현지에서 산호초를 관찰하는 단계도 있었다. 그러나 다윈이 언급한 바에 따르면 '산호초 침강설'로 알려진 아이디어의 핵심은 비글호 항해 도중 아직 산호초를 실제로 보기도 전에 남아메리카의 칠레 해안에서 융기한 모습을 보고 그 반대인 침강에 생각이 미쳐 연역적으로 태어났다.

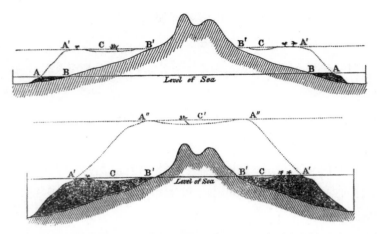

그림 7.16 산호초의 세 형태를 섬의 침강으로 설명한 그림(Darwin, 1842) 지형 발달을 보여주는 고전적인 그림이기도 하다. 처음 위쪽 그림에 실선으로 표시한 지형 A–B–산지–B–A가 있다. A, A는 산호초 가장자리, B, B는 섬의 해안. A', A'는 섬이 침강하는 도중에 산호초가 성장하여 만들어진 산호초 가장자리. B', B'는 원형인 섬의 해안. C, C는 산호초와 해안 사이의 석호. 섬의 침강은 해수면의 상승으로 대응할 수밖에 없다. 아래쪽 그림: A', A'는 보초 가장자리. 야자나무는 산호초 위의 섬을 나타낸다. C, C는 석호, B', B'는 섬의 해안. A", A"는 환초의 바깥쪽 가장자리. C'는 석호. 석호의 깊이를 과장하여 그리고 있다.

1910년이 되자 지질학자인 데일리가 나중에 스스로 '산호초 빙하 제약설'이라고 이름을 붙인 학설을 제안했다. 그림 7.17은 데일리의 모델을 나타낸 것으로 최종 간빙기~최종 빙기~후빙기에 산호초(환초)의 변천을 그리고 있다. 20세기 중반에는 빙하성 해수면 변화가 실재했음이 확인되어 데일리의 주장 가운데 빙기의 세계적인 해수면 하강과 해수온 저하 그리고 이에 따른 일부 산호초의 소멸·파괴 등은 산호초 발달사의 일부로 지금도 받아들여지고 있다. 그러나 그림 7.17의 빙기 때 단면도와 같은 파식에 의한 환초의 전면적인 평탄화는 없었던 것으로 보이며, 석호 바닥의 수심이 비교적 한결같이 100m도 채 못 되는 이유의 하나로 빙기에 산호초의 용식 즉 돌리네·우발레의 형성(5장 3절 참조) 때문이었다고 생각할 수 있다.

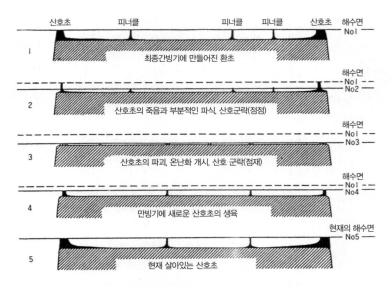

그림 7.17 산호초(환초)에서 빙하 제약설의 원리와 발달사를 보여주는 단면도(Daly, 1934)

환초와 그 분포와 같은 세계적 규모의 현상이 수백만~1억 년 이상에 걸친 대양저(해양판)의 대규모 확장과 침강으로 인해 생겼다는 사실이 1970년대에는 밝혀졌고, 비슷한 무렵에 10만 년 단위의 빙하성 해수면 변화와 해수온 변화가 산호초 지형의 형성에 관련되었다는 사실도 밝혀져 두 학설을 포함하는 산호초 형성 모델도도 만들어졌다(예를 들면, 貝塚, 1978). 또한 후빙기의 해수면 상승과 산호초 성장의 관계를 시추 조사를 통해 실증할 수 있게 되었다(米倉, 1997). 이런 자료들에 근거하여 그림 7.12를 작성할 수 있게 된 것이다.

(2) 하안 단구의 형성 모델

하천은 상류로부터 하류에 이르는 하나의 시스템을 만든다. 하천은 물과 물질을 함께 운반하면서 이들에 의해 침식과 퇴적을 일으켜 유역과 하상의 지형을 변화시킨다. 하상 형태의 변화는 지형으로 남기 쉬워 과거의 하상인 하안 단구나 매적곡의 지형과 퇴적물은 하천 유역에서 일어난 환경 변화의 증거이다. 환경 변화가 하천에 어떻게 나타나는지에 대한 모델을 들어보겠다.

그림 7.18은 중부 유럽을 연구한 저이너(Zeuner, 1952)의 모델로 빙기와 후빙기(간빙기)의 산지와 하천에서 달라지는 모습을 환경의 차이와 함께 보여주고 있다.

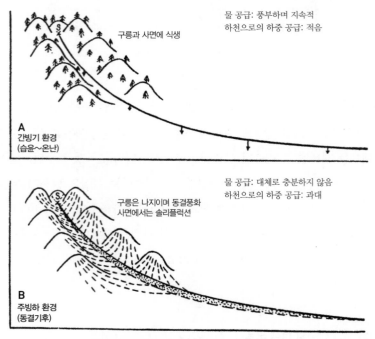

그림 7.18 온난·습윤 환경(A)과 주빙하 환경(B)에 대응하는 하천의 하각과 퇴적의 모식도(Zeuner, 1952)
하천 환경에 대응하는 퇴적·침식을 모식적으로 그린 최초의 자료(초판은 1945년)로 생각된다.

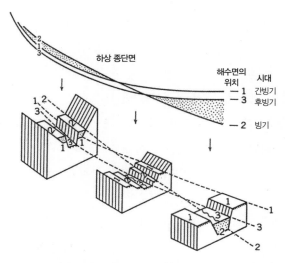

그림 7.19 간빙기·빙기·후빙기에 하천의 퇴적·침식에 의한 하안 단구의 형성 모델(貝塚, 1977) 기후 변화·해수면 변화·산지 융기를 조합하여 구성했다.

이런 그림에 빙기~간빙기의 해수면 변화를 추가한 모델을 듀리(Dury, 1959)가 작성했고, 가이즈카(貝塚, 1977)는 일본의 사례(7장 1절에서 언급했던 사가미천)를 참고로 산지 쪽이 융기하는 조건을 추가하여 간빙기~빙기~후빙기의 모델을 작성했다(그림 7.19). 그림 7.19에서 간빙기의 하상은 후빙기(현재)의 하상과 함께 동적 평형에 있고, 최상류역과 하류역을 제외한 중류역에서 두 시기 간의 하상 고도의 차이는 융기량을 근사치로 나타낸다고 생각했다. 즉 7장 1절의 사가미천 중류역에서 현재의 곡저와 빙기의 매몰 곡저 간 비고는 융기량과 거의 같은 일례가 된다고 생각했다.

이 방법은 산간에서의 융기량을 나타낼 가능성이 있는 것으로 보고 일본의 많은 하천이 연구되었으며, 특히 최종 빙기의 퇴적면(동위체 스테이지 2)과 하나 앞선 빙기(스테이지 6)의 단구면의 비고는 보존 상태가 좋다면 간빙기에 만들어진 매몰 곡저에 대한 조사보다 쉽기 때문에 널리 연구되었다

(吉山·柳田, 1995에 당시까지의 연구에 대한 리뷰가 있다).

이렇게 해서 빙기와 그 앞의 빙기 또는 간빙기와 그 앞의 간빙기에 만들어진 하안 단구의 비고를 각지에서 측정하여 대체로 10~100m의 값을 얻었다. 이를 토대로 융기 속도를 구하려면 각 지형면의 연대를 알아야 하는데, 개략적인 연대는 빙기~간빙기의 주기를 10만 년으로 해서 1,000년당 융기량을 구하면 0.1~1m(연간 0.1~1mm)가 된다. 이 값은 제4기의 변동 지형을 지형·지질학적 방법으로 구한 값(노트 7.1, 그림 7.15)과 모순되지 않는다.

이와 같은 산지의 융기량을 구하기 위한 연구는 아닌 것으로 보이지만, 그림 5.16에 제시한 알프스 북록의 빙하성 유수 퇴적평야에 대해 펭크와 브뤼크너가 실시했던 1900년대 초의 연구는 같은 의미를 갖는 선험적 연구로 평가할 수 있을 것이다. 즉 그림 5.16A의 모레인과 하상의 종단면은 4개의 빙기·간빙기 사이의 융기량과 융기 속도를 알려주고 있다. 이 지역에서 귄츠 빙기와 민델 빙기의 동위체 스테이지와의 정확한 대비는 모르겠으나 두 빙기는 80만~40만 년 전 사이에 들어가는 것 같고(Jerz, 1993) 리스 빙기와 뷔름 빙기는 각각 스테이지 번호 6과 2로 볼 수 있으므로 제시한 단면도의 비고로 본다면 융기 속도는 앞에서 언급한 일본에서의 값보다 조금 작거나 같은 정도로 읽을 수 있다(산지에 다가갈수록 커지는 듯하다).

또한 오래전부터 연구되었고 최근에는 동위체 스테이지 번호도 밝혀진 라인강 협곡부 하류의 종단면(平川, 1997에 소개되어 있다)에도 빙기의 퇴적면과 간빙기로 보이는 단구 사력층의 기저부가 그려져 있다. 이 그림에 의하면 라인강 협곡부(라인 편암 산지의 융기부)에서의 융기 속도는 앞의 일본과 알프스 북록에서의 값보다 조금 작은 것으로 보인다.

(3) 사면 변화의 수학 모델

육상 지형에서는 시간적으로 변화하는 사면과 그 집합체인 산과 구릉의 변화를 지형학의 체계에서 중심적인 문제로 여겨왔다. 그런데 평탄지에서는 구성되고 있는 선상지, 범람원, 삼각주 등을 하천의 프로세스와 함께 관찰할 수 있어 형성 과정을 이해하기 쉽다. 반면에 일반적으로 풍화, 중력 이동, 작은 지표류 등에 의해 장기간에 걸쳐 형성되는 사면의 집합체는 변화 과정의 이해가 용이하지 않다.

이미 5장 2절에서 언급했듯이 사면 가운데 가장 단순한 유형으로 하천의 하각에 동반되는 곡벽의 중력 지형으로서 사면 지형이 있다. 골짜기가 깊어지는 한 곡벽은 안식각 사면으로 길이가 증가하지만, 하각이 멈추고 암석의 풍화가 진행되면 안식각은 작아지고 사면은 완만해진다. 또한 길어진 사면에는 낙수선 방향으로 지표류가 흐르며 침식을 일으켜 사면을 더 완만하게 만든다. 중위도 습윤 지역의 산지 변화를 이런 형식으로 나타낸 지형학자가 데이비스이며, 그림 7.20B가 그의 2차원(단면) 모델이다. 데이비스 모델의 특징은 사면의 '감경사(減傾斜)'로 표현된다.

이에 대해 펭크와 그림 5.8에 제시했던 킹의 모델은 사면의 평행 후퇴로 불리는데, 지형은 사면 구배에 비례하는 속도로 낮아진다는 것이 기본적인 견해이다. 시간적 변화를 단면도로 나타내면 그림 7.20A의 형태가 된다.

대조적인 두 사면 변화의 수학 모델은 일본에서는 히라노(平野, 1966,

그림 7.20 사면 변화의 펭크(Penck) 모델(A)과 데이비스(Davis) 모델(B)(平野, 1968)

1968)에 의해 시작되어 다음과 같이 표현되었다. 수평 위치를 x, 고도를 u, 시간을 t로 하면 그림 7.20A의 펭크 모델은 다음 식으로 나타난다.

$$\frac{\partial u}{\partial t} = b \frac{\partial u}{\partial x} \tag{1}$$

즉 고도의 변화(저하)는 구배에 비례하고 정수 b는 암질과 풍화 속도에 좌우된다. 고도 저하의 난이도를 나타내는 계수이므로 후퇴 계수라고 부른다. 한편, 그림 7.20B의 데이비스 모델은 다음 식이 된다.

$$\frac{\partial u}{\partial x} = a \frac{\partial^2 u}{\partial x^2} \tag{2}$$

즉 고도의 변화는 지형이 돌출한 정도(곡률)에 비례하는 것으로 볼 수 있다. 따라서 정수 a는 지점 (x, u)에 작용하는 중력 성분과 침식력의 강도 그리고 이에 대한 암석 종류에 따른 마찰력 등으로 결정된다. 일반적으로 이 식을 확산 방정식으로 또 a를 확산 계수라고 부르는데, 지형 변화에서는 감경사 계수라고도 부른다.

실제 지형의 변화는 식 (1)과 식 (2) 어느 한쪽만으로는 설명할 수 없는 경우가 많아 다음 식이 실제 모습을 더 잘 반영한다.

$$\frac{\partial u}{\partial x} = a \frac{\partial^2 u}{\partial x^2} + b \frac{\partial u}{\partial x} + f(x, t) \tag{3}$$

앞에서 제시한 킹의 사면형 모식도에서도 신속하게 후퇴하는 급사면과 함께 그 상부에 볼록 지형이 그려져 있다. 또한 우변의 제3항 $f(x, t)$는 지반 운동 등에 의한 물질 공급에 대응하는 것으로 f는 지점 x와 시간 t에서 융

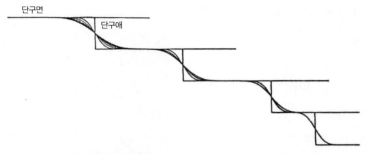

그림 7.21 단구애 사면형의 변화(野上, 1996) 위쪽 단애일수록 오래된(경과 시간이 긴) 단애이며, 완만한 사면으로 이루어져 있다.

기 속도 등의 함수로 나타내고 있다.

이런 종류의 수학적 모델은 실제의 형태(혹은 그 변화)로부터 계수를 구함으로써 사면에 구동하는 작용과 조건을 비교하거나 시뮬레이션에 의한 장래 예측에 이용할 수 있다. 상하 단구면의 경계가 되는 단구애가 식 (2)에 의해 변화하는 과정을 단위 시간마다 그리면 그림 7.21과 같을 것이다. 실제로 이런 변화가 성립하는지는 암석 등의 조건이 비슷한 해안과 하안의 단구애에서 확인할 수 있다. 이론적으로는 그림 7.21과 같은 형태가 재현되고 실제 단구애의 비교를 통해 식 (2)의 a(감경사 계수)를 구할 수 있는데, 감경사 계수는 홋카이도가 혼슈 중부 이남보다 커 지역 간에 차이가 있음이 밝혀졌다(野上, 1977, 1980). 더욱이 최종 빙기 이전에 만들어진 단구애일수록 감경사 계수는 크며, 이는 식생이 적었던 빙기에 주빙하성 솔리플럭션(5장 5절)이 작용했기 때문으로 생각된다. 주빙하성은 아니더라도 건조하여 식생이 적은 조건에서는 암설 포행이 일어나 볼록 사면의 감경사가 진행된다. 그림 5.8에서 단구애의 상부 사면이 이런 사례이다.

(4) 육상 침식 지형의 복합 모델

유수에 의한 산과 구릉의 침식 과정에 여러 가지가 있다는 것을 단순한 모델을 이용하여 앞에서 언급했는데, 일반적으로 말하면 이들은 다음 세 요인에 지배되면서 시간 경과 속에서 만들어진다. (1) 기후-식생의 제약을 받는 침식 양식과 침식 속도, (2) 암질과 지질 구조(이는 침식의 양식과 난이도에 관계한다), (3) 지반의 수직 변동(융기·침강) 과정이다. (1)의 기후-식생과 침식 작용은 기후 변화는 물론 산불과 인위적 활동으로도 변화하지만, 일단 이런 요인은 없는 것으로 간주하여 모델을 고려한다. 이런 모델 만들기는 유럽과 미국에서 (1)의 요인, 특히 하천 작용을 어느 정도 알게 되고 또 지질 조사로 (2)의 조건도 알 수 있게 된 19세기가 끝나갈 무렵부터 각지의 지형을 비교함으로써 시도되었다. 단 (3)에 관해서는 가정이 많고 연대도 불명확한 부분이 많았다. 물론 지금은 이들 요인에 대한 지식이 많이 축적되었다. 이 절에서는 앞에서 다루었던 데이비스(19세기 말), 펭크(1924), 킹(1950년대), 요시카와(吉川, 1985) 등의 모델을 참조하여 그림 7.22에 4개의 모델 A, B, C, D를 제시했다. 요시카와(1985)의 모델은 일본과 뉴질랜드에서의 지형 관찰과 융기에 동반된 사면 변화의 수학 모델(平野, 1972), 산지 고도와 침식 속도와의 관계식(Ohmori, 1978) 등을 감안하여 만들어졌다. 일본이나 뉴질랜드와 같은 습윤 변동대에서 융기가 빠른 속도로 계속 일어나는 곳의 지형 변화 과정은 (1) 성장기, (2) 극상기, (3) 감쇠기로 나눌 수 있는 것으로 보았다. 그림 7.22의 모델 A에 적용한다면 (1) 성장기는 '동적 평형'에 이를 때까지의 시기, (2) 극상기는 '동적 평형'의 시기, (3) 감쇠기는 T_2(지각 변동이 안정되기 시작함) 이후이다.

그림 7.22는 시간과 고도에 눈금이 없는 정성적 모델이다. 앞 절에서 언급한 수학 모델로는 A와 B가 식(2), C와 D가 식(1)의 요소가 강하다. 이들

은 구체적인 지형을 본다거나 지형의 변화 과정을 생각하는 사고 실험에 도움이 될 것이다. 그림 밑에 적었듯이 시간 $T_1 \sim T_2$ 사이는 일정 속도의 융기를 T_2 이후는 지각의 안정을 가정했다. 일찍이 데이비스는 $T_1 \sim T_2$ 사이가 극히 짧다고 생각했다. 그러나 지금은 일정 기간($10^5 \sim 10^7$년) 지속되고 그사이에 융기하더라도 A와 같이 곡벽끼리 만나 결정되는 능선 고도는 높아지

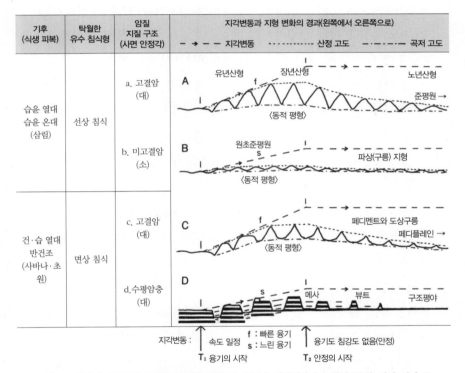

그림 7.22 유수에 의한 침식 지형의 발달사 모델(貝塚, 1997c) 전형적인 유수 환경 2유형, 암질·지질 구조 3유형(a=c, b, d) 및 빠른 융기와 느린 융기·융기에 이어지는 안정기가 있는 경우에 생각할 수 있는 4개의 모델(A, B, C, D)을 그렸다. 시·공간 스케일은 없음. 왼쪽에서 오른쪽으로 시간이 경과하는 도중에 기후 변화나 기준면 변화는 없는 것으로 가정했다. 또한 주요 하천의 위치는 변화하지 않으며, C, D에서 급사면의 구배는 불변으로 보았다.

지 않고 일정하여 정상 상태(동적 평형)를 취할 수도 있다고 생각하게 되었다(생각 자체는 1930년경부터 있었으나 근년 실증성이 높아졌다). 또한 B의 경우도 가능하여 산지가 반드시 유년기·장년기를 거쳐 노년기에 이르는 것이 아니므로 여기에서는 전통적인 시기명을 사용하지 않고 유년 산형·장년 산형·노년 산형 등 형태명을 사용하겠다.

그림 7.22의 A에서 각 시기의 산형을 단면형으로 나타냈는데(이 경우 가로축은 수평 거리를 겸한다), 주요 골짜기와 능선의 위치 관계는 변화하지 않는 것으로 했다(수계의 보수성을 의미한다). 이는 B, C, D에서도 마찬가지이다. 또한 유년 산형·장년 산형은 암질에 의해 사면 안식각이 거의 일정하게 유지되는 것으로 했다. 이것도 B, C, D에서 같은데, C와 D에서는 지각 안정기에도 사면각을 일정하게 유지하면서 사면이 후퇴하는 것으로 했다(건조 지역에서 사면각의 보수성을 의미한다). 그리고 A, B와 같이 식생 피복이 있는 곳은 건조 지역과는 달리 풍화 물질로 구성된 사면이 완만한 경사각에서 안정을 유지하는 것으로 상정했다.

일본의 산지를 보면 곡벽 경사가 최대인 히다(飛驒)·아카이시(赤石) 산맥은 급속한 융기로 동적 평형을 취하는 장년 산형의 산지이다. 이들보다 곡벽 경사가 조금 작은 기이(紀伊) 산지·시코쿠(四國) 산지·규슈 산지는 조금 느린 융기로 동적 평형을 취한 장년 산형의 산지일 것이다. 히타카(日高) 산맥은 장년 산형의 산지이나 경사가 히다·아카이시 산맥보다 조금 작은 것은 기후 조건이나 지질의 차이 혹은 융기 속도의 차이 때문일 것이며, 이들 요인의 분석은 금후의 과제이다. 또한 일본의 산지에서 곡벽 경사의 분포가 정확하게 알려진 것은 아니므로(앞의 내용은 니시무라(西村, 1948)에 의한 지형 계측에 근거한다) 금후 DEM(수치 표고 모델)에 의한 계측과 연구가 기대된다.

기후 변화에 의해 곡벽 경사가 변화한 것은 도호쿠(東北) 지방의 산지에서 후빙기에 골짜기의 하각이 진행되어 곡벽 하부의 경사가 급해진 사실로부터 알려져 있다. 그 원인은 강수 강도의 증가와 주빙하 작용의 감소에 있는 것으로 생각된다.

모델 B의 파상지는 미고결암 지역에서 만들어지는데, 일본에서는 주로 플라이오세층으로 구성된 센다이(仙台) 북쪽의 '리쿠젠(陸前) 준평원'과 도쿄 서부의 다마(多摩) 구릉 중부에 사례가 있다. 8장 2절에서 소개할 보소(房総) 반도의 구릉과 히가시쿠비키(東頸城) 구릉도 이런 사례일 것이다. 이곳은 융기는 빠르지만 구릉의 고도가 낮게 유지되고 있다. 일본의 구릉 상당수는 제3기의 해성 미고결층이 육화하여 조밀하게 골짜기가 파여 만들어진 것이다. 런던의 북쪽과 남쪽에 분포하는 백악으로 이루어진 구릉은 모델 B와 같은 느린 융기와 지표 수계가 생기기 어려운 완만하게 기울어진 백악층이라는 조건이 겹쳐져 태어난 지형일 것이다. 모델 C와 D의 사례는 페디멘트라는 용어가 처음으로 사용되었던 미국 남서부를 비롯하여 반건조 지역과 건·습 열대(그림 7.7, 그림 7.8의 ②④)에 넓게 분포한다. 페디멘트의 집합을 페디플레인이라고 하며, 이는 아프리카 사바나 지대와 그 주변에서 특히 넓은 면적을 차지한다.

모델 D는 지질 구조(수평암층)의 지배를 받아 침식을 잘 받지 않는 지층의 윗면이 보존된 것으로 넓은 것은 구조 평야라고 부른다. 대표적인 사례가 콜로라도 고원의 평탄한 대지면이다. 인도의 데칸 고원과 아프리카 남부의 레소토 고원(모두 홍수 현무암[11]으로 이루어진 구조 평야)도 같은 사례이다.

---

11 대지 현무암으로도 불리는 홍수 현무암(flood basalt)은 가장 규모가 큰 분화로 두께가 1km를 넘는 현무암질 용암류가 수천~수만km²의 면적을 덮는다. 인도의 데칸고원(50만km²)과 미국 북서부의 컬럼비아고원(20만km²)이 대표적인 홍수 현무암지대이다. 홍수 현무암은 맨

노트 7.1 등변위선(isobase)

영어권에서 지금은 별로 사용하지 않는 isobase[12]라는 용어가 있다. 의미는 등변위선으로 길버트가 1890년에 발표한 모노그래프(Gilbert, 1890)에서 처음으로 사용했다. 모노그래프의 표제는 *Lake Bonneville*(본네빌호, 미국 서부의 연구자 이름을 따서 명명함)이었다. 그림 7.23은 본네빌호의 호안 단구 모습이며, 그림 7.24는 호안선의 하나인 프로보(Provo) 호안선의 고도 측정 지점을 기준으로 등변위선을 표시한 것이다. 이 노트에서는 지형학 특히 변동 지형학에서 중요한 등변위선으로 불리는 등치선의 작성에 관해 언

그림 7.23 본네빌호의 호안 단구(Gilbert, 1890) 최고위의 가로선이 본네빌 호안선, 저위의 명료한 단이 프로보 단구.

틀에서 직접 유래한 것으로 보고 있다.

12 Merriam-Webster 영영사전에 의하면 isobase의 정의는 다음과 같다. "an imaginary line or a line on a map or chart passing through all points that have been elevated to the same extent since some specified time(as the Glacial epoch)."

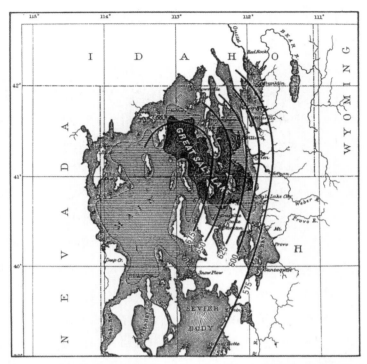

그림 7.24 본네빌 호안에서 프로보(Provo) 호안선의 변형을 보여주는 등변위량선(Gilbert, 1890) 선의 간격은 25피트. 호안선은 본네빌호의 것으로 배수로(outlet)는 북동쪽에 위치했다. 짙은 색은 현재의 그레이트솔트레이크호, 횡선 구역은 평탄지.

급하겠다. 9장 2절에서 해양저의 등변위선을 구한 연구를 소개하고 있으나 그림을 제시하지는 않았다. 여기에서는 두 개의 등변위선도를 들어 해설하겠다.

길버트는 지금의 유타주 그레이트솔트호의 수위가 빙기에는 현재보다 백 수십m 높았고 호소의 면적도 그레이트베이슨에 현재 산재하고 있는 내륙호 전체 면적의 10배 이상에 달했으며, 상승한 호소의 물은 북쪽의 스네이크(Snake)강과 컬럼비아(Columbia)강을 거쳐 태평양으로 유출되었음을 밝혔다. 또한 그 시기가 빙하 확대기(최종 빙기)에 해당한다는 사실을 모레인과 호안선의 관계로부터 밝혔다.

등변위선도는 수위가 가장 상승했던 본네빌호 시기와 그림 7.24의 프로보호[13] 시기에 대해 작성되었고, 두 그림에서 모두 등변위선은 빙기에 상승했던 호소 수위의 하강에 따른 수체의 하중 감소로 인해 발생한 패턴을 보인다. 즉 토지가 지각 평형의 원리에 의해 융기했음을 나타내고 있다.

길버트는 본네빌호 모노그래프를 발표함으로써 (1) 북아메리카 서부 건조 지역의 빙기는 다우기였고 다우호의 호안에는 단구와 삼각주가 만들어졌다는 것과 (2) 본네빌호 규모의 수체가 소장하면 지각 평형으로 인해 토지의 변동이 발생한다는 것을 보여주었다. 또한 이 지역에서 제4기에 일어난 단층 운동과 화산 활동을 기록하여 지역의 지형 발달사를 기후 변동과 관련하여 밝혔다. 이는 지역 지형 발달사의 고전이라고 할 수 있는데, 길버트는 본네빌호 모노그래프 서론에서 제4기와 같이 오래되지 않은 시기의 지형·지질 연구의 중요성을 설명했다. 즉 오래된 시기에 비해 자료의 보존이 좋은 데다 프로세스와 현상의 인과 관계도 알 수 있으므로 오래된 시기의 연구에 '열쇠' 역할을 할 수 있다고 주장했다. 길버트는 본네빌호 모노그래프에서 앞에서 언급한 (1)과 (2)의 두 사실 외에도 삼각주의 전형적인 구조, 조산 운동과 조륙 운동의 차이 등 이후의 연구에 도움이 되는 개념들도 같이 제시했다.

---

13 본네빌호는 현재의 그레이트 솔트호의 수위와 비슷했던 3만 년 전부터 수위가 상승하기 시작하여 1만 8,000년 전에 최고위(본네빌 호안선)에 도달했고, 고도가 낮은 북쪽 호안에서 월류하는 과정에서 본네빌 홍수가 일 년 가깝게 발생하며 약 5,000km³의 물이 배수되었다. 이후 3,000년간은 호소의 물이 안정적으로 스네이크강 유역으로 유출되었다. 월류가 지속되었던 1만 8,000~1만 5,000년 전 동안에 본네빌호의 수위가 낮아지면서 프로보 호안선이 출현했다.

등변위선은 그 후 호안 단구의 경우와 동일한 방식으로 해안선의 고도 변위에도 사용되었을 뿐 아니라 다음과 같은 연구에도 사용하게 되었다. 제 4기 지각 변동 연구회(第四紀地殼變動研究グループ, 1968)는 일본의 제4기 지각 변동으로 융기·침강을 나타내는 데 두 가지 방법에 근거하여 등변위 선(등융기선·등침강선)을 작성했다. 하나는 지형학적 방법으로 '준평원'이라 고 생각되는 소기복 침식면이 형성 당시에는 해수면 고도에 가까웠을 터이 고, 따라서 보존이 좋고 연대가 알려진 소기복 침식면의 고도를 연결하여 등변위선을 구할 수 있다는 방법이다. 다른 하나는 지질학적 방법으로 어느 시대 지층의 퇴적 심도를 화석 자료로 추정하고 현재의 고도와 퇴적 심도의 합계치를 연결하여 등변위선을 그린다는 방법이다. 후자의 방법은 야외 조 사와 시추 자료에서 얻은 저서 미화석(특히 유공충)이 연대와 심도를 나타내 는 자료로 사용할 수 있게 되어 정확도가 높아졌지만, 제4기에 관해서는 등 변위선을 작성하는 데 사용된 사례는 없는 것으로 보인다. 지형학적 방법에 서는 '준평원'의 연대와 형성 당시의 해발 고도를 결정하는 데 어려움이 있 었고, 지질학적 방법에서도 마찬가지로 지층의 연대와 퇴적 당시의 심도를 결정하는 것이 쉽지 않았다. 실제로는 두 방법을 사용하여 구한 등변위선이 상당히 가까웠기 때문에 문제는 있었을지언정 전국의 등변위선을 작성할 수 있었다.

7장 4절 2항에서 빙기와 하나 더 앞선 빙기의 하상 고도의 차 또는 간빙 기와 하나 더 앞선 간빙기의 하상 고도의 차가 1회의 빙기 또는 간빙기의 융기량의 지표로 이용될 수 있음을 언급했다. 이런 자료를 지닌 하안 단구 가 넓게 분포하고 있다면 단구면의 비고(혹은 이를 연대로 나눈 융기량)를 토 대로 등변위선(혹은 등변위 속도선)을 작성할 수 있다. 일본의 제4기 지각 변 동도와 유사한 제4기의 등융기 속도 분포도가 뉴질랜드에서 만들어졌는데,

호안선과 하안 단구의 비고로부터 구한 융기량과 융기 속도가 분포도 제작에 이용되었다(오타太田, 1997의 소개가 있다).

또한 등변위선을 구하지는 않았지만 약간 유사한 방법으로 과거의 수심을 구한 경우도 있다. 산호초가 얹어 있는 평정 해산을 이용했는데, 산호초 윗면은 산호초 생육기의 해수면 높이를 나타낸다는 사실로부터 과거의 수심을 구할 수 있다. 메너드(Menard, 1964)가 주장했던 중서부 태평양에 소재하는 약 1억 년 전의 다윈 해팽(Darwin Rise)이 일례이다. 메너드는 수몰된 화산 내지 산호섬(평정구)의 기저 심도와 윗면 심도(약 1억 년 전의 해수면 높이)의 차이로부터 산호초 기저에 거대한 해팽이 있었음을 등심도선으로 나타냈다. 그림 9.5에 다윈 해팽의 가장자리를 메너드(Menard, 1964)에 근

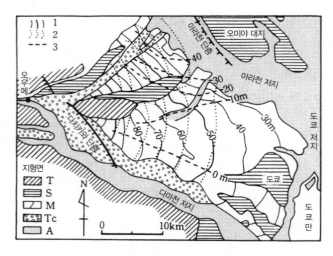

그림 7.25 무사시노(武臧野) 대지의 실제 등고선과 이론적으로 복원한 선상지 등고선으로부터 등변위량선을 작성한 그림(貝塚, 1957 간략화) 1(실선): 실제 등고선(M면에 대한), 2(점선): 오우매(靑梅)를 선정으로 삼고, 0m 파선이 변위를 받지 않았다고 가정한 후 선상지 형태론에 의해 복원한 M면의 등고선, 3(파선): 등변위량선. 대지 북부가 북동쪽으로 갈수록 낮아졌음을 보여준다. 이런 저하가 미치고 있지 않는 오미야(大宮) 대지와 무사시노 대지 사이에는 아라(荒)천 단층이 있는 것으로 추정된다.

거하여 제시했다. 다윈 해팽은 지금은 침강하여 존재하지 않으나 9장 2절에서 언급한 슈퍼 스웰[14]의 선구자였던 것 같다.

상기한 것 외에도 (A) 실제 지형의 고도가 있고 (B) 무엇인가 별개의 자료로부터 지형 형성 당시의 고도를 알 수 있다면 양자의 차로부터 등변위선을 그릴 수 있다. 이런 사례의 하나가 9장 2절에서 언급한 남태평양의 등심선 이상(연대−고도의 관계로 봤을 때의 이상)이다. 또 다른 사례는 그림 7.25에 제시한 무사시노(武藏野) 대지의 등변위선 이상(선상지의 형태로 봤을 때의 이상)이다. 그림에는 무라타(村田, 1971)의 선상지 형태론에 근거하여 오우메(靑梅)를 선정으로 삼아 지형면을 복원했을 때의 등고선도 표시되어 있다. 등변위선은 복원한 등고선과 실제 등고선의 차를 토대로 작성된 셈인데, 일반론으로 보면 과거의 등고선이 복원되었다는 점에서 9장 2절의 사례와 공통적이다.

---

14 거대 융기역으로 번역되는 슈퍼 스웰(superswell)은 심해저역에서 해저면이 이례적으로 높아 수심이 얕아진 광범위한 해역을 가리킨다. 해저의 고지대는 슈퍼 플룸(superflume)을 통해 핵과 맨틀의 경계로부터 다량의 물질이 분출되어 만들어진 것으로 보고 있다.

제4부

지형 발달사의 사례들

야츠가타케(八ヶ岳)산 동록에서 바라본 긴푸(金峰)산과 오쿠치치부(奧秩父)의 산들.
나우만*은 긴푸산을 포사 마그마 안쪽으로 보았지만……

- 시·공에 걸친 종합적 관점의 중요성
- 대·중·소지형의 취급 − 제2부 제 분야의 응용 문제 같지만 그게 다는 아니다.
- 지역의 지형지는 지형 연구의 출발점이자 종착점이다.
- 달의 지형 발달사 − 지구도 탄생 초기에는 이랬었다.

8장
중·소지형의 발달사

1. 해안 지형의 발달사: 최종 간빙기~후빙기의 미나미간토

미나미간토(南関東)[1]에는 제4기의 플라이스토세 중·후기와 홀로세의 해

---

* 나우만(H. E. Naumman, 1854~1927)은 독일의 지질학자로 일본 정부에 초빙되어 1877~
1879년에 도쿄대학 지질학과의 첫 번째 교수로 재직했고, 1878년에는 내무성 지리국에 지
질과(현재의 지질조사소)를 설립했다. 1879년부터는 일본 전국의 지질도 작성에 참여했고,
1885년 독일로 귀국했다. 일본 체류 중의 대표적인 연구 업적으로 1885년 발표한 『일본의 지
질 구조(Ueber den Bau und die Entstebung der japanischen Inseln)』를 들 수 있는데, 이
안에서 일본의 지질 구조는 중앙 구조선에 의해 내대와 외대로 또 포사 마그나에 의해 동북
일본과 서남일본으로 구분된다고 주장했다.

1 간토(関東)는 일본의 수도권에 해당하는 지역으로 법률상으로 범위가 명확하게 정의된 것은
아니지만, 대체로 도쿄도(東京都)를 비롯하여 이바라기(茨城), 도치키(栃木), 군마(群馬), 사
이타마(埼玉), 지바(千葉), 가나가와(神奈川)의 6현을 가리킨다. 미나미간토는 간토 지방의
남부 또는 중남부 지역의 명칭으로 도쿄도, 사이타마현, 지바현, 가나가와현을 가리킨다.

성·하성 지형면이 분포하고 화산회에 의한 편년도 많이 진행되었다. 연구사에서도 일본의 지형 발달사·제4기 편년의 표준 지역으로 여겨져왔다(大塚, 『제4기第四紀』, 1931; 大塚·望月, 『지형 발달사地形發達史』, 1932). 이 절에서는 특히 해안 지형에 대해 최종 간빙기~최종 빙기(플라이스토세 후기)~후

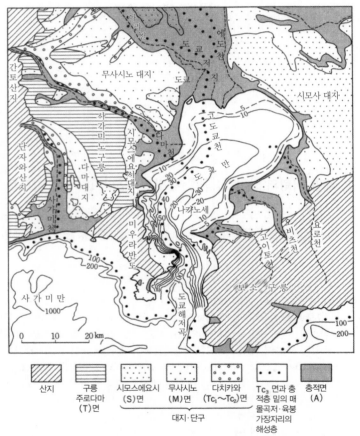

그림 8.1 간토 남부의 지형 분류(Kaizuka et al., 1977) Tc₃면은 해안 단구(다마천·사가미천을 따라), 충적면 밑의 곡저(고(古)도쿄천 하상), 육붕 가장자리의 해성면 등 다양한 환경에 분포한다.

빙기(홀로세)의 기후—해수면 변동 사이클에 나타나는 지형 변화를 문제로 삼겠다.

그림 8.1에 미나미간토의 지형 분류를 나타냈는데, 여기에서는 주로 도쿄—요코하마(橫浜)·미우라(三浦) 반도[2] 일대의 시모스에요시(下末吉)면~충적면의 형성사를 대상으로 한다. 이보다 오래된 구릉과 산지의 지형·지질은 이곳의 지형 발달에는 전제 조건이 되는 환경이며, 이런 환경에서 세계적인 간빙기~빙기~후빙기의 해수면 변동이 생겼다. 여기에 더해 미나미간토 지역에서는 겐로쿠(元祿) 지진[3]과 간토 지진 등 대지진의 발생에 동반되는 급격한 융기와 지진 사이의 휴식기에 일어나는 완만한 침강이라는 지각 변동[4]이 이어졌고, 이런 환경에서 하천과 해안에서의 침식·퇴적 작용이 지형을 변화시켰다. 그림 8.2에 개략적인 지형 변화를 4시기로 구분하여 제시했다. 그림 8.1과 그림 8.2에 다음의 내용을 보충하겠다.

---

2 미우라(三浦) 반도는 태평양으로 돌출하여 도쿄만과 사가미만을 나누고 있는 가나가와현 남동부에 소재하는 반도이다. 반도 동쪽 끝의 간논자키(觀音崎)가 도쿄만의 남한이며, 우라가(浦賀) 수도를 사이에 두고 맞은편의 보소 반도와 함께 도쿄만을 둘러싸고 있다(그림 8.1 참조). 태평양판의 섭입에 따른 부가체에서 유래하며 50만 년 전에 해수면 위로 융기했다. 필리핀해판에 실려 북상하던 이즈(伊豆) 반도가 일본 열도와 충돌할 때 발생한 에너지에 의해 시계 방향으로 회전하며 현재의 모습이 되었다.

3 1703년 12월 31일 간토 지방을 덮친 거대 지진으로 6,700명의 사망자와 2만 8,000채의 가옥 파괴가 발생했다. 진원은 사가미 트러프이고 규모는 7.9~8.5로 추정하고 있다. 1923년 발생한 간토 지진과 비슷한 해구형 지진이다.

4 규모 6 이상의 천발(淺發) 지진(진원의 깊이가 지하 70km 이내의 얕은 지층에서 발생하는 지진)이 일어나면 지진성 지각 변동이 동반된다. 해안에서 일어나는 지반의 융기·침강은 토지의 침수와 해저의 육화로 이어져 주민들에게 강한 인상을 남기는데, 미나미간토 해안에는 지진성 지각 변동으로 인한 융기 파식대가 여러 단 나타난다. 융기 파식대의 최하단은 1923년 간토 지진(규모 7.9) 때 이수한 것이며, 그 배후의 해발 고도 4~5m의 단구면이 1703년 겐로쿠 지진(규모 8.2)에 의해 육화되었다.

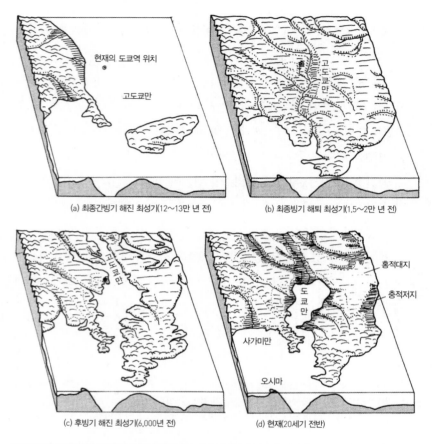

(a) 최종간빙기 해진 최성기(12~13만 년 전)

(b) 최종빙기 해퇴 최성기(1.5~2만 년 전)

(c) 후빙기 해진 최성기(6,000년 전)

(d) 현재(20세기 전반)

현재의 도쿄역 위치

고도쿄만

고도쿄만

고도쿄만

홍적대지

충적저지

도쿄만

사가미만

오시마

그림 8.2 간토 남부의 지형 변천(貝塚, 1992) 13만 년 전부터 현재까지. 세부적인 사항과 관련하여 불확실한 곳도 있는데, 예를 들면 (a)의 섬(보소(房総)섬?)의 해안선이 그런 경우이다.

(1) 그림 8.1에는 시모스에요시면(S면), 무사시노(武蔵野)면(M면), 다치카와(立川)면(Tc$_{1-3}$), 충적면(A)이 구별되어 있으나 해성과 하성의 구별은 이루어져 있지 않다. 연대 구분이 그림으로 나타낸 것보다 더 상세하게 이루어진 곳도 있다(뒤에서 언급함).

(2) 산지·구릉 및 그림 8.2a에서 육지인 곳은 플라이스토세 중기 이전의

지층·암석으로 구성되어 있는데, 암석의 침식에 대한 강도는 지역 차가 크다. 특히 다마(多摩) 구릉─미우라 반도와 보소(房総) 반도는 주로 마이오세~플라이스토세 중기의 퇴적암으로 이루어져 침식에 약하다. 이곳은 대체로 융기역이기 때문에 육지가 된 곳으로서, 융기하지 않았다면 해수면 아래에 있었음에 틀림없다.

(3) 이 지역 최대의 하천은 지금의 아라(荒)천 저지와 도쿄 저지를 흐르는 아라천·도네(利根)천과 그 전신에 해당하는 빙기의 고(古)도쿄천이며, 침식 속도와 퇴적 속도 모두 빠르다. 고도쿄천과 사가미(相模)천은 갑자기 깊어지는 도쿄 해저곡과 사가미만 해저로 유입하기 때문에 해수면 변화에 민감하게 반응했다. 지금의 도쿄만 해역은 지반의 침강역이면서 동시에 고도쿄천과 그 지류에 의한 침식역·퇴적역이기도 하다. 도쿄만은 사가미만과 우라가(浦賀) 수도와는 수심은 물론 파랑과 해수의 흐름도 크게 다른 지형 환경을 갖고 있다. 따라서 바다가 깊고 연안류도 빨라 바다 쪽으로 삼각주가 돌출되지 않은 사카와(酒勾)천·사가미천 하구에 비해 수심이 얕고 연안류도 그다지 빠르지 않은 도쿄만 해안에는 호상 삼각주가 발달하여 매우 대조적인 지형을 만들고 있다.

이어서 후빙기부터 과거로 거슬러 올라가면서 지형 발달사에서 주목할 만한 몇 가지 사변에 대해 언급하겠다.

(1) 유라쿠초(有楽町) 해진 이후의 지형 변화

2만~1.5만 년 전부터 6,000년 전까지의 빙하성 해수면 변동에 따른 세계적인 해수면 상승으로 인해 전 세계의 많은 지역과 마찬가지로(그림 5.29 참조) 일본 전역의 해안도 리아스 해안이 되었다(그림 8.2c). 해수면 상승의 결과로 도쿄의 저지대 일대에 퇴적된 유라쿠초층의 이름을 따서 이 해수면 상승을 유라쿠초 해진으로 부른다. 약 6,000년 전부터 전 세계의 해수면 높이는 거의 안정되어 그 이후의 변동 폭은 5m 이내였던 것으로 보고 있다. 이 기간에 미나미간토의 해안이 경험한 커다란 지형 변화는 다음 세 가지이다. (1) 해식애의 후퇴, (2) 리아스만의 매적 내지 삼각주의 전진, (3) 지반 융기에 의한 파식대의 육지화, 즉 홀로세 단구의 형성. (1)과 (2)에는 암석 제약이 중요한 역할을 했던 것이 오츠카(大塚, 1931)에 의해 밝혀졌다. 그 증거가 국지적인 지형에도 나타나는데, 사진 8.1의 해안선과 배후 유역의 골짜기 형태에서 확인할 수 있다.

그림 8.3에 근거하여 약 6,000년 전의 해안선을 거의 복원할 수 있다. 그림의 설명과 같이 수심 20m 전후보다 얕은 해저에는 암반의 노출이 많고 이는 육상의 헤드랜드로 이어지며, −20m 전후보다 얕은 모래·진흙의 분포역은 육상의 골짜기를 메운 충적 저지로 이어진다. 약 6,000년 전에 해수면이 현재의 수준에 도달한 후에는 거의 안정되었기 때문에 20m 전후보다 얕은 해저에서의 암반 분포는 6,000년 동안 헤드랜드의 후퇴 즉 파식대의 형성을 나타내는 것이다. 이 한 장의 지형·지질도가 약 6,000년 전의 고지리, 6,000년간 진행된 해식애의 후퇴(속도), 암반을 깎는 파랑의 침식심(5장 7절 3항에서 언급한 파식 기준면의 수심)을 동시에 말해주고 있다.

(2) 최종 빙기~후빙기의 해저 지형 변화

미우라 반도 남부에 대해 지형도와 해도로부터 육상·해저를 포괄하는 지형 단면을 나타낸 그림 8.4를 보면 20m보다 얕은 해저 암반 지대는 요철이 풍부하여 파식 작용은 미기복을 남기고 있음을 알 수 있다. 그리고 조금 급한 해저 사면을 지나 100m 전후에 평탄면이 있다. 이는 과거의 파식대·퇴적대로 해수면 변화 곡선(예를 들면, 그림 8.6)으로 판단컨대 약 2만

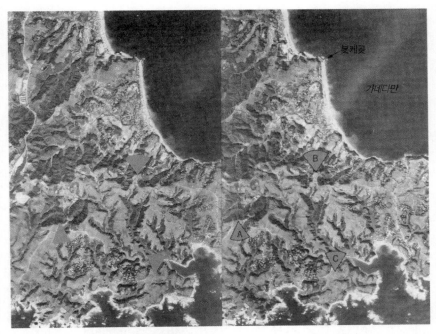

사진 8.1 미우라 반도 남부의 지형(국토지리원, 1965년 촬영) 남쪽의 리아스 해안에서는 헤드랜드의 후퇴와 만의 매립이 진행되고 있지 않으나 북동쪽의 가네다(金田)만에 면한 해안에서는 헤드랜드의 후퇴와 만의 매립이 함께 진행되어 평활한 해안선이 만들어지고 있다. 리아스 해안은 미우라층군 미사키(三崎)층 지역이며, 북동 해안의 봇케(ボッケ)곶 이남은 미우라층군 핫세(初聲)층(고결이 약한 경석 기원의 모래가 탁월)으로 구성되어 있다. 두 헤드랜드 이북은 플라이스토세 미야타(宮田)층(미고결 모래층)으로 구성되어 있어 모두 육상 침식에도 해식에도 약하다. 육상에서는 A 히키바시(引橋)면(저위의 S면, 82m), B 다도리바라(田鳥原)면(M₁면, 60m), C 미사키면(M₂면, 35m)의 해안 단구면이 보인다. 부채꼴 기호는 단구면의 위치를 나타내며 동시에 실체시를 돕는다.

년 전의 것으로 생각된다. 1955년에 저자가 그림 8.4를 작성했을 때 아직 제4기의 기후−해수면 변화 곡선에는 연대를 보여주는 눈금이 들어 있지 않았다. 유라쿠초 해진이 시작된 연대가 ^{14}C에 의해 막 알려지기 시작할 무렵이었다. 그런 상황이었기 때문에 그림 8.5를 작성했던 것이다.

그림 8.5는 가로축과 세로축에 표기한 제목처럼 깊이 0~20m 육붕(거의

그림 8.3 미우라 반도 서부의 육상과 해저 사이에 보이는 지형·지질의 관계(貝塚, 1995; 해저 지형과 저질은 1950년경까지 제작된 해도에 근거한다. 저질 조사에 새로운 사실은 없는 것 같다.) 20m보다 얕은 곳의 암반 부분(파식대)은 육상의 산릉으로 이어지며, 이들 사이에 '빙기의 골짜기'를 메운 퇴적물이 있는 사실에 주의하기 바란다.

6,000년 동안 형성됨)의 폭과 깊이 20~120m 육붕의 폭의 상관도이며 해안(육붕)의 암석을 3개로 구분하여 표시했다. 가장 먼저 읽어낼 수 있는 것은

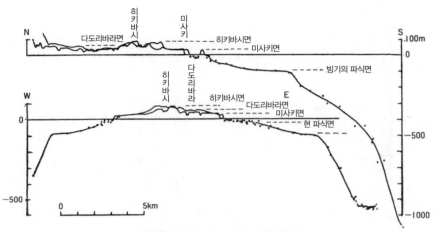

그림 8.4 미우라 반도 남부의 남북 및 동서 단면(貝塚, 1955)

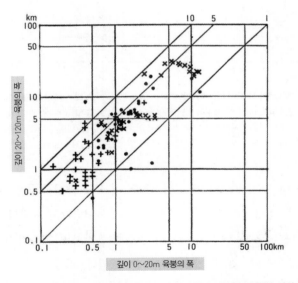

그림 8.5 깊이 0~20m의 폭과 20~120m의 폭의 관계 및 육붕의 폭과 해안을 구성하는 암석과의 관계(貝塚, 1955) 초시(銚子)부터 이즈(伊豆) 반도 서안에 이르는 해안에서 5km 간격으로 계측한 결과, ×: 홀로세층 또는 플라이스토세층(즉 제4기층)으로 구성된 해안, ●: 제3기층으로 구성된 해안, +: 화산암으로 구성된 해안.

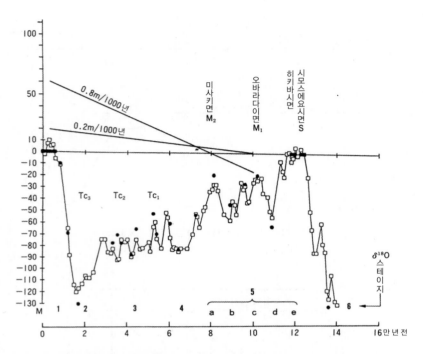

그림 8.6 심해저 코어 δ16O에 의한 해수면 변화 곡선(사각형 기호는 Shackleton, 1987)과 파푸아 뉴기니 휴온(Huon) 반도의 산호초 단구로부터 얻은 해수면 고도(흑색 원) 그래프(Chappell, 1994) 그래프에서 S, M_1, M_2, Tc 등의 위치를 연대에 근거하여 기입했다. 이 가운데 M_1, M_2 연대가 그림 2.6과 가이즈카(貝塚, 1992)의 47쪽 그림과 다른 것은 테프라 연대에 대한 관점이 달라졌기 때문이다.

깊이 0~20m 육붕이 해식에 의한 것이라면 분포 패턴과 폭의 상관성으로부터 깊이 20~120m의 지형도 해식으로 만들어졌다고 생각할 수 있다는 점이다. 다음으로는 해식의 속도가 암질별로 같다면 양자의 비에 근거하여 후자의 형성에 필요한 기간을 추정할 수 있다. 결과는 3배 전후, 즉 1만 8,000년 정도가 되었다. 이는 현재 알려져 있는 최종 빙기 최성기(동위체 스테이지 2)부터 현재까지의 기간(그림 8.6)과 거의 동일하다.

또한 해안을 구성하고 있는 3종의 암석을 대상으로 해식애의 후퇴 속도도 비교할 수 있다. 즉 육붕의 형성 연대를 앞에서와 같이 생각하면 그림으로부터 다음과 같은 후퇴 속도를 알 수 있다. 화산암으로 이루어진 해안에서는 6,000년간의 후퇴 속도가 0.1~1.0km, 1만 8,000년간의 후퇴 속도가 0.5~5km에 대부분 들어간다. 1,000년 기준으로 환산하면 전자가 16~160m, 후자가 28~280m이다. 마찬가지로 제3기 퇴적암으로 이루어진 해안에서는 전자가 83~830m, 후자가 55~1,100m이고, 제4기 퇴적층으로 이루어진 해안에서는 전자가 83~1,600m, 후자가 550~1,600m이다. 종류가 같은 암석에서도 한 자릿수의 차이가 있을 만큼 분산이 매우 큰 값이지만, 그럼에도 화산암과 제4기층의 해식 속도에는 한 자릿수의 차이가 나타나고 제3기층은 그 중간 값을 갖는다. 이 값은 다른 장소에서 측정된 값과 모순되지 않는다(그림 5.31 참조)

(3) 최종 간빙기~최종 빙기 해안 지형의 변화

도쿄·요코하마 지역에서는 최종 간빙기의 동위체 스테이지 5e의 해성면이 S면(시모스에요시면)으로 확정되어 있으나 미우라 반도에서는 최종적으로 확정된 것이 없다. 히키바시(引橋)면과 다도리바라(田鳥原)면(오바라다이小原台면), 미사키(三崎)면(사진 8.1, 그림 8.4)은 테프라 연대에 의해 과거 1970년대에는 각각 약 10만 년, 8만 년, 6만 년 전으로 정해져 서인도 제도의 바베이도스(Barbados)에서 알려진 단구 연대인 10.5만 년, 8.2만 년, 6만 년 전과 대비되었다(예를 들면, 町田, 1977a; 그림 1.5와 그림 2.6은 이 자료에 근거한다). 그러나 광역 테프라 연구가 진전되고 나서 각각 12~13만 년 전(5e 전후), 10~10.5만 년 전(5c), 8만 년 전(5a)으로 대비되었다(町田·新井, 1992; 그림 8.6은 이 자료를 따른다). 이와 같은 편년상에서 단구 연대의 변화로 인해 미우라 반도 남부의 평균 융기 속도가 과거의 연대로는

1.2m/1,000년이었다가 새로운 연대를 적용하여 0.8m/1,000년으로 바뀌었다. 요코하마 북부에서 S면 이후의 융기 속도에 변화가 없었다고 하면 평균 융기 속도는 0.3m/1,000년에 가깝다. 이들 값을 토대로 또 그림 8.6을 세계적인 해수면 고도 변화 곡선이라고 하면 도쿄—미우라 반도에서 추정되는 구 해안선(구정선) 고도를 남북 방향으로 투영하면 그림 8.7과 같이 나타난다.

융기 속도가 1.2m/1,000년이든 0.8m/1,000년이든 간토 남안은 세계적으로도 융기 속도가 빨라 5e 이전의 플라이스토세 해수면 하강(스테이지 6, 8, 10 등)으로 만들어진 해식 지형(육붕)은 지금은 해수면 위로 융기되어 있음이 틀림없다. 따라서 간토 남안의 좁은 육붕, 특히 그 말단부인 100m 전후의 평탄면은 최종 빙기에 해수면이 하강했던 만큼 융기라는 조건에 의해 '순수 배양'해주고 있다고 생각해도 좋다.

1955년에 제안한 육붕의 최종 빙기 '순수 배양'설은 간토 남안의 평균 융기 속도가 1m/1,000년 이상이라면 육붕 전체(해안으로부터 육붕 가장자리까지 0m부터 100m 전후까지)에 대해 성립할 것이다. 그러나 이 값이 1m/1,000년 이하라면 그림 8.6에서 알 수 있듯이 스테이지 3과 4시기의 해성면이 현재의 해수면 위로 융기하지 못하고 육붕의 일부를 형성했고 또 스테이지 6 이전의 해성면도 육붕 형성에 관여하고 있다고 추정된다. 보소 반도 동부에서는 북쪽으로 갈수록 육붕의 폭이 넓어지는데, 이는 암질이 침식되기 쉬웠기 때문만이 아니라 융기 속도가 작았던 것을 보여주는 것으로 생각된다.

(4) 미우라 반도 주변의 최종 간빙기 이후의 지각 변동

그림 8.7은 특히 S면, 즉 스테이지 5e 이후의 해수면 변동·지각 변동·

하천(고도쿄천과 사가미천)의 침식·퇴적에 의한 지형 발달사를 주제로 하여 이번에 다시 작성한 것이다. 미우라 반도의 지각 변동을 더 검토하고 싶은 의도도 있었다. 앞 절에서 언급했듯이 미우라 반도의 해안에는 S면의 분포가 알려져 있지 않으므로 반도 주변의 S면 고도와 함께 이보다 새로운 스테이지 5c, 5a, 2 등의 고도도 투영해봤다.

  미우라 반도에는 몇 개의 활성 주향 이동 단층이 알려져 있으나 이들 단

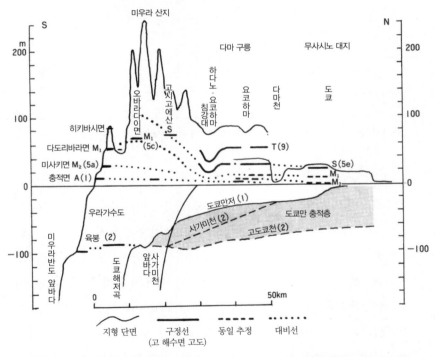

그림 8.7 미우라 반도 주변(남북 방향은 도쿄-미우라 반도 남안 사이, 동서 방향은 고(古)도쿄천-사가미천 사이)의 구정선 고도와 지형의 남북 방향 단면도(육상의 구정선은 町田, 1973; 岡 외, 1974 등, 해저의 자료는 Kaizuka *et al*., 1977에 근거함) 해성면(구정선)의 명칭, T, S, M 등 뒤의 괄호 안은 심해저 코어에 의한 $\delta16O$ 스테이지 번호(그림 8.6의 번호).

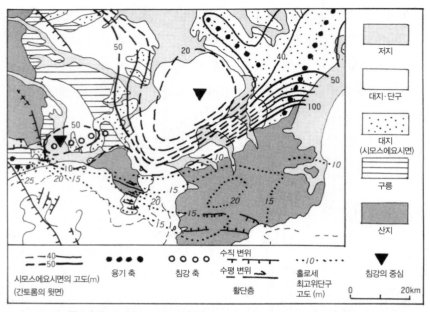

다음은 범례 부분이다.

저지

대지·단구

대지
(시모스에요시면)

구릉

산지

---40--- ---50---	●●●●	○○○○	수직 변위 ⊣⊢ 수평 변위 →	··●10●···	▼
시모스에요시면의 고도(m) (간토롬의 윗면)	융기 축	침강 축	활단층	홀로세 최고위단구 고도 (m)	침강의 중심

0   20km

그림 8.8 시모스에요시(下末吉)면의 고도와 충적면의 고도(貝塚, 1987a) 약 12만 년 전 이후와 약 6,000 년 전 이후의 변동 패턴을 보여준다.

층으로 인한 수직 변동은 시기에 따라 또 단층에 따라 달라 그다지 명확하지 않다. 따라서 그림 8.7과 이전에 작성했던 S면 이후의 지각 변동도(貝塚, 1987a; 그림 8.8)를 비교하면 미우라 반도, 특히 그 안에서도 중부의 산지는 제3기층 분포가 보여주는 빠른(혹은 이른 시기부터의) 융기와 함께 최근 10만 년 동안 대국적으로는 하나의 융기 지괴로서 단층을 동반하면서 움직여 왔을 것이다. 그림 8.8에 제시한 미우라 반도와 보소 반도 남부의 홀로세 최고위 단구에 근거한 개략적인 융기 분포량도는 건설성의 국토지리원(建設省國土地理院, 1982)에 따른다. 그림 8.7과 그림 8.8에 근거하여 S면 이후의 지각 변동과 홀로세의 지각 변동을 비교하면 대체로 융기역이 일치하고 평균 융기 속도도 들어맞는다고 해도 좋을 것 같다.

2. 퇴적 분지의 육화에 의한 지형: 왕가누이·보소 반도·니가타

제4기 전반까지는 넓은 해저였으나 이후 융기·육화하여 구릉과 단구가 된 곳이 있다. 이런 장소는 신생 육지에서 지형의 형성과 현재의 모습에 도 달하기까지 어떤 변화가 있었는지를 보여준다. 8장 1절에서 언급했던 사 례는 해안을 따라 분포하는 약 10만 년 전 이후의 지형이었던 반면 이 절 에서 거론하는 세 지역은 더 넓고 또 더 장기간에 걸친 사례이다. 세 지역 모두 많은 연구가 이루어진 곳으로 저자도 방문했던 적이 있다(그림 8.9). 각 지역의 특색을 살펴보자.

왕가누이는 뉴질랜드 북섬 남서부의 구릉·단구 지대로 북쪽부터 남쪽 으로 순차적으로 육화가 진행되었고, 구릉의 구성층(플라이오세~플라이스 토세 전·중기층)은 남쪽으로 기울어져 있다. 하천들은 북쪽에서 남쪽으로 평행하게 흐르고 가장 큰 왕가누이천의 하구에 같은 이름의 도시가 있다.

보소 반도[5] 중부에서 북부에 걸친 지역은 왕가누이 지역과 마찬가지로 플라이오세부터 플라이스토세 전·중기에 퇴적된 가즈사(上総)층군으로 이 루어져 있다. 보소 반도 중부의 융기에 동반하여 해저가 육화되고 북쪽으

---

5 보소(房総) 반도는 간토 지방의 남동쪽으로 돌출하여 도쿄만 동쪽을 둘러싸고 있는 반도로 지바현 대부분을 차지하고 있다. 동단은 도네천 하구에 해당하는 이누보(犬吠)곶이며, 남단 은 노지마(野島)곶이다. 노지마는 본래 섬이었으나 겐로쿠 지진으로 인해 융기하여 연육되었 다. 지형적으로는 남쪽에서 북쪽으로 가면서 저산성의 구릉, 대지, 평야부로 고도가 낮아진 다. 즉 남부에서 중부에 걸쳐 해발 고도 300m 전후의 보소 구릉 등으로 이루어진 구릉·대지 가 발달하며, 평야부에는 도네천의 충적 평야, 구쥬쿠리(九十九里) 평야 등이 분포한다.

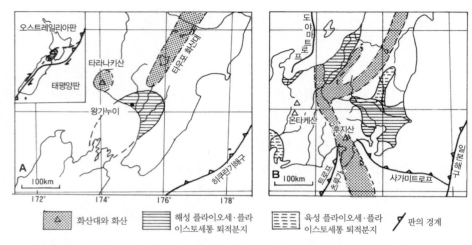

(지도 내 라벨)

A 지도:
오스트레일리아판
타라나키산
태평양판
왕가누이
타우포 화산대
하쿠랑기해구

B 지도:
도야마트로프
온타케산
후지산
구로베
이토시즈
사가미트로프
일본해구

(범례)

△ 화산대와 화산

해성 플라이오세·플라이스토세통 퇴적분지

육성 플라이오세·플라이스토세통 퇴적분지

⚡ 판의 경계

그림 8.9 **왕가누이(Whanganui)·보소(간토)·니가타의 해성 플라이오세통·플라이스토세통 퇴적분지** 육상의 화산대는 대체로 융기해왔다.

로 흐르는 수계를 낳았다. 수계 발달에 관한 세부 사항은 앞으로 해결해야 할 과제라고 할 수 있는데, 동북동 방향으로 길게 뻗은 산릉을 횡단하며 북류하는 하천을 1930년대 초에는 뒤에서 언급할 적재 하천[6]과 암석 제약으로 설명했다(大塚·望月, 1932). 또한 북류하는 하천이 하류부에서 북서쪽으로 방향을 변경한 원인에 대해서도 문제 제기가 있었다.

니가타(新潟) 평야의 서쪽으로 펼쳐진 히가시쿠비키(東頸城) 구릉은 마이오세~플라이스토세의 해성층으로 이루어져 있다. 육화는 플라이스토세에

---

6 습곡 구조를 지닌 기반이 두꺼운 퇴적물로 덮여 있거나 준평원화 작용으로 완전히 평탄화되면 그 위를 흐르는 하천은 지질 구조에 지배되지 않고 오직 지표면의 경사를 따라 흐르게 된다. 하천이 유로를 그대로 유지하며 하방 침식을 계속하면 기반의 구조를 절단한 하곡이 출현하게 되며, 이런 하곡과 하천을 각각 적재곡(superposed valley)과 적재 하천(superposed river)이라고 한다. 적재 하천은 표성(생) 하천(epigenetic river)이라고도 부른다.

남서쪽에서 북동쪽으로 진행되었고 동시에 북동-남서 방향의 배사축과 향사축을 갖는 습곡이 일어났다. 그 결과 북동쪽으로 평행하게 흐르는 수계를 낳았다. 이곳은 습곡 구조와 함께 배사축부터 시작된 육화가 지금의 수계와 지형의 개략적인 모습을 결정한 것 같다.

(1) 왕가누이 지역

왕가누이는 제4기 편년의 세계적인 모식지 가운데 하나로서, 그림 8.10 의 모식도에서 경사진 지층과 이들을 자르며 계단 모양을 만든 해성 단구 지형과 퇴적물을 볼 수 있다. 그림 상단에 나타냈듯이 제4기 초의 해안선 은 타우포 화산대의 남쪽 현재의 해발 고도 300~400m에 있었으나 순차 적으로 남쪽으로 이동했다. 또한 지층이 두껍게 퇴적된 분지 중심도 남쪽 의 현재 해역으로 옮겨졌다. 왕가누이 서쪽 타라나키(에그몬트산)까지 해안 을 따라 그림 상단의 지형과 같은 플라이스토세 중·후기(50만 년 전 이후) 의 해안 단구가 발달한다. 그러나 쿡 해협을 사이에 두고 남섬의 북동부는 리아스 해안 지역으로 해안 단구는 분포하지 않아 북쪽의 융기에 대해 남 쪽에서는 침강이 일어나고 있음을 보여주고 있다. 왕가누이 퇴적 분지는 그림 8.9A의 삽도와 같이 보존 경계의 굴곡부에 생긴 대규모의 풀어파트 (pull-apart) 분지[7]로 볼 수 있으며, 분지의 남하가 왕가누이층군을 육화시 킨 것이다(貝塚, 1994).

---

7 두 개의 주향 이동 단층이 겹쳐지면 단층들 사이에 놓인 지괴는 상대적으로 움직이는 단층 의 운동으로 인해 인장력을 받게 되고, 양쪽으로 당겨지면서 침강이 일어난다. 이런 과정으 로 마름모 또는 S자 모양의 구조 분지가 만들어지는데, 중동의 사해가 대표적인 풀어파트 (pull-apart) 분지이다.

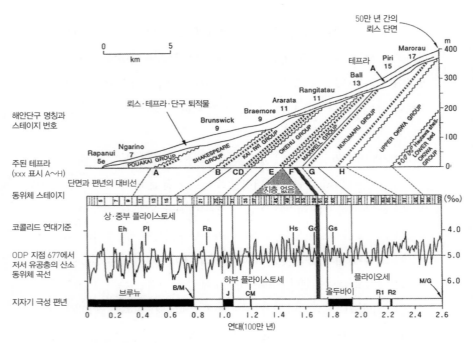

그림 8.10 왕가누이 지역의 모식 단면과 δ16O 곡선의 대비(Pilland, 1994) 그림의 위로부터 아래로 설명한다. 해안 단구는 십 수 단을 확인할 수 있으며, 최고위 단구는 해발고도 400m에 위치한다. 단구 퇴적물은 뢰스나 테프라(두께 10m 이하)에 덮여 있어 연대가 여러 방법으로 측정되었고, 하단 편년도의 동위체 스테이지와 대응하고 있다. 상단 왼편의 셰익스피어(Shakespeare)층군 상부에 끼어 있는 테프라A는 스테이지 11보다 오래된 단구를 덮고 있다. 스테이지 번호는 온난기(해수면 상승기)에 붙여져 있다. 파선으로 나타낸 부정합은 해수면 저하기에 만들어졌다. 원석조(coccolithophore)의 기준은 종의 출현·절멸기를 종명의 약식 기호로 나타냈다. δ16O 곡선은 위가 온난기, 지자기 극성 편년의 B/M은 브루느/마쓰야마 경계, M/G는 마쓰야마/가우스 경계.

(2) 보소 반도

보소 반도의 지형 발달사에는 많은 문제가 있으나 여기에서는 오츠카·모치츠키(大塚·望月, 1932)가『지형 발달사(地形發達史)』에서 지적했던 반도 전체의 형성 과정·형성 연대에 관한 문제를 그 후의 연구에서 밝혀진 사실을 포함하여 소개하겠다.

오츠카는 『지형 발달사』에서 보소 반도 중북부의 여러 하천이 두세 개의 긴 산릉을 횡단하며 북류하는 사실에 주목했는데, 요즘 명칭으로 가즈사(上総)층군 또는 시모사(下総)층군의 어느 층준이 과거에는 보소 반도를 넓게 덮었고, 이후 육화에 동반하여 북쪽으로 흐르는 하천이 생긴 것으로 수계의 기원을 생각했다. 이들의 발상은 1931년에 존슨(W. D. Johnson)이 애팔래치아의 산열을 횡단하며 격자상 패턴을 만든 수계를 적재 하천(오츠카는 거치据置천으로 불렀음)과 지질 구조에 의해 설명했던 것에서 촉발되었다.

보소 반도의 수계를 접봉면도와 함께 나타내면 그림 8.11과 같다. 반도 서편에서는 하천이 보소 반도의 최고 지점인 아타고(愛宕)산(408m)의 서쪽에서 동서남북 사방으로 발원하고, 반도 동편에서는 해안에 가까운 기요스미(清澄)산의 분수계로부터 북쪽으로 흐르고 있다. 북류하는 하천은 접봉면으로 표현한 가늘고 긴 고지대(이곳은 그림 8.11과 8.12에 나타나듯이 북쪽으로 경사진 모래층이 만든 케스타 지형이다)를 횡단하고 있다. 오츠카는 이 수계가 발생한 시기를 찾아내려고 남북 방향의 지형·지질 단면도를 작성하여 고찰했다.

그 후의 조사로 밝혀진 그림 8.12의 단면 B에 의하면 Kk(가키노키다이柿ノ木台층)과 동시이층인 이치주쿠(市宿) 모래층이 만든 기나다(鬼泪)산(가노鹿野산)의 케스타 배면(파선 U)은 본래는 남쪽까지 뻗은 지형면으로 생각할 수 있다. 단면 A에서 M(만다노万田野층)과 Ch(초난長南층)가 만든 배면은 북쪽의 J(지조도地藏堂층)와 Ka(가사모리笠森층)의 경계(그림의 파선J/Ka)에 이어지는 침식면으로 보인다. 그렇다면 이들 케스타를 횡단하는 고이토(小糸)천과 오비츠(小櫃)천의 유로는 지조도층(스테이지 11)의 육화에 동반되어 그 윗면에 생겼던 것으로 볼 수도 있다. 지조도층과 초난층(스테이지 13)이

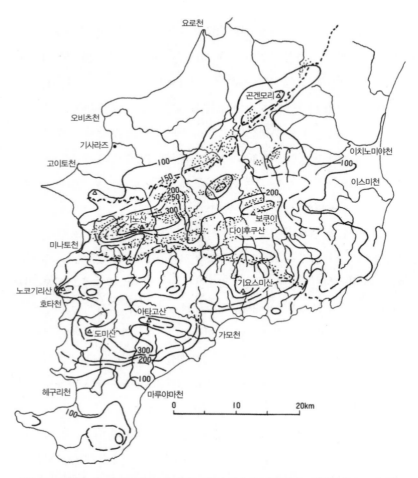

그림 8.11 보소(房総) 반도의 접봉면(등고선 간격 50m), 수계와 케스타를 만든 모래층(점점)의 분포(지형도와 각종 지질도로부터 작성) 2개의 파선 사이에 가즈사층군이 있으며, 북쪽 파선 이북에는 시모사층군이 남쪽 파선 이남에는 미우라층군이 분포한다.

퇴적 당시에 남쪽 어디까지 분포했는지, 즉 당시의 해안선이 어디에 있었는지를 밝힐 수 있다면 수계의 발생 시기를 알 수 있게 된다. 이를 위해서는 이들 지층의 자갈과 모래의 암질·광물 조성이나 층리로부터 지층 구성

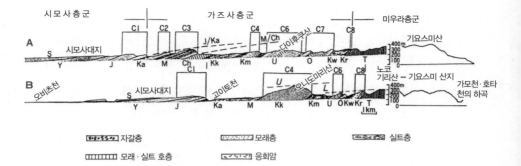

시모사층군   가즈사층군   미우라층군

자갈층   모래층   실트층

모래·실트 호층   응회암

그림 8.12 보소(房総) 반도 중부의 남북 방향 단면(Nakagawa, 1960 가필) A: 거의 요로천을 따르는 남북 방향의 단면, B: 기사라즈(木更津)를 지나는 거의 남북 방향의 단면, C1−C8: 케스타의 열, A의 J/Ka, M/Ch. B의 U, L에 대해서는 본문 참조. 지층(상위로부터) S: 세마타(瀬又)층, Y: 야부(藪)층, J: 지조도(地藏堂)층, Ka: 가사모리(笠森)층, M: 만다노(万田野)층, Ch: 초난(長南)층, Kk: 가키노키다이(柿ノ木台)층, Km: 고쿠모토(国本)층, U: 우메가세(梅ケ瀬)층, O: 오타다이(大田代)층, Kw: 기와다(黄和田)층, Kr: 구로타키(黒瀧)층, T: 도요오카(豊岡)층군.

물을 공급한 유수의 방향을 해석하는 것이 해결의 한 방법일 것이다. 오츠카는 1932년에 보소 반도의 지형 발달사를 블록다이어그램으로 나타냈는데, 이때 이치주쿠층(Kk와 동시로 스테이지 15)은 남쪽으로부터 공급되었고 기요스미산에서 북류하는 수계의 출발(적재 하천으로 생긴 것)은 이 육화 시기라고 생각했다(大塚·望月, 1932).

그림 8.12의 단면도에 제시한 것과 같은 가즈사층군의 층서는 1960년대에 화산회를 열쇠층으로 사용함으로써 진전을 봤는데, 그 후 고환경을 고려한 퇴적학적 연구가 이어져 1980~90년대에는 해수면 변동·지각 변동에 동반한 퇴적상 변화의 연구가 진행되었다. 가즈사층군은 주로 서쪽 도쿄만의 천해로부터 동쪽 심해역으로 공급되었고, 해수면 하강기에는 모래층이 또 상승기에는 진흙층이 퇴적된 것으로 보인다. 그러나 가즈사층군의 육화와 함께 출현한 북류하는 수계의 형성 과정에 대한 연구는 오츠카 이

후 거의 진행되지 않았다.

가즈사층군 분포 지역에는 왕가누이 분지와 달리 플라이스토세 중기(스테이지 7~17)의 단구와 단구 퇴적물은 거의 남아 있지 않기 때문에 구정선의 복원이 어렵다. 이는 암석의 침식에 대한 저항력의 차이보다도 유수에 의한 침식 작용이 일본에서는 빨랐기 때문이라고 생각된다.

이와 같이 보소 반도 중부에서는 해안 단구의 발달은 좋지 않으나 비교적 고도 동일성이 있는 구릉 배면을 확인할 수 있어 관련된 연구가 기대된다. 오츠카(1932)는 가노산 남록의 소기복면(그림 8.12의 L)의 성인에 주목하여 Kk(이치주쿠층) 밑의 지층 윗면이 화석면(삭박된 매몰 지형)으로 나타났거나 혹은 U면 형성 후의 소기복 침식면일 것으로 보았다. 보소 반도에는 가즈사층군이 침식되기 쉬웠던 탓에 소기복 침식면이 많이 나타나는데, 그 원형은 해안 단구에서 유래했을 가능성이 큰 것으로 생각된다.

가즈사 해분에서 고(古)도쿄만으로　　지금까지 밝혀진 가장 오래된 해안 단구로는 S면(스테이지 5e)이 시모사 대지에서 확인되었을 뿐이며, 그림 8.11의 범위에서는 북동쪽 곤겐모리(觀現森, 173m) 북록의 해발 고도 약 130m에 S면 해안선이 알려져 있는데 불과하다.

그런데 그림 8.11에서 고이토천·오비츠천·요로(養老)천은 오츠카가 지적했듯이 시모사 대지 지역(시모사층군의 분포 지역)에 들어가면 북류에서 북서류로 방향을 바꾼다. 앞에서 언급했듯이 S면의 정선은 약 130m 지점에 있었으므로 이 북서류는 해성 S면의 육화에서 비롯되었을 것이다. 이는 또 시모사층군이 형성되었을 시기에는 퇴적 분지가 동서로 길게 뻗은 가즈사 해분(가즈사 트러프)에서 간토 평야−도쿄만에 중심을 갖는 고도쿄만(지각 변동으로는 간토 조분지 운동[8])으로 옮긴 것을 지형으로 나타낸 것이다(貝塚, 1987a). 이 지각 변동의 추이는 가시마(鹿島)-보소 융기대의 융기에 의해 생긴 것으로 보이며(그림 8.8 참조), 그 근원에는 필리핀해판이 북진에서 북서진으로 방향을 변환한 것에 있지 않을까 추정하고 있다(貝塚, 1984).

(3) 니가타 지역

니가타 평야의 동서 및 남쪽에 분포하는 구릉은 니가타 퇴적 분지라고도 불리는 제3기~플라이스토세 전기의 퇴적 지대가 육화한 곳이다. 평야 서쪽은 히가시쿠비키(東頸城) 구릉의 북부로 해발 고도는 200~300m 이하이며, 이곳의 육화 과정이 여기에서의 주제이다. 육화가 일찍 일어났던 곳은 동쪽의 우오누마(魚沼) 구릉으로 이곳에는 동쪽에서 서쪽으로 흐르는 수계가 만들어진 반면 히가시쿠비기 구릉에서는 습곡 구조와 관련된 남서-북동 방향의 수계가 만들어졌다(그림 8.13).

그림 8.13의 히가시쿠비키에는 정합으로 중첩된 테라도마리(寺泊)층(마이오세)과 시야(椎谷)층·니시야마(西山)층·하이즈메(灰爪)층·우오누마(魚沼)층(마이오세 말~플라이스토세 전기)이 분포하며, 이들은 퇴적 말기인 2.5Ma 경부터 습곡을 받기 시작했다(岸·宮脇, 1996). 퇴적 환경은 테라도마리층의 심해성으로부터 점차 천해성이 되었고, 우오누마층은 매우 얕은 바다로부터 하성으로 바뀌었다. 해수면 변동의 영향도 틀림없이 있었겠으나 지층에 미친 영향이 상세하게 조사되지는 않은 것 같다. 또한 니가타 평야 주변에

---

8 분지를 만드는 지각 운동을 총칭하여 조분지 운동(basining)이라고 한다. 대규모 해양 분지(oceanic basin)부터 소규모 산간 분지(intermontane basin)에 이르기까지 분지를 만드는 지각 운동은 지각의 대규모 파상 운동부터 습곡, 곡륭, 요곡, 단층 등 다양하며 때로는 이들이 복합적으로 작용하여 복잡한 양상을 보이기도 한다.

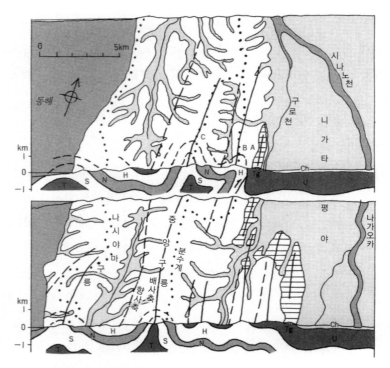

그림 8.13 히가시쿠비키(東頸城) 구릉의 지형과 지질 구조(지질 구조는 1/5만 지질도엽(小林 외, 1991; 小林 외, 1995)과 岸·宮脇, 1996에 근거함) A, B, C는 그림 8.14의 산릉, 점선은 분수계, 엷은 회색 부분은 충적 저지, T: 데라도마리(寺泊)층, S: 시야(椎谷)층, N: 니시야마(西山)층, HP: 하이즈메(灰爪)층과 와나즈(和南津)층, U: 우오누마(魚沼)층, Tg: 단구 자갈층, Ch: 충적층, 실선: 배사축, 파선: 향사축.

서는 플라이스토세의 해안 단구가 알려지지 않아 플라이스토세 중·후기에
는 침강이 탁월했을 것으로 생각된다.

그림 8.13의 상단에서 오른편 아래에 해당하는 A에는 평야 서쪽 가장자
리의 하안 단구가 파장 수백m라는 짧은 어묵 모양의 변형을 받았고(Ota,
1969) 여기에 선행곡[9]이 만들어졌다(그림 8.14). 이곳에서는 습곡 구조의 성
장을 보여주는 단구 자갈층의 변형도 알려져 있다(太田·鈴木, 1979). 이보

다 서쪽의 배사축 위치는 그림 8.13에 나타낸 두 개의 단면과 같이 1,000m를 넘는 침식에 의한 저하를 확인할 수 있음에도 불구하고 그 위치는 현재의 능선(분수계) 위치와 거의 일치하고 있고, 배사축을 횡단하는 골짜기는 존재하지 않는다. 이는 지금의 능선 위치를 결정하는 데는 암석의 제약도 작용했을 테지만, 우오누마층이 육화하여 수계가 발생했을 당시 배사 부분이 먼저 해수면 위로 나타나기 시작했음을 추정하게 한다.

히가시쿠비키 구릉의 수계는 이렇게 습곡 운동과 관련하여 결정되었고, 이 수계에서의 빠른 육상 침식으로 인해 능선은 1,000m 이상이나 낮아져

그림 8.14 습곡을 받은 단구(A)가 중간에 보이며, 배사 구조가 만든 산릉(B, C)이 원경에 보인다(오타(太田陽子) 촬영 사진을 토대로 한 스케치) 니가타 평야 서쪽 가장자리. A, B, C의 위치는 그림 8.13에 나타냈다. 전경인 구릉의 중앙부에 있는 골짜기는 선행곡.

---

9 하천의 중·하류가 융기했을 때 하천의 하각 속도가 융기 속도보다 빠르면 하천은 산지를 자르며 유로를 유지한다. 이런 하천을 선행 하천(antecedent stream)이라고 하며, 선행 하천이 산지를 횡단하며 만든 골짜기를 선행곡(antecedent valley)이라고 한다. 1875년 미국 서부의 우인타(Uinta) 산맥을 횡단하는 그린(Green) 강에 대해 파웰(J. W. Powell)이 처음으로 사용한 용어이다.

현재의 구릉지 지형이 되었다. 능선의 고도는 대체로 곡사면이 서로 만나는 지점에서 유지되었을 것이다. 이 지역의 1차곡 곡두의 경사는 크다. 또한 습곡은 특히 일찍 진행된 지역으로부터 이동했는데, 습곡장을 거시적으로 보면 서쪽에서 동쪽으로 변천했다(岸·宮脇, 1996). 그림 8.13의 동쪽에 보이는 단구를 변형시킨 습곡과 그 남쪽 오지야(小千谷) 부근의 활습곡(4장 2절 참조)은 새로운 습곡장에서의 움직임인지도 모른다. 이와 같이 이지역은 습곡의 진행과 수계·사면형의 발달이라는 관점에서 흥미로운 사례를 제공하고 있어 앞으로도 더 연구할 만한 지역이라고 생각된다.

3. 산지의 침식 지형과 대비 지층: 미노·미카와 고원과 간토

산지의 지형 또는 그 변화로 인해 하류역의 산지 기원 퇴적물이 변화한다는 사실은 잘 알려져 있다. 이미 5장 2절에서 산지의 기후 환경 변화로 인한 하류에서의 지형·퇴적물의 변화를, 또 5장 4절에서는 상류의 빙하와 하류의 빙하 퇴적물의 관계를 살펴봤다. 또한 2장 2절에서는 산지의 소기복면과 그 밖의 침식 지형의 연대 결정에 하류역의 대비층이 이용될 수 있음을 소개했다. 이 절에서는 산지의 소기복면과 그 대비 지층의 관계, 산지의 변화와 산록 퇴적물의 변화에 관한 실례를 혼슈 중부의 두 지역을 대상으로 언급하겠다. 그림 8.15는 노비(濃尾) 평야에서 간토 평야에 이르는 지형·지질 단면이며, 지질로는 제3기~제4기의 화성암·퇴적암을 표기했다.

혼슈 중부의 포사 마그나와 그 양쪽은 일본에서 가장 높고 융기 속도도 큰(혹은 컸던) 지역이다. 이 그림에서 아카이시(赤石) 산지 동북쪽의 고마(巨

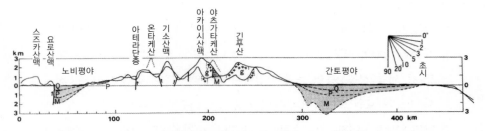

그림 8.15 포사 마그나를 거의 동서 방향으로 자르는 지형과 신제3계·제4계 단면(貝塚, 1989) 단면선은 나고야 북부-온타케(御岳)산 남록-긴푸(金峰)山 부근-도쿄-초시(銚子) 부근을 지난다. 2개의 지형 단면은 오카야마(岡山, 1988)의 접봉면 등고선에 의한다. 수직 거리는 수평 거리의 10배, M: 마이오세층, P: 플라이오세층, Q: 제4기층, g: 신제3기 화강암류.

摩) 산지와 간토 산지 서부의 긴푸(金峰)산을 만든 신제3기 화강암류가 지표에 드러나 있어 관입 후 삭박이 컸을(삭박이 없었다면 산은 수천m는 더 높았을) 것으로 생각된다. 또한 기소(木曾) 산지 서쪽의 미노(美濃)·미카와(三河) 고원이 노비 평야로 낮아지는 곳과 간토 산지가 간토 평야로 낮아지는 곳에서는 완만한 산릉의 연장선이 평야의 신제3기층과 제4기층의 층위 어딘가로 들어가는 것처럼 보이는데, 이 관계는 산지 쪽의 융기와 평야 쪽의 침강을 나타내고 있다. 먼저 노비 평야부터 살펴보자.

(1) 미노·미카와 고원[10]의 지형과 세토(瀨戶)층군·도키(土岐) 사력층

미노·미카와 고원으로부터 노비 평야에 걸쳐 지형은 전체적으로 서쪽으로 낮아진다. 또한 노비 평야도 서쪽으로 낮아지고 세토 도토(陶土)층·야다(矢田)천 누층(합쳐서 세토층군, 플라이오세층)과 야고토(八事)층·가라야

---

10 미노·미카와 고원은 기후(岐阜)현과 아이치(愛知)현, 나가노(長野)현 일부에 걸쳐 있는 해발 고도 약 1,000m 이하의 고원이다. 기후현 구역을 미노 고원, 아이치현 구역을 미카와 고원 또는 미카와 산지라고 부른다. 기소(木曾) 산맥의 남서쪽으로 이어지며 주로 화강암으로 구성된 융기 준평원이다.

마(唐山)층 등의 제4기층도 낮아지고 있어 노비 경동 지괴라는 개념이 생겼다(桑原, 1968). 일본 전역의 제4기 지각 변동도를 작성했을 때는 세토 도토층 등 세립의 육성층이 풍화가 진행된 화강암 물질에서 유래한다는 점에서 미카와 고원 소기복면의 대비 지층으로 간주하여 미카와 고원 소기복면의 연대도 제3기 말로 추정했다. 따라서 소기복면의 현재 고도는 제4기의 지반 상승을 근사적으로 나타낸다고 생각했다(太田 외, 1963; 第四紀地殼變動硏究グループ, 1968).

미노 고원과 미카와 고원은 기소(木曽)천과 야하기(矢作)천 사이에 있으며, 북동쪽에서 남서쪽으로 뻗은 고지의 북쪽 경계를 짓는 뵤부(屛風)산 단층애(이 북쪽의 도키(土岐)천을 따라 JR 중앙선이 지난다)에 의해 구분되는데(그림 8.16), 나란히 뻗거나 사교하는 단층애는 고원을 몇 개의 지괴로 나누고 있다(그림 8.17). 지괴마다 산정에 보이는 소기복면과 사력층이 일련의 것인지 어떤지는 이 지역의 지형을 파악하는 데 중요한 문제였다(貝塚 외, 1964). 모리야마·단바(森山·丹羽, 1985)와 모리야마(森山, 1987)는 이들 사력층을 광역에 걸쳐 조사하고 자갈의 암질 구성, 역경 분포, 자갈이 보여주는 유수의 방향(오리엔테이션) 등에 근거하여 광역으로 펼쳐진 같은 층위의 도키(土岐) 사력층임을 확인함으로써 단층 운동이 시작되기 전인 제3기 말부터 현재까지 지형의 변천을 밝혔다(그림 8.19).

이 지역은 북쪽 반은 미노(美濃)대의 중생대 부가체 퇴적암과 노히(濃飛) 유문암이 남쪽 반은 료케(領家)대의 화강암류가 분포하고 있어 자갈의 기원을 파악하는 데 좋은 조건을 갖고 있다. 그림 8.19에서 볼 수 있듯이 이 지역의 지형 변천은 매우 뚜렷한데, 제4기가 시작되었을 때는 북동-남서 방향인 현재의 수계와 산계에 거의 직교하는 북쪽에서 남쪽으로 흐르는 히다(飛驒)천과 기소천의 수계가 있었다(그림 8.19A와 그림 8.19B). 남북

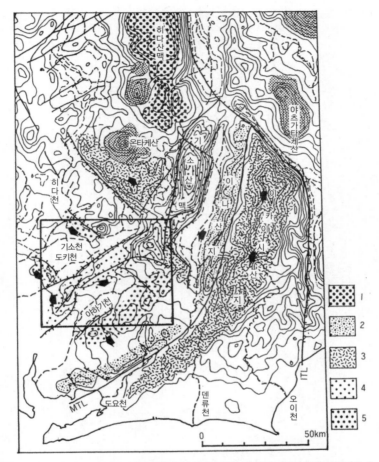

그림 8.16 산지의 융기 시기를 지표로 삼아 구분한 혼슈(本州)의 중부 산지(森山, 1999 가필) 접봉면은 오
카야마(岡山, 1988)의 그림(등고선 간격 200m)에 주요 단층을 기입. ITL: 이토이(糸魚)천—시즈오카(靜岡)
구조선, MTL: 중앙구조선, 회색 부분: 제4기 중·후기의 화산, 화살표: 경동 방향, 사각 박스: 그림 8.17,
18, 19의 범위. 1: 플라이오세 중기 무렵부터 융기했으며 플라이스토세 중기 이후에는 융기가 완만해짐,
2: 플라이오세 후기~플라이스토세 전기 무렵 융기했으나 이후 융기하지 않음, 3: 플라이스토세 시작부
터 현재까지 지속적인 융기, 4: 플라이스토세 중기부터 현재까지 활발하게 융기, 5: 플라이스토세 중기에
는 활발하게 융기했으나 후기에는 융기하지 않음.

그림 8.17 미노·미카와 고원의 지형학도(森山·丹羽, 1985 가필) 지도의 위치는 그림 8.16에 나타냈다.
1: 도키(土岐) 사력층이 만든 도키면, 2: 침식면으로서의 도키면, 3: 도키면의 고도 분포, 4: 단층, 5: 추정
단층, 6: 도키면 위로 돌출한 기반 산지, 7: 호소, 8: 세토(瀬戸) 도토층·도키구치(土岐口) 도토층 등 도키
사력층 밑의 도토층(貝塚 외, 1964).

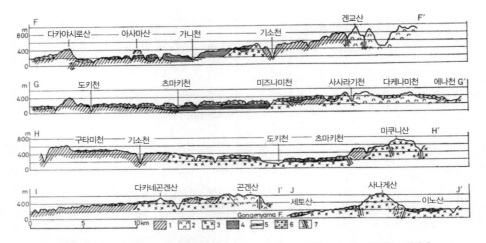

그림 8.18 미노·미카와 고원의 지형·지질 단면(森山·丹羽, 1985) 1: 고생대층, 2: 미노유문암, 3: 화강암, 4: 미즈나미(瑞浪)층군, 5: 도키구치 도토층·세토 도토층, 6: 도키 사력층, 7: 단층(명칭 생략). 단면의 위치는 그림 8.17에 나타냈다.

방향의 수계가 현재의 수계로 바뀐 것은 먼저 북동–남서 방향의 축을 지닌 요곡 운동이 일어나 새로운 수계가 생겼고(그림 8.19C), 다시 파랑상 습곡이 진행되어 지괴가 절단되고 단층 블록이 만들어졌다(그림 8.19D). 이때 많은 선행곡이 생겼다. 이 단층 운동은 이후 멈춘 곳도 있는가 하면 활단층으로 계속 움직이는 곳도 있다(森山, 1987).

그림 8.19B는 도키 사력층의 퇴적 당시 사력의 분포 그리고 기반암과 미즈나미(瑞浪)층군이 깎여 도키 사력층과 같은 수준에 만들어진 침식면을 보여주고 있다. 양자의 일련의 관계는 단면도(그림 8.18)에 표현되어 있으며, 퇴적면과 침식면을 합쳐 도키면으로 부르고 있다(森山·丹羽, 1985). 이 단면도는 처음 소개했던 제3기 말의 소기복면을 생각하는 데도 좋은 자료이다. 단면도에는 도키 도토층·세토 도토층의 분포가 표시되어 있으며, 평면도인 그림 8.17과 그림 8.19A에서 점선으로 둘러싸인 곳에 대응한다.

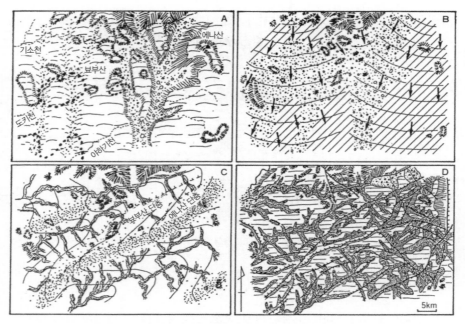

그림 8.19 미노·미카와 고원의 고지리 변천도(森山, 1987 가필) 그림의 위치는 그림 8.16에 나타냈다. A: 도키 사력층의 퇴적 개시기(플라이오세 말~플라이스토세 전기), 그 이전에 퇴적되어 있던 도키구치 도토 층·세토 도토층의 분포를 점선으로 나타냈다. 가는 파선은 현재의 주요 하천 위치, B: 도키면 형성기(플라이스토세 전기), 사선 표시부는 침식면으로서 도키면 형성 구역, C: 파상으로의 변형기(플라이스토세 전기~중기), 점 표시부는 융기대, 곡선은 추정 등고선, 빗살 달린 선은 그 이후 생긴 주요 단층의 위치, D: 단층 블록 운동기(플라이스토세 중기).

즉 단면도와 평면도 8.19A에 의해 도키 사력층이 퇴적되기 전에 존재했던 소기복면을 확인할 수 있으며, 이것이 도키면과 같은 분포역을 갖고 있었음을 말하고 있다. 도키 사력층이 차지하는 면적은 기소천이 노비 평야에서 만든 이누야마(犬山) 선상지와 덴류(天龍)천·오이(大井)천 등의 선상지보다 훨씬 넓어 최종 빙기의 노비 평야 선상지(노비 제1자갈층이 만든 선상지)에 필적할 만하다. 퇴적면으로서 도키면은 앞서 만들어진 제3기 말의 소기복 침식면을 넓게 덮은 후 개석되고 있지만, 연속적인 퇴적면으로 확인됨으로써 일본에서 가장 오래된 퇴적면에 속한다.

도키 사력층은 자갈의 암종, 역경 분포, 오리엔테이션 등에 근거하여 히다 산지를 공급원으로 보고 있으며, 히다 산지 주변의 다른 퇴적물에 대한 연구와 함께 히다 산지의 융기 시기를 그림 8.16과 같이 보여주고 있다. 이나(伊那) 산지·아카이시(赤石) 산지·기소 산맥 등의 융기에 대해서도 각각의 산록 퇴적물을 소기복 침식면·융기 개석기 곡 지형의 대비층으로 보고 층서학적 방법과 퇴적학적 해석에 근거하여 그림 8.16의 결과를 얻을 수 있었다.

(2) 간토 산지·아시오(足尾) 산지와 간토 평야의 가즈사층군

간토 평야를 메운 신제3기와 제4기층의 실태가 어느 정도는 알려져 있고, 심도 분포도·층후 분포도도 작성되어 있다(예를 들면, 貝塚·松田 편, 1982의 소개). 그러나 산지에서의 소기복 침식면은 아부쿠마(阿武隈) 산지 이외에는 분포가 적고 미노·미카와 고원과 같은 곳은 거의 없으므로 지하 지층의 '대비 지형면'을 육상에서 동정하는 것은 어렵다. 이 절에서는 간토 평야의 지하 지질과 주변 산지의 지형(접봉면으로 표현된 것)을 합쳐 작성한 단면도(동서 3면, 남북 3면)로부터 구한 결과를 소개하겠다(貝塚, 1987a).

그림 8.20은 간토 평야 기반면(플라이오세 제3계의 상면)의 심도와 여기에서 문제로 삼고 있는 가즈사층군의 층후가 1,000m를 넘는 곳을 보여주면서 동시에 주변 산지와 해저의 지질 개요를 나타내고 있다. 그림 8.21은 3개의 단면이다. 우선 단면 ②(이는 그림 8.15 단면도 동쪽 부분의 확대도)를 보면 간토 산지는 다마(多摩)천 유역에서 동쪽으로 완만하게 기울어진 능선을 갖고 있는데, 능선은 소기복 침식면의 흔적으로 생각된다. 침식면의 연

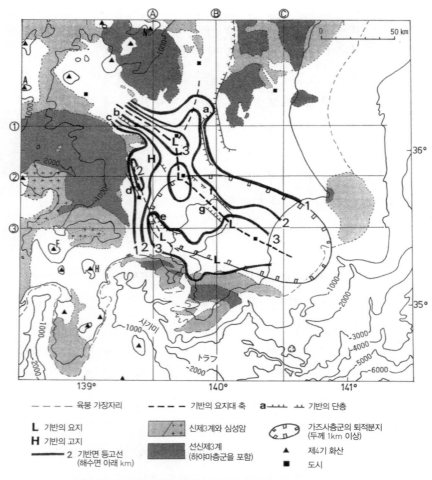

그림 8.20 간토 평야의 기반 심도와 주변 산지·해저의 지형·지질(貝塚, 1987a)

범례:
- − − − − 육붕 가장자리
- ━ ━ ━ 기반의 요지대 축
- a ┴┴┴ 기반의 단층
- **L** 기반의 요지
- **H** 기반의 고지
- ─2─ 기반면 등고선 (해수면 아래 km)
- 신제3계와 심성암
- 선신제3계 (하야마층군을 포함)
- 가즈사층군의 퇴적분지 (두께 1km 이상)
- ▲ 제4기 화산
- ■ 도시

장선이 K(가즈사층군 기저) 부근일 것이다. 이어서 단면 ⓐ에서 아시오 산지의 능선은 완만하게 평야 쪽으로 내려오며, 이 능선도 과거 소기복 침식면의 흔적일 것이다. 침식면의 연장선은 K에서 S(가즈사층군 상면) 부근으로보인다. 단면 ⓒ는 아부쿠마 산지 남부 소기복면의 연장선이 K 부근에 도

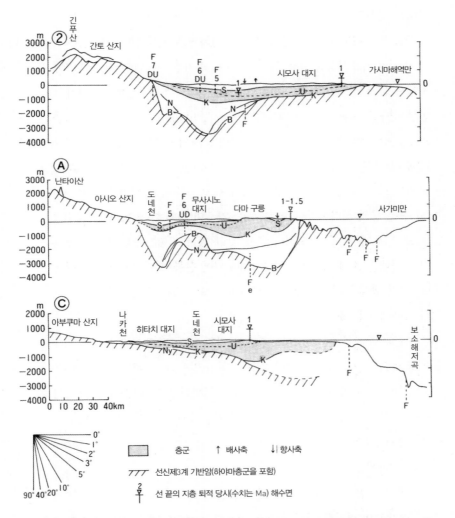

그림 8.21 간토 평야의 신제3기·제4기층과 주변 산지·해저의 단면(貝塚, 1987a) 수직 거리는 수평 거리의 10배. ②, ⓐ, ⓒ의 위치는 그림 8.20에 나타냈다. 점선 F는 단층이며 D와 U는 각각 침강 쪽과 융기쪽을 가리킨다. 지층 경계의 기호는 S: 사가미(相模)·시모사(下総)층군 기저, U: 가즈사(上総)층군 우메가세(梅ヶ瀬)층 중부, K: 가즈사층군 기저, N과 Ny: 플라이오세 제3계 기반 윗면(2개인 것은 자료의 차이), B: 기반암 윗면.

달하는 것처럼 보여준다.

어느 경우에도 간토 주변 산지의 소기복면은 해성(산록에서는 천해성 내지 하성)의 가즈사층군(플라이오세~플라이스토세층, 약 200만~45만 년 전) 기저에서 중간 정도까지의 층위에 대응하는 것 같다. 이 견해는 제4기 지각변동 연구그룹(第四紀地殼変動研究グループ, 1968)이 제4기 초기의 지층(가즈사층군 중부의 우메가세(梅ヶ瀬)층, 그림 8.21의 U)이 간토 산지의 소기복면에 대비되는 것으로 본 것과 같다. 가즈사층군은 간토 산지 동록에서는 천해성 또는 하성으로 사력층이 되기 쉽고(예를 들면, 다마 구릉·가스미(加住) 구릉 등의 히라야마(平山) 모래층·가스미 자갈층·한노(飯能) 자갈층으로 모두 우메가세층 정도의 층준을 갖고 있는 지층), 이들 지층은 접봉면이 나타내는 소기복 산지가 융기·개석되어 산록에 퇴적한 것으로 생각된다. 이런 생각은 지층의 경사를 산지 쪽으로 연장하면 산릉과 곡저 사이에서 상부에 오는 것으로도 지지를 받는다.

그런데 가즈사층군을 간토 주변 산지의 현 골짜기가 침식되는 과정에서 퇴적된 것으로 한다면 양적으로 균형이 맞을까. 이런 검토는 가이즈카(貝塚, 1987a)가 약간 생각했던 것 외에는 진행되고 있지 않다. 또한 그보다 앞선 소기복 침식면 형성 시기의 대비 지층이 어떤 것인지도 명확하지 않다(가즈사층군의 하부층 또는 가즈사층군 하위의 플라이오세~마이오세 상부층이 대비 지층일지도 모른다).

그리고 그림 8.15에 대해 부언하면 단면에서 간토 평야와 노비 평야의 마이오세층의 경사를 산지 쪽으로 연장하면 현재의 중부 산악보다 3~4배 더 높아지는 것으로 보인다. 이는 앞에서 언급했던 긴푸(金峰)산 등의 화강암을 노출하게 만든 침식 심도와도 모순되지 않는다. 문제는 이런 산의 융기와 침식이 언제 어떤 속도로 일어나 지금까지 언급한 소기복 형성에 이르렀는가 하는 발달사이다. 극단적인 경우라면 융기가 느려 7장 4절에서 제시했던 원초 준평원의 상태를 마이오세 이후 수백만 년간 혼슈 중부에서 볼 수 있었는지도 모른다. 그러나 적어도 간토 산지·미사카(御坂) 산지에서는 그렇지 않은 발달사가 제시되고 있어(예를 들면, 松田, 1984) 금후의 연구에 기대하는 바가 크다. 이런 종류의 일은 주로 층상이 지시하는 고환경 그리고 부정합과 층리면이 지시하는 고지형에 대한 연구를 통해 이루어질 것이다.

4. 화산회와 뢰스가 만드는 지형: 간토 평야와 황토 고원

5장 6절에서 언급했듯이 바람의 운반 물질은 크게 사구사와 뢰스로 나누어지며, 전자는 언덕 모양(혹은 봉棒 모양)의 지형을 만들고 후자는 시트 모양으로 펼쳐져 지표를 덮는다. 이 절에서는 화산회에서 유래하는 간토 롬과 황토 고원의 뢰스가 만든 지형이 이런 퇴적이 일어나기 전부터 있었던 지형에 크게 지배되어 만들어진다는 사실을 저자의 경험에 근거하여 언급하겠다.

(1) 간토 롬 지형

간토 북부에서의 간토 롬(일반적인 정의는 제4기에 간토에 퇴적한 화산회) 조사에서(그림 8.22) 저자는 우츠노미야(宇都宮) 동쪽의 기누(鬼怒)천 하상 고도와 그 동쪽에 있는 호샤쿠지(宝積寺) 단구의 간토 롬에 덮인 하성 자갈층의 고도에 차이가 거의 없고 또 하상으로부터 높이가 30m나 되는 단구면이 간토 롬의 퇴적으로 높아진 것을 확인했다(貝塚, 1957). 만일 간토 롬이 퇴적하지 않았다면 기누천 저지대는 기복이 대단히 작은 선상지면의 집합체이며, 지형면의 시기 구분도 쉽지 않았음이 틀림없다. 이곳은 해수면 변화·기후 변화로 인한 하상 고도의 변화는 작았던 것 같다.

다음으로 무사시노(武藏野) 대지와 사가미노(相模野) 대지에서 알게 된 것은 대지 지형을 만들었던 다마천과 사가미천의 선상지 자갈층(무사시노 자갈층·사가미노 자갈층)은 그 표면을 흐르는 소하천(간다神田천의 상류, 노野천, 사카이境천 등 선상지 자갈층에서 용천수로 함양 되는 하천)의 침식 기준면이 된다는 것이다. 일종의 암석 제약이 작용한다고 할 수 있다. 소하천은 굵은 자갈층의 윗면을 흐르며 강하한 간토 롬을 계속 씻어 없앴으나 소하천의 유로가 없는 하간지에서는 간토 롬이 지속적으로 퇴적되어 지금의 간토 롬 대지 표면을 만들었다. 따라서 롬을 절단한(그렇게 보이는) 골짜기의 깊이는 간토 롬의 두께를 나타내고 있다. 그림 8.22에서 B의 사카이천 골짜기가 그 사례이다. 이렇게 풍성 퇴적물이 위쪽으로 겹겹이 쌓여 지형이 만들어진 증거로는 소하천의 곡벽 사면에서 상위의 풍성층이 사면을 덮고 있는 것을 들 수 있다. 관련 현상을 가이즈카(貝塚, 1992, 110~114쪽)에서 상세하게 언급했다.

무사시노 대지·시모스에 대지와 사가미노 대지 사이에는 다마 구릉이 놓여 있다(그림 8.22B와 그림 8.1 참조). 다마 구릉에는 구릉 꼭대기까지 가즈사층군의 모래층과 진흙층으로 이루어져 있고 간토 롬은 거의 없는 곳(그림 8.22B의 '다마 구릉' 문자의 '구' 서쪽)과 구릉 상부가 수평으로 절단된 가즈사층군 위에 해성의 오시누마(おし沼) 사력층(스테이지 9)과 그 위로 간토 롬이 두껍게 실려 있는 곳(그림 8.22B의 '릉'자부터 '시'자까지)이 있다. 또 구릉 서부에도 가즈사층군을 절단한 하성 자갈층(고텐御殿고개 자갈층, 스테이지 12, 13 무렵)과 이를 간토 롬이 두껍게 덮고 있는 곳이 있다. 간토 롬

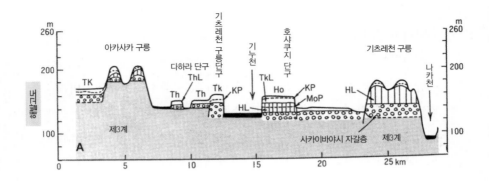

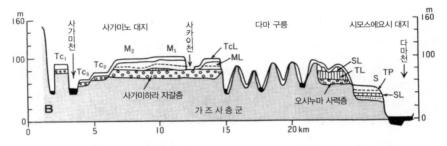

그림 8.22 우츠노미야(宇都宮) 부근(A)과 요코하마 부근(B)을 지나는 동서 방향의 지형·지질 단면(貝塚·鈴木, 1992) 간토 롬의 형상을 모식적으로 보여준다. 기호는 아래 표 참조. 검은색은 충적층.

	기타간토(A)		미나미간토(B)	
지형면	Th: 다하라면, Tk: 다카라기면, Ho: 호샤쿠지면		Tc: 다치카와면, M: 무사시노면, S: 시모스에요시면	
간토롬	ThL: 다하라롬, TkL: 다카라기롬, HL: 호샤쿠지롬		TcL: 다치카와롬, ML: 무사시노롬, SL: 시모스에요시롬, TL: 다마롬	
열쇠 테프라 (기원 화산과 연대, 만년)	KP: 가누마 경석(아카기, 3) MO: 마오카 경석(아카기, 36)		TP: 도쿄 경석(하코네, 5)	

이 두껍게 실려 있는 구릉은 침식되기 어려운 사력층이 평탄한 지형을 만들고 있던 장소에 간토 롬이 퇴적된 것으로 간토 북부의 기츠레(喜連)천 구릉(그림 8.22A의 우측)도 마찬가지이다. 풍성층이 퇴적되기 이전의 지형장이

평탄하여 간토 롬이 유실되지 않고 두껍게 퇴적될 수 있던 것이다. 반면에 능선까지 모래층과 진흙층으로 구성된 가즈사층군이 분포하는 곳 특히 진흙층으로 구성되어 조밀하게 골짜기가 파여 있는 곳에서는 사면에 퇴적된 간토 롬이 유수에 씻겨 얇게 퇴적될 수밖에 없다. 따라서 현재 다마 구릉에서 볼 수 있는 것은 대부분 가장 최근에 생긴 다치카와 롬 또는 무사시노 롬뿐이다.

(2) 황토의 지형

간토의 대지·구릉에서 얻은 풍성 롬에 관한 지식을 토대로 중국의 황토 고원을 보면 매우 흡사한 과정으로 만들어진 지형이 있음을 알 수 있다. 그림 8.23, 그림 8.24, 사진 8.2에 근거하여 해설하겠다.

황허 중류에 펼쳐진 광대한 황토 고원의 황토는 가이즈카(貝塚, 1997e)가 언급했듯이 란저우(蘭州)에서 웨이허(渭河) 북쪽에 걸쳐 가장 두꺼워 두께가 200m를 넘고 퇴적 기간은 200만 년에 달한다. 시안(西安) 부근의 황토 고원에서 퇴적 속도는 1만 년당 1m로 도쿄 부근에서 간토 롬의 퇴적 속도와 거의 같다.

황토가 만든 지형은 고원 모양의 유안(塬), 능선처럼 길게 뻗은 량(梁), 반으로 자른 달걀을 모아놓은 모양의 마오(峁) 그리고 단구 모양의 지형으로 크게 구분할 수 있다. 그림 8.23에서 횡선부가 유안이고 백색으로 처리된 부분이 나머지 세 지형이다. 여기에서는 유안에 대해 살펴보자. 유안의 분포는 그림 8.23에서 명확하듯이 시펑(西峰) 유안·뤄찬(洛川) 유안 모두 기반암 산지(고생대층·중생대층으로 이루어져 있음)에 가로막힌 웨이허와 황허 지류가 모이는 곳에 해당하며, 기반암은 그림 8.24A의 단면에서 알 수 있듯이 신제3기층으로 이루어져 있다. 이곳은 모여든 하천이 기반암을 침

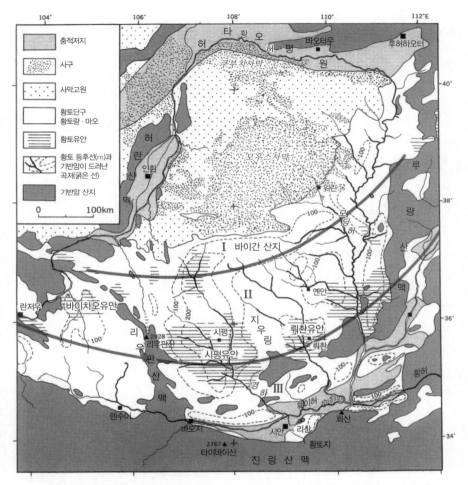

그림 8.23 황토 고원과 주변의 지형·수계 및 황토의 두께(貝塚, 1997c) 회색 선으로 구획된 I·II·III은 마란(馬蘭) 황토(황토를 3개로 구분할 때 최상위의 황토로 약 10만 년 전부터 1만 년 전의 퇴적물)의 입경에 의해 구분된 사질 황토대·황토대·점토질 황토대를 가리키며 이 순서대로 세립화한다. 각 구역의 평균 입경을 φ스케일과 mm로 나타내면, I: 4.9φ (0.033mm) 전후, II: 5.6φ (0.021mm) 전후, III: 6.0φ (0.016mm) 전후. (劉 외, 1985)

이곳은 북쪽으로 디귿자를 만들며 흐르는 황허(黃河)와 남쪽의 웨이허(渭河)분지에 둘러싸인 곳이다. 사방이 활단층과 지진 지대이나 오르도스 지괴로 불리는 디귿자 안쪽은 중생대 이래 변동이 적어 지층도 지형도 모두 평탄하다. 이곳은 연 강수량 약 400mm를 경계로 북쪽 반은 사막, 남쪽 반은 황토 고원으로 나뉜다. 황토가 특히 두꺼운 곳은 유안(塬)이 있는 곳으로 제3기 말에 이곳은 하천이 모여들어 평탄한 분지 바닥을 만들었다. 제4기에 건조·한랭 기후의 시작과 함께 북서쪽 사막으로부터 황사가 날아와 초목이 있던 남쪽에 퇴적하여 황토 고원이 생긴 것이다.

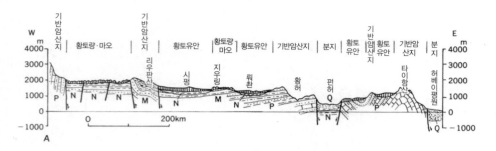

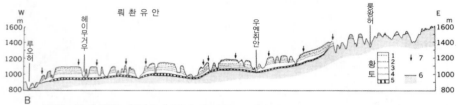

그림 8.24 황토 고원을 지나는 동서 방향의 두 지형·지질 단면(貝塚, 1997e)

A: 그림 8.23의 남쪽 리우판(六盤)산·뤄찬(洛川)유안을 지나는 35~36°N의 단면(陝西省 地質鑛産局, 1986). 세로선: 황토, 굵은 선: 단층, P: 고생대층, M: 중생대층, N: 제3기층, Q: 제4기층.

B: A의 뤄찬유안부터 동쪽의 산지에 이르는 단면(留 외, 1985). 동서 길이는 약 50km, 범례인 황토 가운데 점선 1: 제1고토양층(S1), 2: 제5고토양층(S5), 3: 상부 사질황토층(L9), 4: 하부 사질황토층(L15), 5: 적색 점토, 6: 기반, 7: 실측 단면의 위치.

사진 8.2 시안(西安) 북서쪽에서 본 황토 고원의 연변(1987년 9월 저자 촬영) 징허(涇河) 하안에서 하류 (남쪽) 웨이허(渭河) 쪽을 바라봄. 고원의 연변에 보이는 것은 전부 황토. 바닥의 높이는 하천에 의해 규 정되고 있는 것으로 생각할 수 있다.

식하여 평탄한 지형이 만들어진 곳이다. 평탄한 지형이 유안을 만드는 기본적인 조건이었다는 것은 그림 8.24A로부터 명확하다. 그림의 오른쪽 끝에서와 같이 본래 평탄한 지형이 없었던 기반암 산지에는 황토가 얇게 쌓여 량 또는 마오 지형이 되었다(량과 마오 두 지형이 어떤 조건의 차이로 형성되는지 저자는 이해하고 있지 않다).

5. 빙하 지형·해수면 변동에 의한 지형 발달사: 칠레 남부와 뉴질랜드

그림 8.25에서 일본·뉴질랜드·남아메리카 남부의 현재와 빙기의 빙하분포를 위도에 맞추어 비교하고 있다. 위도는 같은 30~50°일지라도 뉴질랜드와 안데스 남부는 현재의 빙하뿐 아니라 빙기의 빙하도 일본보다 훨씬 컸다. 세 지역 모두 3,000m를 넘는 산지가 있고 강수량이 많은 데도 이런 차이가 생긴 최대 원인은 여름철의 융설 규모 때문이다. 뉴질랜드와 안데스 남부는 해상을 지나온 편서풍이 탁월하고(강수역은 계절에 따라 남북이동이 다소 있지만), 여름철의 일조가 적어 빙하의 성장에 유리한 조건을 갖고 있다. 일본에서는 빙하가 해안에 도달한 적은 없었기 때문에 빙하의 소장과 해수면 변동의 관계를 밝히는 것은 어렵다. 그러나 뉴질랜드 남섬과 칠레 남부에서는 빙기~후빙기의 지형 발달사가 위도(강설량)와 함께 어떻게 변화했는지 잘 알려져 있다. 북반구에도 같은 조건의 장소가 북아메리카 서안과 유럽 서안에 없는 것은 아니지만 그렇게 뚜렷하지는 않다. 그이유로는 도호계와 같이 높은 산맥이 남북으로 이어지지 않는다는 점, 즉산맥과 해안선의 거리가 일정하지 않다는 점을 들 수 있다.

그림 8.26은 칠레 남부 남위 40° 전후의 호소 지방[11]의 지형학도이다. 이곳은 알프스 산록과 비슷하여 산록 빙하가 만든 빙하호가 많고 화산·목장이 어우러져 풍광이 아름다운 것으로 유명하다. 빙하호는 남쪽으로 300km 정도 가는 동안 규모가 커지고 해안에 가까워져 피오르 해안으로 바뀐다. 뉴질랜드에서는 서던 알프스가 해안에 근접하고 있어 빙하호의

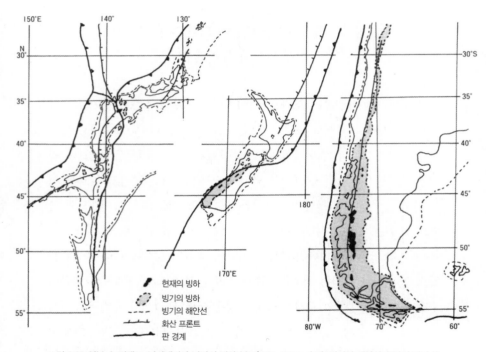

그림 8.25 일본·뉴질랜드·남아메리카 남단의 빙하 분포(町田, 1977b 수정, 빙기의 해안선과 판의 경계 등 추가, 메르카토르 도법)

---

11 Chilean Lake District은 칠레 남부의 안데스 산록을 따라 연속적으로 분포하는 빙하호 지대를 가리킨다.

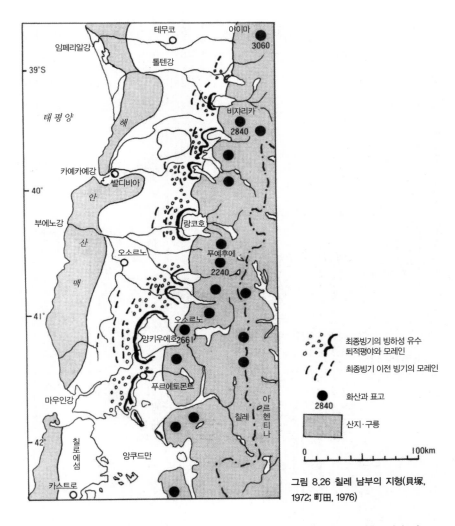

테무코
아이마
3060
임페리알강
톨텐강
39°S
비쟈리카
2840
태 평 양
해
카예카예강
발디비아
40°
안
부에노강
랑코호
산
오소르노
푸예후에
2240
맥
41°
오소르노
양키우에호266
푸르에토몬트
마우인강
아
르
헨
티
나
칠레
42°
칠
로
에
섬
앙쿠드만
카스트로

최종빙기의 빙하성 유수
퇴적평야와 모레인

최종빙기 이전 빙기의 모레인

화산과 표고
2840

산지·구릉

0   100km

그림 8.26 칠레 남부의 지형(貝塚,
1972; 町田, 1976)

변화가 칠레만큼 전형적이지는 않지만 본질적으로는 다르지 않다. 더욱이
남섬 북서부에서는 지반이 융기하는 경향도 있고 해서 최종 간빙기 이전부
터의 지형 발달사가 잘 알려져 있다(예를 들면, Suggate, 1965).

그림 8.26에는 최종 빙기의 모레인과 빙하성 유수 퇴적평야, 최종 빙기

이전의 모레인이 그려져 있고, 현재의 하천도 표시되어 있다. 하천은 빙하성 유수 퇴적평야를 하각하여 단구화한 곳이 많다. 또한 홀로세의 충적평야, 최종 간빙기로 생각되는 해안 단구(발디비아Valdivia의 하류에서 구정선 고도 23m)와 여기에 이어지는 하안 단구 등도 있으나 그림에서는 생략했다.

이들 지형까지 고려하여 칠레와 뉴질랜드에서 최종 빙기 이후의 지형 변

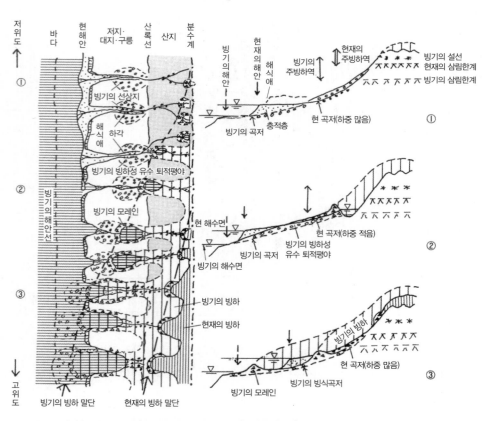

그림 8.27 칠레와 뉴질랜드에서 모식화한 빙하와 지형 발달과의 관계(町田, 1976 수정)

338

화가 위도와 함께 어떻게 변했는지를 모식화한 것이 그림 8.27이다. 이 그림은 모델화된 일종의 시·공간도라고 할 수 있을 것이다. 실제 야외에서는 기후 변화·해수면 변화·화산 활동 등의 조건도 단순하지 않기 때문에 이 모델만으로는 이해하기 어려운 현상도 있다. 그렇다고 해도 연구는 어느 정도 자료가 축적된 곳에서 모델을 만들고 이를 수정하거나 조건을 추가하면서 야외의 사실로부터 배우는 것이 원칙이므로 연구 진행 과정에서 하나의 이정표로서 그림 8.27은 유능한 모델이라고 할 수 있을 것이다.

그림을 읽어내는 데 필요한 정보는 표시되어 있지만 약간의 주석을 덧붙인다. 이 지역에는 하천 상류역에 장년 산형·빙식 산형의 산지가 분포하고(칠레에는 활화산도 있음) 주빙하 지대는 넓지 않으나 산지 사면으로부터 암설의 공급이 많아 저지까지 사력을 운반하는 망류 하천이 발달한다. 그러나 빙하호가 산록에 있으면 호소 하류에서는 하중이 줄어들어 하천은 빙기의 빙하성 유수 퇴적평야를 하각한다. 호소가 없는 ①에서도 빙기에는 주빙하대가 넓고 하천으로 유입하는 암설량도 많았을 것으로 본다. 해안에서는 후빙기·간빙기의 해수면 상승에 동반되어 하천 운반물이 리아스 해안의 만을 메우고 해식으로부터 육지를 보호할 때까지는 해식애가 만들어졌으며, 융기역이라면 복수의 해안 단구가 만들어졌다. 뉴질랜드 남섬의 북서부가 이런 사례이다.

9장
대지형의 발달사

1. 도호의 지형 발달사: 일본 열도를 사례로 한 도호 상(像)의 구축

　도호 또는 도호−해구 시스템은 하나의 대지형 단위이다. 도호를 방향
이 바뀔 때마다 별개로 간주하면 도호는 전 세계적으로 20개가 넘으며(표
9.1) 여러 항목에 대한 비교도 이루어지고 있다(예를 들면, Jarrard, 1986; 貝
塚, 1994). 도호의 비교 연구에는 도호의 변동사가 판구조론을 어디까지 설
명할 수 있는지 그 시금석으로서의 의미도 있다.

　일본 열도는 적어도 5개의 도호로 이루어져 있고, 각각의 개성이 있는
데다 접합부도 독자성이 있어 연구 재료가 풍성하다. 일본 열도를 주제로
한 연구에는 우에다·스기무라(上田·杉村, 1970), 요시카와(吉川) 외(1973),
가이즈카(貝塚, 1977), 간메라(勘米良) 외(1980), 후지다(藤田, 1983), 헤이·나
카무라(平·中村, 1986) 등이 있으나 도호의 지형 발달사라는 관점에서의 접

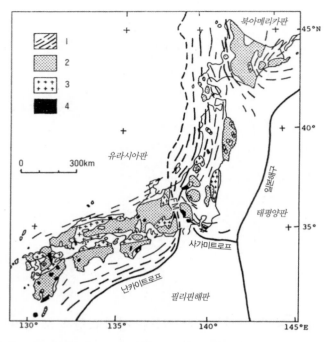

그림 9.1 일본의 네 섬과 주변의 지형 발달사와 관계가 깊은 지질 구조의 간략도(貝塚, 1987) 1: 신제3기·제4기층과 습곡축의 방향으로, 굵은 선은 습곡 변형이 크고 가는 선은 작음, 2: 신제3기 이전 퇴적암과 변성암, 3: 신제3기 이전 화강암류, 4: 신제3기 화강암류.

근은 많지 않다. 그런데 도호의 지형 발달사를 구성할 때는 크게 두 개의 관점이 있다고 생각할 수 있다.

첫 번째 관점은 변동 지형의 발달사로 변동을 초래한 요인(판 운동과 같은 힘의 근원과 이에 대한 반응)과 변동 지형이 잘 들어맞는 상을 얻는 것이 주요 주제이다. 두 번째 관점은 지각 변동과 해수면 변동이라는 조건하에서 도호의 기후 지형·해안 지형이 겪어온 변천에 대한 상을 얻는 것이다. 두 관점이 분리될 수 없는 관계로 묶여 있다는 것은 다음의 연구 자료를 통해서도 분명할 것이다.

상기한 두 목적을 위해 어떤 자료와 지식이 각각의 도호에 대해 필요한지 열거해보자. 도호 스케일에서 필요한 것은 1/100만 정도의 자료이다.

⑴ 현재의 지형 및 지구물리 현상의 개요. 일본 열도의 경우에는 1/100만 접봉면도와 해저 지형도, 1/100만 중력 이상도 등이 있다.

⑵ 도호의 지형 물질. 1/100만 지질도와 지질 구조도로 일본의 경우에는 특히 신제3기 이후의 자료. 그림 9.1은 이런 재료의 개략도이다. 이외에 화산 분포도(그림 4.10) 등.

⑶ 도호의 변동에 관한 자료. 제3기·제4기의 지각 변동도(단층도, 융기·침강도) 및 이들 자료로부터 구한 변형 속도 분포도와 응력 방위 분포도로 그림 3.7과 그림 3.8 등.

⑷ 신제3기·제4기의 판구조와 침식·퇴적에 관한 편년 도표. 이런 종류의 자료는 신제3기가 차지하는 면적이 넓은 동북 일본호에서 가장 잘 정비되어 있으며 그림 9.2를 일례로 제시한다. 이 그림은 산지와 분지의 분화가 20~10Ma 무렵부터 시작되었음을 보여주고 있는데, 습곡이 시작된 시기와 응력장의 변천에 대해서도 많은 자료가 있다(1980년경까지의 정리는 마쓰다(松田, 1980)를 보라).

⑸ 신제3기·제4기의 고지리도. 그림 9.3을 17~15Ma와 15~10Ma의 동북 일본−서남 일본에 대한 일례로 제시한다. 해안선의 위치는 고지자기 연구 등을 토대로 동해의 확대가 시작되었던 시기와 확대가 끝나가던 시기의 것이다. 이토이(糸魚)천−시즈오카(靜岡) 구조선(포사 마그나의 서쪽 가장자리)을 경계로 혼슈 중부 이북이 넓게 바다로 덮였고, 그 이후 동북 일본과 서남 일본 모두 복잡하고 급속하게 이동했다. 다도해로서 도호쿠(東北) 지방의 고지리와 해성층(실트질의 것이 많다)의 분포를 통해서도 산지는 험준하지 않았던 것으로 추정된다. 이 시기(20~10Ma)의 소기복 침식면으

표 9.1 호-해구계의 규모, 활화산 및 지진(貝塚 외, 1976)

(1) 호-해구계 명칭	(2) 호의 길이 (km)	(3) 호의 폭 (km)	(4) 해구축-화산 프론트의 거리 (km)	(5) 최고점 해발 고도 (km)
1 알래스카**	1,600	200-700	180-400	6.2
2 알류샨	2,200	100-200	140-180	2.1*
3 캄차카*	800	300-600	170-210	4.9*
4 쿠릴	1,500	200-400	170-280	2.3*
5 동북 일본	800	500	270-290	2.6*
6 이즈·오가사와라	1,500	400	190-240	3.8*
7 마리아나	1,900	200-300	170-220	1.0*
8 서남 일본	600*	500	—	3.2
9 류큐	1,500	200-300	190-260	1.9
10 타이완-루손 북부*	1,000	200-300	200	4.0
11 필리핀	1,500	300-500	140-240	3.0*
12 상기헤-술라웨시 북부·할마헤라	1,200**	200-300	—	2.7
13 인도네시아 또는 순다	5,000	200-500	180-340	3.8*
14 뉴기니 북동부-뉴브리튼*	1,100	200	100-150	4.1
15 솔로몬	1,500	200	50-140	2.7*
16 뉴헤브리디스	1,800	200	70-130	1.8
17 통가—케르마덱-뉴질랜드 북섬	3,000	200-300	160-280	2.8*
18 남극반도*	1,400	100-500	100?	1.9
19 스코샤 또는 사우스샌드위치, 사우스앤틸리스	1,400	100-200	110-150	2.8
20 안데스**	8,000	400-900	220-350	7.0
21 중앙아메리카	2,000	300-500	100-180	4.2*
22 멕시코**	1,100	300-500	150-400	5.7*
23 카리브 또는 앤틸리스, 서인도	2,000	200-300	210-260	3.2
24 헬레닉 또는 에게*	700	400	200-260	2.5
계	45,100			

(1) *: 부분적인 대륙 연변의 호, **: 전면적인 대륙 연변의 호, 표시가 없으면 도호.
(2) 화산 프론트를 따라 계측한 길이. 접합된 도호는 화산 프론트의 굴절 지점까지 측정했다. *: 규슈는 류큐(琉球)호에 포함했다. **: 두 호의 합계. 이 두 호에는 명료한 해구가 나타나지 않으며, (2)~(6)은 각종 지도와 자료에 근거한다.
(3) 해구 축으로부터 지형적으로 확인할 수 있는 내호의 안쪽 가장자리까지의 폭.
(5) *: 화산, 표시가 없으면 비화산.

(6) 해구의 깊이 (km)	(7) 활화산의 수	(8) 호 길이 100km당 활화산 수	(9) 천발 지진의 에너지	(10) 심발 지진의 빈도
7.1	24	1.5	6.5	0.5
7.8	22	1.0		
7.9	28	3.5	15.9	1.7
10.5	40	2.7		
9.8	25	3.1		
10.3	24	1.6	0.5	0.9
11.0	8	0.4		
4.8	0	0.0		0.5
7.9	18	1.2		
5.4	10	1.0	7.3	
10.5	27	1.8		0.7
—	25	2.1		
7.5	95	1.9		0.6
8.3	24	2.2		2.6
9.2	7	0.5	5.0	
9.2	12	0.6		
10.9	21	0.7	3.6	1.9
5.2	4	0.3		0.1
8.4	9	0.6	8.6	
8.1	72	0.9		
6.7	43	2.2	4.2	1.1
5.3	9	0.8		0.8
9.2	17	0.9		0.0
5.0	6	0.9		
	570	1.3		

(7) 가츠이(Katsui, 1971)의 *World List of Active Volcanoes*에 기재된 활화산(역사 시대에 분화 기록이 있는 것과 가스 분출이 있는 화산).

(9) Duda(1965)에 의한 에너지, 호의 길이 1°에 대해 10^{23}erg/68년.

(10) Sugimura(1967)에 의한 빈도, 호의 길이 1,000km에 대해 횟수/10년.

로 육상에 남아 있는 것은 기타카미(北上) 산지 북부의 소기복면과 주고쿠(中國) 지방의 기비(吉備) 고원면인데, 마이오세에 대해서는 고지리도에 침식면이 1Ma의 시간 간격으로 표시될 정도로 연구의 정확도가 높지는 않다. 플라이오세의 소기복면은 8장 3절에서 언급했듯이 현재의 지형과 고지리의 관계가 조금 더 선명하다.

(6) 판구조 환경의 복원. 동북 일본호·서남 일본호와 두 도호의 접합부인 혼슈 중부는 앞에서 언급했듯이 자료가 많은 지역이기는 하지만, 20Ma 이후의 경우에도 1Ma의 시간 간격으로 판 경계를 포함한 고지리를 복원하는 것은 어렵다. 그림 9.4에 동북 일본호의 변천을 판 진화의 모델(판의 노

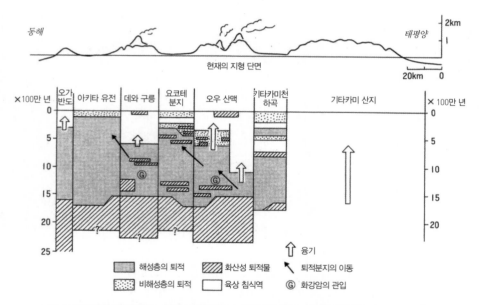

그림 9.2 동북 일본을 횡단하는 지역의 현재 지형과 신제3기 이후의 지사(鎭西淸高 원도) 세로는 시간, 가로는 공간의 시공간도. 아래에서 위로 읽으면 왼쪽 절반의 '우에쓰(羽越) 지대'가 당시까지 화산 활동을 동반하며 급격하게 침강하여 육지에서 바다로 변했다가 지역별로 큰 차이를 보이면서 다시 육화하여 현재의 지형에 도달한 모습을 머릿속에 그릴 수 있다.

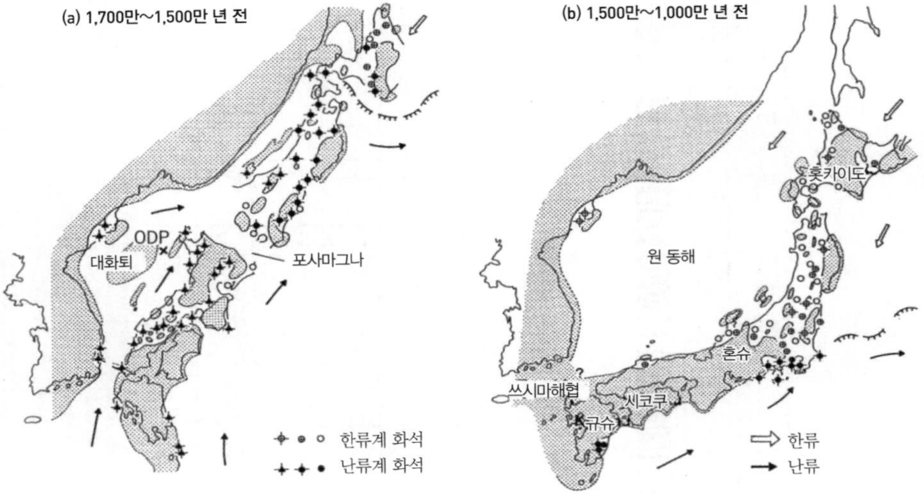
(a) 1,700만~1,500만 년 전
ODP
대화퇴
포사마그나
한류계 화석
난류계 화석
(b) 1,500만~1,000만 년 전
홋카이도
원 동해
혼슈
쓰시마해협
시코쿠
규슈
한류
난류

그림 9.3 동해 해저가 확대되기 시작하기 전과 확대가 끝났을 무렵의 고(古)지리도(Chinzei, 1991) ODP는 1989년에 이루어진 심해저 굴착 지점의 하나로 환경 변천에 대한 정보가 이 무렵부터 알려졌다. 빗살 선은 한류 프론트.

화와 절단을 생각한 Kanamori, 1977의 모델)을 원용하여 작성한 동북 일본호와 태평양판의 단면도를 제시했다. 그러나 이와는 다른 견해도 제안되는 등 필리핀해판을 포함한 일본 주변의 판구조 환경의 변천에 대해서는 아직 정설은 없다.

이상 도호의 지형 발달사 연구에 필요한 기초적인 소재 내지 모델을 종합하는 과정에서 출현한 반가공의 자료에 대해 언급했는데, 이하 동북 일본호와 서남 일본호의 지형 발달사를 극히 개략적인 모습으로 제시하며 이 절을 마치겠다(그림 1.5 참조).

(a) 일본 열도가 대륙 가장자리의 호였던 시기(25Ma 이전): 신제3기 초까지 동해가 있었다는 증거는 없고 동해의 해저는 마이오세 중기 이후의 화산암으로 이루어져 있으므로 그때까지 일본 열도(의 기반암)는 대륙 가장자

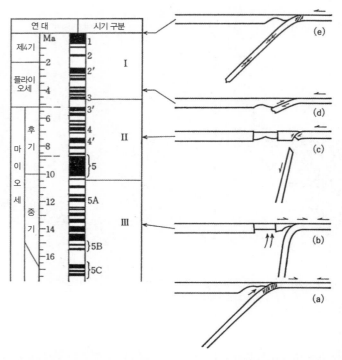

그림 9.4 판의 진화 모델에 따라 태평양판의 섭입에 의한 동북 일본호의 변화상(新妻, 1979에 연대를 추가한 그림, 松田, 1980)

리에 위치했다. 시만토(四万十)대[12]의 부가는 고제3기를 통해 일어났기 때문에 서남 일본 앞바다에는 해구가 있었다.

(b) 동해와 포사 마그나의 형성기(25~10Ma): 그림 9.3과 같이 대륙 가장자리가 찢어져 열리고 소기복의 섬들로 구성되어 있던 신장기. 단 이즈오가사하라(伊豆小笠原)호의 화산열이 혼슈 중부에서 남쪽으로 뻗고, 그 서쪽

---

12 시코쿠섬의 시만토(四万十)천 유역을 모식지로 하여 서남 일본에 넓게 분포하는 퇴적암 지대를 가리킨다. 화산 쇄설암과 규암을 일부 포함하나 대부분 사암과 혈암의 호층으로 구성되어 있다.

의 필리핀해판은 서남 일본으로 섭입하며 외호 융기대를 만들었을 것이다. 동북 일본호와 서남 일본호의 분화가 성립된 시대이다.

(c) 도호의 모습은 현재에 가깝지만 융기는 느린 시대(10~5Ma): 융기와 침식이 균형을 이루며 소기복면(소위 준평원 유물)이 각지에서 만들어졌다.

(d) 강한 압축과 빠른 융기로 인한 대기복 형성기(5~0Ma): 특히 혼슈 중부에서는 세 개의 도호가 서로 밀며 대기복의 산지가 형성되었다. 현재의 지형이 만들어진 시기이지만 시작된 시점에는 지역 차가 있다.

2. 태평양 해저의 발달사

(1) 지형의 개요

태평양 해저는 태평양판이 면적의 대부분을 차지하고 있어 태평양 해저의 지형 발달사는 태평양판의 발달사라고 해도 좋을 것이다. 태평양 해저는 면적이 넓고 오랜 시간(190Ma 이후)의 경과로 생겼기 때문에 지형도 다양하다(그림 9.5). 이 절에서는 먼저 대지형을 개관한 후 세계의 판 복원도 (해령계의 복구도로 개략적인 대지형의 변천도이기도 하다)로 태평양 도처를 살펴보도록 하겠다.

태평양의 개략적인 수심을 나타낸 그림 9.5와 태평양 해저의 연대와 구조를 나타낸 그림 9.6에서 태평양 해저의 동부와 남부는 변환 단층과 단열대에 의해 조각조각으로 분리되어 있다. 그러나 판의 확대축인 동태평양 해팽—태평양 남극 해령이 길게 이어져 있고, 이곳에서 양쪽으로 멀어져 가면서 대체로 해저 연대의 제곱근에 비례하여 수심이 증가한다(단 예외적인 심도 이상 지역이 있다는 것은 뒤에서 언급하겠다). 해저 연대는 심해저 굴착을

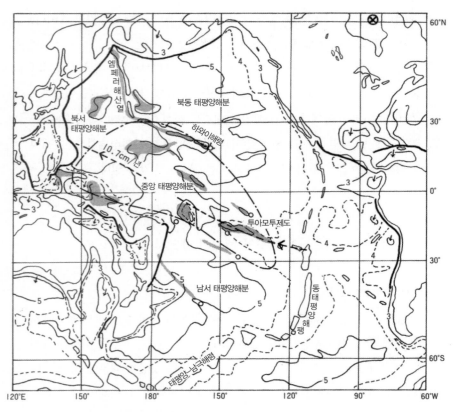

그림 9.5 태평양의 해저 지형. 수심은 km(GEBCO, 1984) 굵은 선은 해구(깊이 6km 이상) ⊗과 ┈는 태평양판의 회전축과 적도. 회색 부분은 태평양판 내의 해저대지(해대)·해령·해산군·해팽 등을 만든 거대 화산체. 백색 원은 태평양판 내의 현재의 열점(명칭은 그림 9.6). 일점쇄선은 메나드(Menard, 1964)에 의한 다윈 해팽(노트 7.1 참조)의 외연.

통해 구한 암석 연대, 퇴적층 안의 생물 화석, 지자기 극성 편년에 의해 알려졌고, 가장 광역적으로는 지자기 이상의 줄무늬 모양에 근거한 등연대 선도로 제시되고 있다. 이들 연대를 종합하여 작성한 그림을 간략화한 것이 그림 9.6이다.

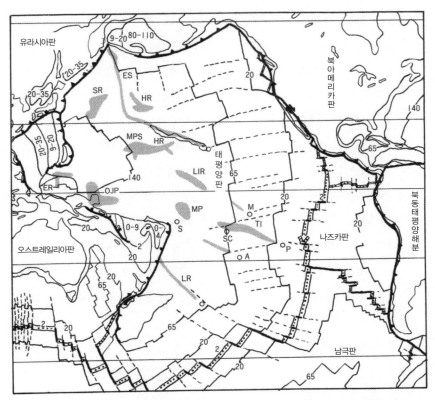

그림 9.6 태평양 해저의 연대와 구조 실선은 등연대선으로 수치는 백만 년(Sclater *et al.*, 1981). 점선은 확대축, 굵은 실선은 변환 단층, 파선은 단열대, 삼각형 병기 굵은 선은 해구, 회색 부분은 태평양판 내 열점과 슈퍼 플룸에 의한 해저대지(해대), 해령, 해산군 및 해팽(HR: 하와이 해령, LIR: 라인Line 제도 해령, LR: 루이빌Louisville 해령, ES: 엠페러Emperor 해산군, OJP: 온통자바Ontong Java 해대, MP: 마니히키Manihiki 해대, TI: 투아모투Tuamotu 제도, SR: 샤츠키Shatsky 해팽, HR: 헤스Hess 해팽, MPS: 미드퍼시픽Mid-Pacific 해산군, ER: 어리픽Eauripik 해팽). ○은 현재의 열점(M: 마르키즈Marquesas, A: 오스트랄Austral, H: 하와이, S: 사모아, SC: 소사이어티Society, P: 핏케언Pitcairn).

그림 9.5와 9.6을 비교하면 분명하듯이 수심이 5km에 달하는 태평양판의 북서, 북동, 중앙 및 남서에 위치한 해분은 모두 연대가 약 6,000만 년 전보다 오래되어 대부분 중생대에 형성되었다. 그러나 서태평양에는 많은

해산군·해태·해팽의 고지대가 있고(그림 9.5와 그림 9.6의 회색 부분), 그 가운데 많은 곳이 백악기의 자기 정온기(지자기의 역전이 장기간 일어나지 않았던 시기로 약 120~83Ma)에 형성되었다는 사실이 알려져 있다. 그리고 이들 지역은 당시 남태평양에서 활발했던 슈퍼 플룸(그림 1.1 참조)에 의해 대규모 화성암체가 형성되고 나서 현재의 위치까지 이동했던 것으로 보인다. 슈퍼 플룸(superflume, 거대 상승류)이라는 견해는 백악기의 거대 해태군으로부터 라슨(Larson, 1991)이 제창한 것인데, 남태평양에서 볼 수 있는 현재의 거대한 고지대는 그보다 앞서 맥너트와 피셔(McNutt and Fischer, 1987)가 남태평양 슈퍼 스웰(superswell, 거대 융기)이라고 명명했다. 또한 현재 남태평양에는 맨틀 하부로부터 상부에 걸쳐 지진파 속도가 느린 지역이 있다는 사실이 지진파 토모그래피(인체의 경우라면 X선에 의한 CT에 해당하는 것)에 의해 알려졌는데, 이곳은 온도가 높고 맨틀의 열 플룸 상승 지역일 것으로 생각되고 있다(中西·玉木, 1997).

이 지역은 앞에서 언급했던 태평양 해저의 연대−수심 관계에 이상이 나타나는 곳에 해당한다. 그림 9.5와 9.6을 비교하면 투아모투(Tuamotu) 제도를 중심으로 직경 4,000km 정도의 지역은 수심이 5km보다 얕은 데도 연대는 6,500만 년 전보다 오래되어 이곳보다 북쪽과 남쪽의 정상적인 지역에 비해 수심이 비정상적으로 얕다는 것을 알 수 있을 것이다.

남태평양 슈퍼 스웰이라는 이름을 제창한 맥너트는 이 지형 이상을 연대−수심 관계의 이론 모델과 비교하여 융기량이 1,000m에 달하고 있음을 밝혔다(McNutt et al., 1996). 이 지역에는 중생대 이후 현재까지 지속되고 있는 듯한 맨틀 플룸이 있고(현재의 것은 열점군으로부터도 알 수 있다), 특히 백악기에 활동이 활발했던 것으로 추정하고 있다. 일본 최동단에 위치하는 미나미토리(南鳥)섬은 아마 백악기에 생긴 화산섬(현재는 산호초로 이루어진 탁초[13])으로 탄생지도 남태평양 슈퍼 플룸 지역일 것이다.

(2) 고지리의 복원

북태평양 많은 곳에서 볼 수 있는 동서 방향에 가깝게 뻗은 수심 급변 지대는 1950년대에 발견되어 명명된 단열대로 판의 확대축(해령)에 있었던 거대한 변환 단층의 흔적(그림 4.1 참조)이다. 동태평양 해팽 북쪽으로 이어지는 거대한 변환 단층을 갖는 확대축은 현재 북아메리카에서는 대륙 밑으로 섭입하여 지상에 베이슨–레인지의 정단층 지형군을 낳은 것으로 알려져 있다. 그 서쪽에서는 알루샨 해구에 가까이 갈수록 해저 연대가 젊어지는데, 이는 해구로 침강한 이자나기(Izanagi)판–태평양판의 확대축이 있었음을 보여주고 있다(그림 9.7에 해구는 표시되어 있지 않으나 확대축의 이동으로부터 해구로의 섭입을 읽을 수 있다).

그림 9.7은 세계의 해양저와 대륙의 패턴을 판 운동에 의해 1억 8,000만 년까지 거슬러 올라가며 작성한 것이며, 이 고지리의 복원에는 기본도를 작성했던 스코테스 외(Scotes *et al.*, 1988)의 다음과 같은 방법을 사용했다. 각 판의 운동(모두 회전 극과 회전 각속도에 근거하여 주어졌다), 대륙의 윤곽, 해양저의 연대(지자기의 이상 연대 등치선) 등의 데이터를 토대로 대화형 컴퓨터 그래픽 시스템을 사용하여 해령을 사이에 두고 마주하는 해양저의 연대 등치선의 어긋남이 최소가 되도록 각 판의 회전 극과 회전 각도를 계속 바꿔가며 최적의 답을 구한 것이다.

또한 북서 태평양의 중생대 지자기 연대 등치선은 그림 9.6 이후 복원의

---

13 다윈의 산호초 침강설에 입각하여 환초의 침강으로 출현하는 최종 단계의 산호초를 탁초 (卓礁, table reef)라고 부른다.

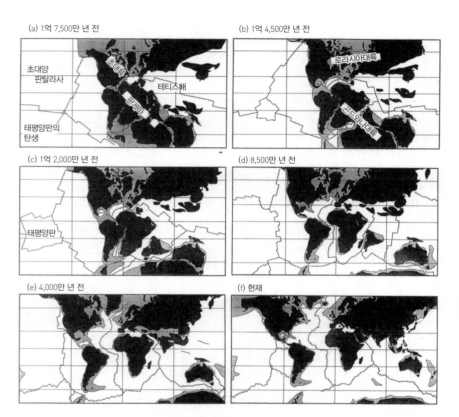

(a) 1억 7,500만 년 전   (b) 1억 4,500만 년 전

초대양
판탈라사

테티스해

태평양판의
탄생

로라시아대륙

곤드와나대륙

(c) 1억 2,000만 년 전   (d) 8,500만 년 전

태평양판

(e) 4,000만 년 전   (f) 현재

그림 9.7 세계의 대륙과 해양저 확대계의 발달사(Scotes *et al.*, 1988 가필, 小林·玉木, 1989) 해저의 선은 확대축(중앙 해령). (f)의 격자는 현재의 경위도. 과거의 위도는 신뢰성이 높으나 경도는 낮다. (b)에서 태평양판의 북서쪽, 동쪽 및 남쪽에 있는 판은 이자나기(Izanagi), 파라론(Farallon) 및 피닉스(Pheonix). 이런 종류의 그림은 중생대와 신생대의 기후 환경을 추정하는데 빠트릴 수 없는데, 대륙 이동설의 제창자 베게너는 고지자기와 연대 자료 없이 지층·고생물·지형 등의 자료로부터 이와 유사한 그림을 그렸다 (Wegener, 1929).

정확도를 더 높여(예를 들면, Nakanishi *et al.*, 1992) 태평양판이 R–R–R형 3중점에서 192Ma에 생겼다는 사실을 알게 되었다. 현재 태평양판의 면적은 $10^8 \times 10^6 km^2$이나 190Ma 당시의 면적은 약 $0.04 \times 10^6 km^2$이었고, 위치는 15°N, 162°E이었던 것으로 추정된다. 또한 샤츠키(Shatsky) 해팽은 태평양-이자나기-패럴론(Farallon) 3중점과 샤츠키 열점의 상호작용에 의해 쥐라기 후기부터 백악기 전기(149~124Ma의 사이)에 만들어진 것으로 알려져 있다(Nakanishi et al., 1989).

그림 9.7을 보면 태평양판이 태어난 것은 현재의 남태평양 슈퍼 스웰 부근이다. 태평양판이 확대(생산)되는 속도가 가장 빨랐던 것은 약 1억 년 전이었다(Larson, 1991). 당시에는 태평양판을 둘러싼 해령의 체적이 컸기 때문일 테지만 전 세계의 해수면이 높았던 것으로 알려져 있다. 또한 이때는 남태평양 슈퍼 플룸의 활동도 활발했기 때문에 다수의 해태·해산군의 토대가 되었던 거대 화성암체(군)가 만들어진 시기였던 것도 알려져 있다. 태평양 판의 탄생·확대와 백악기의 남태평양 슈퍼 플룸은 밀접한 관계가 있는 것처럼 보인다. 현재의 남태평양 슈퍼 스웰은 백악기부터 있었던 플룸이 지금까지 남아 있는 것(Larson, 1991)인지도 모르겠다.

10장
달의 지형 발달사

1. 달의 지형 발달사

(1) 달의 지형 개요

달은 지구 다음으로 형태가 잘 알려져 있는 암석질 천체이며, 더욱이 대기와 물이 없기 때문에 약 40억 년 전부터의 지형이 지금도 원래의 모습을 남기고 있는 곳이 많다. 달은 태양계 암석질 천체의 지형 발달사 초기(지구에서는 전혀 알 수 없는 시기)를 알려주고 있다. 그림 10.1에 달의 개략적인 지형 발달사를 제시했다. 지구 지형의 편년(그림 1.5)과 비교해보기 바란다.

달의 개략적인 형태가 만들어진 후에 지형 발달사를 주도한 요인은 두 가지이다. 하나는 소천체의 충돌이고 다른 하나는 현무암질 화산 활동이다. 이외에 소규모로 지형을 변화시킨 것으로 중력에 의한 텍토닉스와 물질 이동이 있다. 소천체의 충돌로 인한 크레이터의 형성은 42억~35억 년 전에

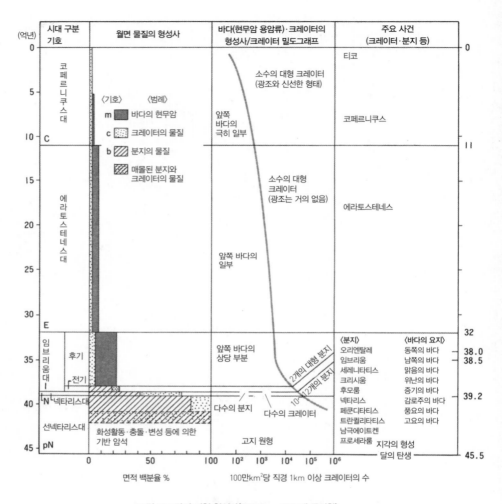

(억년)	시대 구분 기호	월면 물질의 형성사	바다(현무암 용암류)·크레이터의 형성사/크레이터 밀도그래프	주요 사건 (크레이터·분지 등)	

〈기호〉 **〈범례〉**
m ▨ 바다의 현무암
c ▨ 크레이터의 물질
b ▨ 분지의 물질
▨ 매몰된 분지와
  크레이터의 물질

코페르니쿠스대

티코

소수의 대형 크레이터
(광조와 신선한 형태)

앞쪽
바다의
극히 일부

코페르니쿠스

C

에라토스테네스대

소수의 대형
크레이터
(광조는 거의 없음)

에라토스테네스

앞쪽 바다의
일부

E

임브리움대
후기
전기

앞쪽 바다의
상당 부분

〈분지〉 〈바다의 요지〉
오리엔탈레 동쪽의 바다
임브리움 남쪽의 바다
세레니타티스 맑음의 바다
크리시움 위난의 바다
후모룸 증기의 바다

N 넥타리스대
선넥타리스대

다수의 분지
다수의 크레이터
2개의 대형 분지
12개의 분지

넥타리스 감로주의 바다
페쿤디타티스 풍요의 바다
트란퀼리타티스 고요의 바다
남극에이트켄
프로세라룸 지각의 형성

pN

화성활동·충돌·변성 등에 의한
기반 암석

고지 원형

달의 탄생

0
5
10
15
20
25
30
35
40
45

0

11

32
38.0
38.5

39.2

45.5

0 50 100 10^2 10^3 10^4 10^5 10^6
면적 백분율 % 100만km^2당 직경 1km 이상 크레이터의 수

그림 10.1 달의 지형 형성사(Wilhelms, 1987에 근거함)

격렬했으며 특히 직경 300km를 넘는 대형 크레이터(분지, basin)는 42억~
38억 년 전에 지금도 남아 있는 지형으로 만들어졌다. 달의 초기 시대
는 3개의 대형 분지(오래되지 않은 순으로 동쪽Orientale, 비Imbrium, 감로주

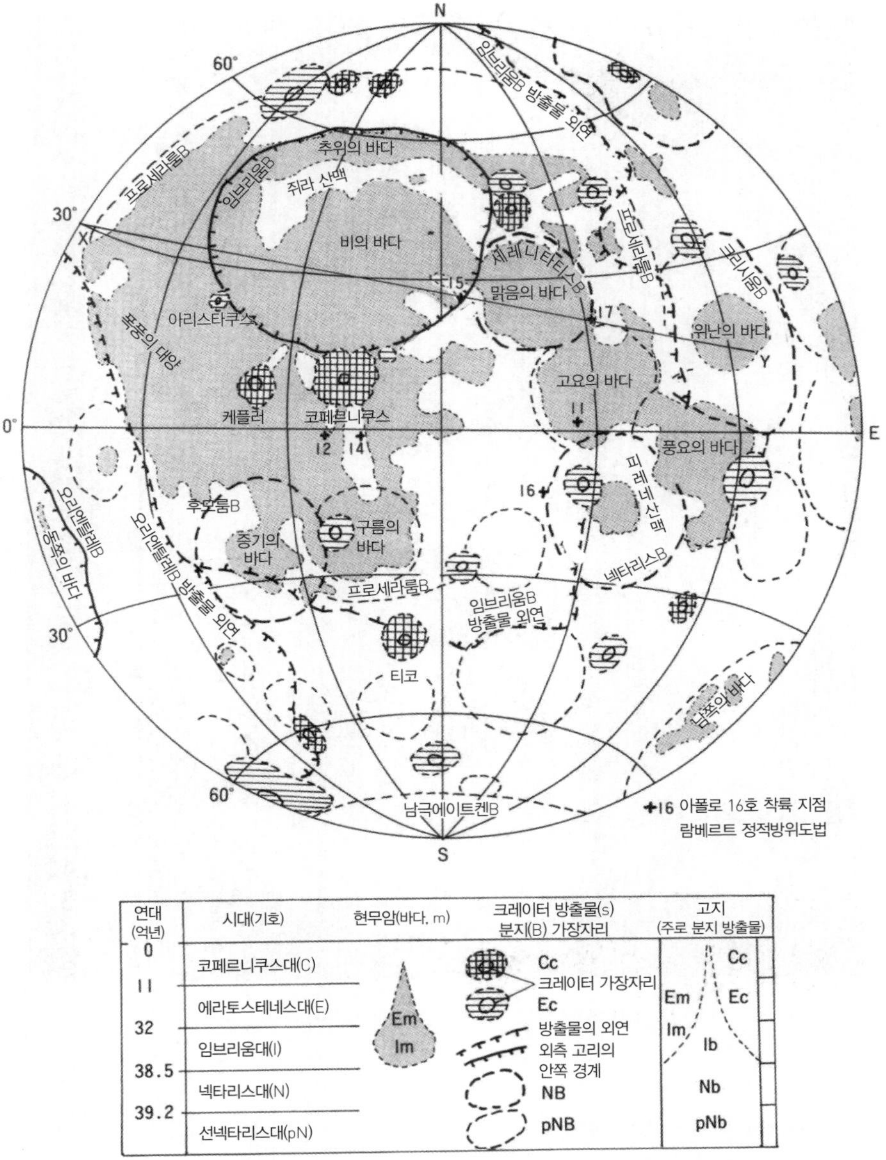

N
60°
30°
0°
E
S
X
Y
임브리움B 방출물 외연
추위의 바다
쥐라 산맥
임브리움B
프로세라룸B
비의 바다
세레니타티스B
맑음의 바다
크리시움B
위난의 바다
아리스타쿠스
폭풍의 대양
케플러
코페르니쿠스
고요의 바다
풍요의 바다
피레네산맥
후모룸B
구름의 바다
증기의 바다
오리엔탈레B
동쪽의 바다
오리엔탈레B 방출물 외연
넥타리스B
임브리움B 방출물 외연
티코
남쪽의 바다
남극에이트켄B
15
17
11
12
14
16
+16 아폴로 16호 착륙 지점
람베르트 정적방위도법
연대 (억년)
시대(기호)
현무암(바다, m)
크레이터 방출물(s) 분지(B) 가장자리
고지 (주로 분지 방출물)
0
11
32
38.5
39.2
코페르니쿠스대(C)
에라토스테네스대(E)
임브리움대(I)
넥타리스대(N)
선넥타리스대(pN)
Em
Im
Cc
크레이터 가장자리
Ec
방출물의 외연
외측 고리의 안쪽 경계
NB
pNB
Ib
Nb
pNb

그림 10.2 달 표면의 지형·지질 개략도(Wilhelms, 1987에 근거함, 중·소형 크레이터는 생략)

사진 10.1 월령 19.3의 달(白尾元理 촬영) 지형명과 지질은 그림 10.2 참조.

Nectaris)의 형성(형태와 퇴적물로부터 알려져 있다)에 의해 구분되고 있다. 이
들 분지의 낮은 곳을 메우며 35억 년 전 전후에 유출한 용암이 달의 '바다

(sea, 갈릴레오 이래 마레mare라는 라틴어로 불리고 있음)'의 주요 분분을 이루고 있다. 바다는 월면의 약 16%를 차지한다. 거무스레하게 보이는 바다를 제외한 나머지 84%를 차지하는 곳은 희고 밝게 보이는데, 바다보다 높은 고지(upland 또는 highland, terra)이다.

달의 지구 쪽(앞면)에는 분지가 많고 이를 메운 현무암 용암(바다)도 많아 바다는 앞면 면적의 약 30%를 차지한다. 그림 10.2에 앞면 분지의 시대별 분포와 바다의 분포를 제시했다. 오래전부터 관찰해 온 앞면의 지형이 달의 지질과 지형 발달사의 기준이 되고 있다. 그림 10.2에는 대형 분지와 크레이터만을 나타냈으나 별도로 무수히 많은 크고 작은 크레이터들이 있다. 지구에서 보면 이들 크레이터는 사진 10.1처럼 보인다.

1960년대부터 미국, 특히 미국 지질 조사국(USGS)에서 달의 지질도를 계통적으로 만들기 시작했고, 1969년부터 1970년대 초 아폴로, 루나 등의 달 탐사를 통해 달의 구성 물질과 형성 연대가 알려지게 되었다. 달 전역에 걸친 1/500만 지질도는 1970년대에 완성되었다. 지구와 달 주위를 도는 위성에서 촬영한 사진과 화상이 지질도의 단위 구분의 기초가 되었고, 달 앞면의 중앙부가 기준이 되었다. 지질(월면의 구성 물질) 단위의 신구 판별은 1장에서 소개한 지구상에서 이루어지는 것과 동일한 지형면의 신구 판별법과 6장에서 언급한 크레이터 연대학에 근거했다.

(2) 달의 지형을 과거로 거슬러 올라가다

달의 지형 편년의 기준이 되고 또 아폴로 탐사선이 착륙했던 달 앞면의 북쪽 지형을 과거로 거슬러 올라가는 방식으로 발달사를 생각해보자. 그림 10.1, 그림 10.2, 사진 10.1을 참조하기 바란다.

달 표면에 빛줄기 무늬[1]가 발달하여 일견 젊게 보이는 크레이터에 티코

(Tycho), 코페르니쿠스, 케플러가 있다. 이들은 11억 년 전보다 오래되지 않은 최신의 지질 시대(코페르니쿠스대)의 크레이터이다(그림 10.1). 이 시대의 현무암 용암은 폭풍의 대양 서부에 있으나 극히 적다. 에라토스테네스대(32억~11억 년 전)의 현무암 용암은 추위의 바다, 비의 바다, 폭풍의 대양에 넓게 분포한다. 그러나 임브리움대 후기(38억~32억 년 전)의 용암은 더 넓어 비의 바다와 폭풍의 대양을 포함하며, 그림 10.2의 '바다', 즉 분지를 메운 현무암 용암 대부분이 이 시대의 것이다.

임브리움대의 전기, 넥타리스대, 선넥타리스대 후반의 42억~38억 년 전

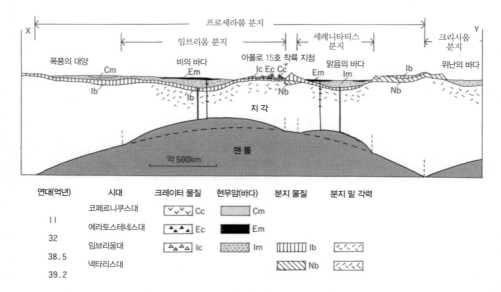

그림 10.3 달 앞면 북쪽의 동서 단면(Wilhelms, 1987 그림을 간략화) 단면선의 위치는 그림 10.2 참조. 수직 스케일은 임의.

---

1 충돌 크레이터가 만들어질 때 분출물이 방사상으로 퍼지면서 생기는 광조(ray system)를 가리킨다.

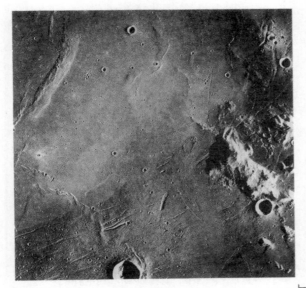

그림 10.4 맑음의 바다 남동쪽 가장자리의 아폴로 우주선에 의한 지형 계측용 사진(NASA)과 지형 분류도 사례(小山·白尾, 1995) 그림 안의 박스는 사진 10.2의 범위.

	30km
Sc	2차 크레이터
Vc	화산성 크레이터
Cc	코페르니쿠스대의 크레이터
Ec	에라토스테네스대의 크레이터
Em	에라토스테네스대의 바다
Im	임브리움대의 바다
plr	임브리움 분지의 물질
Emp	어둔운 화산쇄설물에 덮인 plr
Gr	지구
Mr	바다의 릿지(습곡)
Sr	용암수로, 사행곡
+	아폴로 17호 착륙 지점

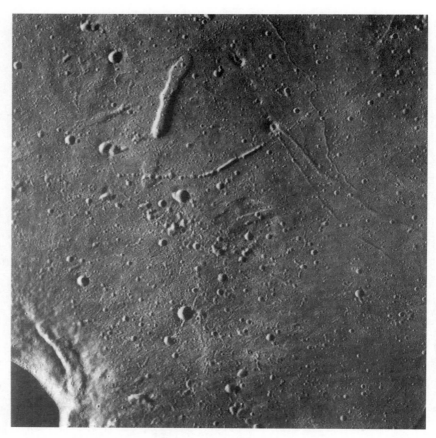

사진 10.2 아폴로 우주선에 의한 그림 10.4 박스 안의 사진(NASA) 원래의 사진은 이보다 크다. 지형 분류도는 원래의 사진을 이용하여 작성.

에는 시간적으로는 길지 않으나 이후보다 소천체의 충돌이 훨씬 더 많았고, 대형 크레이터(분지)가 다수 만들어졌다(그림 10.1 참조). 월면에서 가장 오래된 분지로 생각되는 프로세라룸(Procellarum) 분지(직경 3,200km로 추정된다)의 서쪽 가장자리(거의 폭풍의 대양 서쪽 가장자리)로부터 임브리움 분지(비의 바다를 포함한다), 세레니타티스(Serenitatis) 분지(대체로 평온의 바다 범위)를 거쳐 크리시움(Crisium) 분지(일부를 위난의 바다가 차지한다)에 이르는 모식 단면은 그림 10.3과 같이 나타난다. 대형 분지에서는 지각이 파괴되어 얇아지는 데다 다시 소형 분지가 중첩된 곳에서는 더욱 지각이 얇아져 맨틀 물질이 부분 융해되고 현무암 용암으로 분출하여 분지의 낮은 곳을 메웠다고 생각된다. 달의 뒷면에도 분지는 상당수 있으나 앞면과 같은 '바다'는 없고 대부분 '고지'가 차지하고 있는 것은 그림 10.3과 같은 거대 분지에 의한 지각의 슬림화가 생기지 않았기 때문일지도 모른다. 달에서 '산맥'으로 이름이 붙은 곳은 대부분이 분지 또는 대형 크레이터의 가장자리로 분지(크레이터)의 방출물로 만들어진 고지이다(그림 10.2, 사진 10.1). 넥타리스 분지 서쪽의 알타이 단애[2]는 사진 10.1의 오른쪽 아래에 보이는 지형으로 넥타리스 분지가 형성되었을 때의 크레이터 가장자리이다. 넥타리스대는 39.2억~38.5억 년 전으로 짧지만 많은 분지가 형성되었다(그림 10.1). 알타이 급애를 경계로 바깥쪽의 '고지'에는 안쪽의 '고지'보다 크레이터의 밀도가 더 높다.

　지금까지 살펴봤던 것은 월면 전체가 1쪽에 들어갈 수 있는 소축척도에 보이는 지형이다. 다음은 보다 대축척의 사진과 지형 분류도에서 평온의 바다(거의 세레니타티스 분지) 남동쪽 가장자리의 지형을 보자(그림 10.4, 사진 10.2). 이 분지는 그림 10.2와 그림 10.3에 나타냈듯이 넥타리스대에 형성되었으며, 임브리움대의 용암(Im)으로 메워졌고 이후 부분적으로 에라토스테네스대의 용암(Em)으로 메워진 곳이다. 에라토스테네스대에는 동남

2　알타이 단애(Rupes Altai, Altai Scarp)는 달의 앞면 남동부에 발달한 급애 지형으로 달 표면에 나타나는 단애 가운데 가장 뚜렷하다. 넥타리스 분지 서쪽 가장자리에 해당하며 길이는 427km이다. 이름은 알타이 산맥에서 유래한다.

부의 커다란 두 개의 크레이터(Ec, 도즈Dawes와 비트루비우스Vitruvius)를 비롯한 크레이터가 생겼고, 이후 코페르니쿠스대의 크레이터는 Im과 Em 양 지역에 걸쳐 확인된다. 이외에 임브리움 분지에서 유래한 암괴의 산이 있다.

이 지역에서 주목할 만한 것으로 분지 가장자리에 평행하게 발달한 지구와 평온의 바다에서 볼 수 있는 습곡 산릉이 있다. 이들은 분지를 메운 용암의 하중으로 인해 가장자리에서는 인장력이 작용하고 내부에서는 압축력이 작용했기 때문에 생긴 것으로 생각된다.

이 절에서 언급한 중력에 의한 변동 지형과 화산 지형을 제외하면 달의 지형 발달을 지배하는 요인은 대부분 충돌 현상이며, 대기도 물도 없기 때문에 충돌과 용암류의 지형이 달의 탄생 초기부터 잘 보존되어 있다.

추천도서

각 장과 필요에 따라서는 각 절의 입문용 참고 도서와 더 넓고 깊게 공부하고 싶은 사람을 위한 추천 도서를 제시한다. 이들 도서는 본서의 집필에도 도움이 되었다. 목록의 순서는 거의 절 순서이며, 개개 사항에 관한 문헌과 도표의 출처는 참고문헌을 보기 바란다.

1장 지구 표면의 개관과 지형 변화의 주요 개념

上田誠也・水谷 仁編(1978): 『地球』, 岩波講座 地球科学1, 318p.

北野 康(1992): 『化学の目でみる地球の環境—空・水・土』, 裳華房, 152p.

Greeley, R. and Batson, R.(1997): *The NASA Atlas of Solar System*, Cambridge Univ. Press, 369p.

アーサー ・ホームズ著・ドリス, ホームズ改訂 / 上田・貝塚・兼平・小池・河野訳(1983–84): 『一般地質学 I ・ II ・ III [原書第3版]』, 東京大学出版会, xxviii+537p. / Holmes, A., revised by D. L. Holmes(1978): *Holmes Principles of Physical Geology, 3rd ed.*, Thomas Nelson and Sons.

Thornbury, W. P.(1954): *Principles of Geomorphology*, John Wiley & Sons, 618p. 20세기 중반까지의 대표적인 개론서. 당시 지형학의 체계를 알 수 있다.

チョーレーほか著・大内俊二訳(1995): 『現代地形学』, 古今書院, 692p. / Chorley, R. J., Schumm, S. A., Sugden, D. E.(1984) Geomorphology, Methuen & Co., 605p.

Walker, H. J. and Grabau, W. E. *et al.*(1993): *The Evolution of Geomorphology*,

A Nation-by-Nation Summary of Development, John Wiley & Sons, 539p.

町田　貞・井口正男・貝塚爽平・佐藤　正・榧根　勇・小野有五編(1981): 『地形学辞典』, 二宮書店, 767p.

松井孝典(1996): 『惑星科学入門』, 講談社 学術文庫, 320p.

Uchupi, E. and Emery, K.(1993): *Morphology of the Rocky Members of the Solar System*, Springer-Verlag, 394p.

2장 지표 형태와 지형의 연대

* 지표 형태의 분류와 계측 그리고 이에 근거한 지형 발달 모델 만들기는 지형의 분석-종합의 기본이지만, 세계적으로도 일본에서도 기본 문헌은 부족하다. 주로 지형 분류도의 작성에 관계했던 연구자들에 의한 분석과 도화 그리고 그 응용에 관한 것을 제시한다.

大矢雅彦編(1983): 『地形分類の手法と展開』, 古今書院, 219p.

鈴木隆介(1997): 『建設技術者のための地形図読図入門』, 古今書院, 第1巻 『読図の基礎』, 200p.

3장 지형 물질

平　朝彦ほか(1997): 『地殻の形成』, 岩波講座 地球惑星科学8, 260p. 단 3장 「火山と噴火のダイナミックス」는 4장 3절에 대한 참고 도서.

杉村　新(1987): 『グローバルテクトニクス』, 東京大学出版会, 243p. 4장 1절의 참고 도서이기도 하다.

4장 내적 작용과 지형

笠原慶一・杉村　新編(1978): 『変動する地球I―現在および第四紀』, 岩波講座 地球科学10, 296p.

藤田和夫(1983): 『日本の山地形成論―地質学と地形学の間』, 蒼樹書房, 466p.

町田　洋(1977): 『火山灰は語る』, 蒼樹書房, 249p.

守屋以智雄(1983): 『日本の火山地形』, UPアースサイエンス11, 東京大学出版会, 184p.

中村一明(1978): 『火山の話』, 岩波新書, 228p.

中村一明(1989): 『火山とプレートテクトニクス』, 東京大学出版会, 323p.

米倉伸之・岡田篤正・森山昭雄編(1990): 『変動地形とテクトニクス』, 古今書院, 254p.

5장 외적 작용과 지형

* 외적 작용 전반을 발달사적 관점이 아니라 형성 작용의 관점에서 쓴 개론서로 다음과 같은 도서들이 있다.

Ritter, D. F.(1986): *Process Geomorphology*, Wm. C. Brown Publishers, 579p.

シャイデッガー著・奥田節夫監訳(1980): 『理論地形学』, 古今書院, 463p. / Scheidegger, A. E.(1970): *Theoretical Geomorphology*, Springer−Verlag. 후자는 전자보다 물리・수학적으로 접근하고 있다.

* 5장 1절 이하에 대해서는 다음 도서를 절 순서대로 제시한다.

オリエル著・松屋新一郎監訳(1971): 『風化─その理論と実態』, ラティス, 417p. / Ollier, C. D.(1969): *Weathering*, Oliver & Boyd.

武居有恒監修(1980): 『地すべり・崩壊・土石流─予測と対策』, 鹿島出版会, 334p. 중력 이동의 3유형을 표제로 삼고 있으나 내용은 폭넓고 계통적이다.

高山茂美(1974): 『河川地形』, 共立出版, 312p.

Flint, R. F.(1971): *Glacial and Quaternary Geology*, John Wiley & Sons, 892p.

Sugden, D. E. and John, B. S.(1976): *Glaciers and Landscape*, Edward Arnold, 376p.

若浜五郎(1978): 『氷河の科学』, NHKブックス, 238p.

フレンチ著・小野有五訳(1984): 『周氷河環境』, 古今書院, 411p. / French, H. M.(1976): *The Periglacial Environment*, Longman.

福田正己・小疇 尚・野上道男編(1984): 『寒冷地域の自然環境』, 北海道大学図書刊行

会, 274p.

Livingstone, I. and Warren, A.(1996): *Aeolian Geomorphology—An Introduction*, Longman, 211p.

荒巻 孚(1971):『海岸』, 犀書房, 426p.

大森昌衛・茂木昭夫・星野通平(1971):『浅海地質学』, 東海大学出版会, 446p.

Sunamura, T.(1992): *Geomorphology of Rocky Coast*, John Wiley & Sons, 302p.

貝塚爽平・成瀬 洋・太田陽子・小池一之(1995):『日本の平野と海岸』, 新版日本の自然4, 岩波書店, xii+248p.

6장 외래 작용에 의한 지형

水谷 仁(1980):『クレーターの科学』, UPアースサイエンス4, 東京大学出版会, 168p.

Greeley, R.(1994): *Planetary Landscapes, 2nd ed.*, Chapman & Hall, 286p. 지구를 포함한 행성 지형 전반에 걸친 입문서.

藤井直之・白尾元理・小森長生編(1995):『惑星火山学入門』, 日本火山学会 月・惑星火山ワーキンググループ, 176p. 행성의 화산 외에 행성에 관한 화상과 기타 자료를 제시하고 있다.

7장 지형의 시·공 계열과 지형 변화의 속도

Darwin, C.(1842): The Structure and Distribution of Coral Reefs, Univ. of California Press, 214p.;(1962): Reprinted from *Geological Observations on Coral Reefs, Volcanic Islands, and on South America*, Smith, Elder and Company, London, 1851p. 지형 발달사 연구의 고전.

Summerfield, M. A.(1991): *Global Geomorphology*, Longman Scientific & Technical, 537p.

Gudie, A.(1995): *The Changing Earth—Rates of Geomorphological Processes*, Blackwell, 302p.

8장 중·소지형의 발달사

吉川虎雄·杉村 新·貝塚爽平·太田陽子·阪口 豊(1973):『新編日本地形論』, 東京大
　　学出版会, 415p.

藤原健蔵編著(1996):『地形学のフロンティア』, 大明堂, 377p.

貝塚爽平編(1997):『世界の地形』, 東京大学出版会, 364p. 세계의 대·중·소지형의 일
　　반론과 실례.

9장 대지형의 발달사

小林和男(1977):『海洋底地球科学』, 東京大学出版会, 312p.

小林和男(1995):『生きている深海底―海底2万里地球科学の旅』, 平凡社, 281+viiip.
　　상기 도서를 보완한다.

* 세계의 지형지 목록으로는 상기한『世界の地形』권말에 세계와 대륙별로 문헌이 있
으며, 발달사 사례를 풍부하게 제시하고 있다.

10장 달의 지형 발달사

白尾元理·佐藤昌三(1987):『図説月面ガイド』, 立風書房, 151p.

Willhelms, D. E. W.(1987): The Geologic History of the Moon, *U. S. Geol. Surv.
　　Prof. Pap.*, 1384, 302p. + plates.

참고문헌

粟田泰夫(1988): 東北日本弧內帯の短縮変動と太平洋プレートの運動. 月刊地球, 10, 586-591.

Bremer, H. and Spath, H.(1989): *Field Trip A, From the Alps to the Sea*, Geomorphology in Germany, Geodko-Verlag, 88p.

Brown, E. H.(1980): Historical geomorphology—principles and practice. *Z. Geomorph. N. F. Suppl.*, Bd 36, 9-15.

Brunsden, D.(1990): Tablets of stone; toward the Ten Commandments of geomor

phology. *Z. Geomorph. N. F. Suppl.*, Bd 79, 1-37.

ブプノフ著·湊 正雄·小笠原謙三訳(1959):『地質学の基礎』, 岩波書店, 309p. / Bubnoff, S. von(1954): *Grund problem der Geologie, 3rd ed.,* Akademie-Verlag GmbH, Berlin, 234p.

ビューデル著·平川一臣訳(1985): 気候地形学, 古今書院, 392p. / Budel, J.(1977): *Klima Geomorphologie*, Gebruder Borntraeger.

Chappell, J.(1994): Upper Quaternary sea levels, coral terraces, oxygen isotopes and deep-sea temperatures. 地学雑誌, 103, 828-840.

Chinzei, K.(1991): Late Cenozoic zoogeography of the Sea of Japan area. *Episodes*, 14, 231-235.

チョーレー·シャム·サグデン著·大内俊二訳(1995):『現代地形学』, 古今書院, 692p. / Chorley, R. J., Schumm, S. A., Sugden, D. E.(1984): *Geomorphology*, Methuen & Co., 605p.

Cotton, C. A.(1952): *Geomorphology, 6th ed.,* Whitcombe and Tombs, Christchurch, 505p.

Cox, K. G., Bell, J. D. and Pankhurs, R. J.(1979): *The Interpretation of Igneous Rocks,* Unwin Hyman Ltd., London, 450p.

第四紀地殻変動研究グループ(1968): 第四紀地殻変動図. 第四紀研究, 7, 182−187.

Daly, R. A.(1934): *The Changing World of the Ice Age,* Yale Univ. Press, 271p.

Darwin, C.(1842; reprinted 1962): *The structure and distribution of coral reefs,* University of California Press, 214p.

デービス著・水山高幸・守田優訳(1969): 『地形の説明的記載』, 大明堂, 517p. / Davis, W. M.(1912): *Die erkldrende Beschreibung der Landformen.*

Dury, G. H.(1959): *The Face of the Earth,* Penguin Books, 220p.

Flint, R. F.(1971): *Glacial and Quaterary Geology,* John Wiley & Sons, 892p.

福田正己(1997): シベリア・カナダのピンゴと構造土. 貝塚編『世界の地形』, 東京大学出版会, 173−180.

Gall, H.(1983): Das Ndrdlinger Ries. Munchen, 5, 27p.

GEBCO(General Bathymetric Charts of the Oceans)(1984): International Hydrographic Organization, The Canadian Hydrographic Service, Ottawa.

Gilbert, G. K.(1880): *Report on the Geology of the Henry Moutnains,* Government Printing Office, Washinton, 170p.

Gilbert, G. K.(1890): *Lake Bonneville,* Monographs of the United States Geological Survey, Goverment Printing Office, 438p.

Greeley, R. G.(1994): *Planetary Landscapes, 2nd ed.,* Chapman & Hall, New York, 286p.

Grieve, R. A. F. and Shoemaker, E. M.(1995): The record of past impacts on earth. Gehrels, T. ed., *Hazards due to Comets and Asteroids,* The University of Arizona Press, 417−462.

Gudie, A.(1995): *The Changing Earth—Rates of Geomorphological Processes,*

Blackwell, 302p.

Hack, J. T.(1941): Dunes of the Western Navajo Country. *Geograph. Rev.,* 31, 240-263.

Hagedron, v. J. and Poser, H.(1974): Räumlich Ordnung der rezenten geomorphologischen Prozesse und Prozeskombinationen auf der Erde. Abhandlungen der Akademie der Wissenshaften in Gottingen, Mathematisch-Physikalische Klasse, 3 Folge, Heft 29, 426-439.

平川一臣(1985): 山麓氷河の消長ーアルプス北麓. 貝塚ほか編『写真と図でみる地形学』, 東京大学出版会, 132-133.

平川一臣(1996): ビューデルの気候地形学における削剥平坦面. 藤原健蔵編著『地形学のフロンティア』, 大明堂, 1-16.

平川一臣(1997): ドイツの地形. 貝塚編『世界の地形』, 東京大学出版会, 295-308.

平野昌繁(1966): 斜面発達とくに断層崖発達に関する数学的モデル. 地理学評論, 39, 324-336.

Hirano, M.(1968): A mathematical model of slope development—an approach to the analytical theory of erosional topography. *Jour. Geoscience, Osaka City Univ.,* 11, Art II, 13-52.

平野昌繁(1972): 平衡系の理論. 地理学評論, 45, 703-715.

Hjulstrdm, F.(1939): Transportation of detritus by moving water. Trask,p. D. ed., *Recent marine, sediments,* Amer. Assoc. Petr. Geol.

ホームズ著・上田誠也ほか訳(1983): 一般地質学(原書第3版) I, 東京大学出版会, 246p. / Holmes, A. H.(1978): *Holmes Principles of Physical Geology, 3rd ed.,* Thomas Nelson and Sons.

堀 信行(1980): 日本のサンゴ礁. 科学, 50, 111-122.

Horton, R. E.(1945): Erosional development of streams and their drainage baisins, Hydrophysical approach to quantitative morphology. *Geol. Soc. Amer. Bull.,* 56, 275-370.

Hujita, K., Kishimoto, Y. and Shiono, K.(1973): Neotectonics and seismicity in the Kinki area, Southwest Japan. *Jour. Geosciences, Osaka City Univ.*, 16, 93–119.

藤田和夫(1983):『日本の山地形成論―地質学と地形学の間』, 蒼樹書房, 466p.

池辺展生(1942): 越後油田褶曲運動の現世まで行われていることに就いて. 石油技術協会誌, 10, 184–185.

池田俊雄(1964): 東海道における沖積層の研究. 東北大学理学部地質学古生物学教室報文報告, 60号, 1–85.

池田俊雄(1975):『地盤と構造物―自然条件に適応した設計へのアプローチ』, 鹿島出版会, 275p.

池田安隆・米倉伸之(1979): San Fernando地震の断層モデル―断層面の折れまがりとその地学的意義. 地震, 32, 477–488.

Ikeda, Y.(1983): Thrust-front migration and its mechanisms—evolution of intraplate thrust fault systems. *Dept. Geogr. Univ. Tokyo Bull.*, 15, 125–159.

今村遼平・岩田健治・足立勝治・塚本 哲(1983):『画でみる地形・地質の基礎知識』, 鹿島出版会, 233p.

井上克弘・成瀬敏郎(1990): 日本海沿岸の土壌および古土壌中に堆積したアジア大陸起源の広域風成塵. 第四紀研究, 29, 209–222.

ISSC(International Subcommission on Stratigraphic Classification of IUGS International Commission on Stratigraphy)(1994): *International Stratigraphic Guide, 2nd ed.*, The Geological Society of America, 214p.

岩田修二(1981): 構造土. 町田貞ほか編『地形学辞典』, 二宮書店, 184.

泉靖一(1970):『大航海時代直前の世界』, 大航海時代叢書第1期別巻, 岩波書店, 83–136と第I–IV図.

Jarrard, R. D.(1986): Causes of compression and extension behind trenches. *Tectonophys.*, 132, 89–102.

Jerz, H.(1993): Geologie von Bayern II. *Das Eiszeitalter in Bayern*, E.

Schweizerbart'sche Verlagsbuchhandlung, 230p.

Johnson, D.(1931): *Stream Sculpture on the Atlantic Slope—A Study in the Evolution of Appalachian Rivers*, Columbia Univ. Press, New York, 142p.

貝塚爽平(1955): 関東南岸の陸棚形成時代に関する一考察. 地理学評論, 28, 15−26.

貝塚爽平(1957): 関東平野北東部の洪積台地. 地学雑誌, 66, 217−230.

貝塚爽平・成瀬 洋(1958): 関東ロームと関東平野の第四紀の地史. 科学, 28, 128−134.

貝塚爽平・木曽敏行・町田 貞・太田陽子・吉川虎雄(1964): 木曾川・矢作川流域の地形発達. 地理学評論, 37, 89−102.

Kaizuka, S.(1968): Distribution of Quaternary fold, especially rate and axis direction in Japan. *Geogr. Rept. Tokyo Metropol. Univ.*, 3, 1−9.

貝塚爽平(1969): 地形変化の速さ. 『自然地理学II』, 朝食書店, 164−192.

貝塚爽平(1972): バルディビアと湖沼地方の第四紀. 地理, 17(4), 72−78.

貝塚爽平・松田時彦・中村一明(1976): 日本列島の構造と地震・火山. 科学, 46, 196−210.

貝塚爽平(1977): 『日本の地形─特質と由来』, 岩波新書, 234p.

Kaizuka, S., Naruse, Y. and Matsuda, I.(1977): Recent formation and their basal topography in and around Tokyo Bay. *Quat. Res.*, 8, 32−50.

貝塚爽平(1978): 変動する第四紀の地球表面. 笠原・杉村編『変動する地球I─現在および第四紀』, 岩波講座 地球科学10, 183−233.

貝塚爽平・松田磐余編(1982): 『首都圏の活構造・地形区分と関東地震の被害分布図』, 内外地図, 図2+48p.

貝塚爽平(1983): シンポジウム「地形営力および地形変化の大きさと頻度」への序. 地形, 4(2), 147−149.

貝塚爽平(1984): 南部フォッサマグナに関連する地形とその成立過程. 第四紀研究, 23, 55−70.

Kaizuka, S. and Imaizumi, T.(1984): Horizontal strain rates of the Japanese

Islands estimated from Quaternary fault data. *Geogr. Rept. Tokyo Metropol. Univ.*, 19, 43-65.

貝塚爽平・太田陽子・小疇 尚・小池一之・野上道男・町田 洋・米倉伸之編(1985):『写真と図でみる地形学』, 東京大学出版会, 250p.

貝塚爽平(1986): 相模川山間部の段丘. 相模原市地形・地質調査会『相模原の地形・地質調査報告書』(第3報), 7-26.

貝塚爽平(1987a): 関東の第四紀地殻変動. 地学雑誌, 96, 223-240.

貝塚爽平(1987b): 基図および図A-Dの概要. 日本第四紀学会編『日本第四紀地図』解説, 東京大学出版会, 67-69.

貝塚爽平(1989): 大地形と地質構造からみたフォッサマグナ. 月刊地球, 11, 532-538.

貝塚爽平(1990a):『富士山はなぜそこにあるのか』, 丸善, 174p.

貝塚爽平(1990b): 序説：変動地形研究. 米倉ほか編『変動地形とテクトニクス』, 古今書院, 1-17.

貝塚爽平(1992):『平野と海岸を読む』, 自然景観の読み方5, 岩波書店, 142p.

貝塚爽平・鈴木毅彦(1992): 関東ロームと富士山. 土と基礎, 40(3), 9-14.

貝塚爽平(1994): 太平洋周辺地帯にみられる第四紀地殻変動の諸様式. 地学雑誌, 103, 770-779.

貝塚爽平(1996): 発達史と営力論. 地理, 41(8), 14-15.

貝塚爽平(1997a): 人類史・自然史の時空ダイアグラム. 地理, 42(4), 14-15.

貝塚爽平(1997b): 世界の変動地形と地質構造. 貝塚編『世界の地形』, 東京大学出版会, 3-15.

貝塚爽平(1997c): 世界の流水地形. 貝塚編『世界の地形』, 東京大学出版会, 93-107.

貝塚爽平(1997d): バルト海周辺の氷床が残した地形と地層. 貝塚編『世界の地形』, 東京大学出版会, 181-193.

貝塚爽平(1997e): 黄土高原の黄土と地形. 貝塚編『世界の地形』, 東京大学出版会, 309-320.

Kanamori, H.(1977): Seismic and aseismic slip along subduction zones and their tectonic implications. *Island Arcs, Deep Sea Trenches and Back-Arc Basins*, AGU, Washington, D. C., 163-174.

勘目良亀齢・橋本光男・松田時彦編(1980):『S本の地質』, 岩波講座 地球科学15, 387p.

活断層研究会編(1980):『本の活断層一分布図と資料』, 363p. +地図1葉.

活断層研究会編(1991):『新編日本の活断層一分布図と資料』, 448p. +地図4葉.

勝井義雄(1976): 火山. 地学団体研究会編・横山泉監修『地震と火山』の2章, 71-159.

建設省国土地理院(1982): 南関東沿岸域における完新世段丘の分布と年代に関する資料. 国土地理院技術資料, D. 1-No. 216, 76p.

King, L.(1951): *South African Scenery, 2nd ed.*, Oliver and Boyd, Edinburgh, 379p.

King, L.(1967): *Morphology of the Earth*, Haffner, 699p.

岸 清・宮脇理一郎(1996): 新潟県柏崎平野周辺における鮮新世～更新世の褶曲形成史. 地学雑誌, 105(1), 88-112.

Kjartansson, G.(1981): Mobergsmyndunin, Nattura Islands, Almenna Boicafelagid, Reykjavik, 65-79.

小疇 尚(1985): 周氷河地形. 貝塚ほか編『写真と図でみる地形学』, 東京大学出版会, 98-103.

小林巖雄・立石雅昭・吉岡敏和・島津光夫(1991):『長岡地域の地質』, 地質調査所, 132p.

小林巖雄・立石雅昭・吉村尚久・上田哲郎・加藤碩一(1995):『柏崎地域の地質』, 地質調査所, 102p.

小林国夫・阪口 豊(1977): 氷河時代を見直す. 科学, 47, 621-627.

小林国夫・阪口 豊(1982):『氷河時代』, 岩波書店, 209p.

小林洋二・玉木賢策(1989): 海洋底形成論. 科学, 59, 388-401.

小林義雄(1969):『極地』, 誠文堂新光社, 207p.

小池一之(1987): 海岸線の変遷. 日本第四紀学会編『百年・千年・万年後の日本の自然と人類』, 古今書院, 136-156.

小池一之(1997):『海岸とつきあう』,自然環境とのつきあい方5, 岩波書店, 131p.

小山真人・白尾元理(1995): 惑星画像の教材としての利用法—月面写真を用いた学生実習ガイド. 藤井直之・白尾元理・小森長生編『惑星火山学入門』日本火山学会月・惑星火山ワーキンググループ, 151−166.

桑原 徹(1968): 濃尾盆地と傾動地塊運動. 第四紀研究, 7, 235−247.

陝西省地質鉱産局第二水文地質隊編著(1986):『黄河中游区域工程地質』, 267p.

Larson, R. L.(1991): Latest pulse of Earth: Evidence for a mid−Cretaceous superplume. *Geology*, 19, 547−550.

Linton, D. L.(1955): The problem of tors. *Geogr. J.*, 121(4), 470−487.

リシチン(Lisitzin, A. P.)著・押出 敬ほか訳(1984):『大洋の堆積作用』, 共立出版, 371p. / Лисицын, А. П.(1978): Процессы океанской седиментации, Издательство 《Наука》 Москва.

Livingstone, I. and Warren, A.(1996): *Aeolian Geomorphology: An introduction*, Longman, 211p.

町田 洋(1973): 南関東における第四紀中・後期の編年と海成地形面の変動. 地学雑誌, 82, 53−76.

町田 洋(1976): アンデスで気候段丘を考える. 地理, 21(2), 56−65.

町田 洋(1977a):『火山灰は語る』, 蒼樹書房, 249p.

町田 洋(1977b): チリ湖沼地帯とニュージーランドの第四紀研究. 第四紀研究, 15, 156−167.

町田 洋・新井房夫・森脇 広(1986):『地層の知識—第四紀をさぐる』, 東京美術, 150p.

町田 洋・新井房夫(1992):『火山灰アトラス—日本列島とその周辺』, 東京大学出版会, 276p.

Martonne, E. de(1927): Regions of interior basin drainage. *Geogr. Rev.*, 17, 397−414.

松田時彦・岡田篤正(1968): 活断層. 第四紀研究, 7, 188−199.

松田時彦(1972): ユンガイ市を拭き消した大土石流. 地理, 17(6), 45−49.

Matsuda, T.(1976): Empirical rules on sense and rate of recent crustal movements. *Jour. Geodet. Soc. Jap.*, 22, 252−263.

松田時彦(1980): 新生代後期の東北日本 / 新生代後期の西南日本 / 島弧の接合部の構造―北海道中央部と南部フォッサマグナ / 日本周辺の海洋プレートの変遷. 岩波講座 地球科学15『日本の地質』, 350−372.

松田時彦(1984): 南部フォッサマグナ. 藤田和夫編著『アジアの変動帯』, 海文堂, 127−146.

松井健(1988):『土壌地理学序説』, 築地書館, 316p.

McIntyre, A. *et al.*(CLIMAP project members)(1976): The surface of the ice−age earth. *Science*, 191, 1131−1137.

McKee, E. D.(1979): A study of global sand seas. *USGS Prof. Pap.*, 1052, 429p.

McNutt, M. K. and Fischer, K. M.(1987): The South Pacific Superswell. *Geophysical Monograph*, AGU, Washington, D. C., 43, 25−34.

McNutt, M. K., Sichoix, L. and Bonneville, A.(1996): Model depth from shipboard bathymetry ; There IS a South Pacific Superswell. *Geophys. Res. Lett.*, 23, 3397−3400.

Menard, H. W.(1964): *Marine Geology of the Pacific*, McGraw−Hill, 271p.

湊正雄(1953):『地層学』, 岩波書店, 330+11p. +付録.

都城秋穂・久城育夫(1975):『岩石学II―岩石の性質と分類』, 共立出版, 188p.

宮内崇裕(1997): イタリア南部カラブリアの海岸段丘. 貝塚編『世界の地形』, 東京大学出版会, 254−263.

溝上恵(1980): 活褶曲から推定される構造応力と地殻の粘性について. 地震研究所彙報, 55, 483−504.

水谷仁(1980):『クレーターの科学』, UPアースサイエンス4, 東京大学出版会, 168p.

Mizutani, T.(1996): Longitudinal profile evolution of valleys on coastal terraces under the compound influence of eustasy, tectonism and marine erosion. *Geomorphology*, 17, 317−322.

Moriwaki, H.(1982): Geomorphic development of Holocene coastal plains in Japan. *Geogr. Rept. Tokyo Metropol. Univ.*, 17, 1-42.

守屋以智雄(1983):『日本の火山地形』, UPアースサイエンス11, 東京大学出版会, 135p.

守屋以智雄(1992):『火山を読む』, 自然景観の読み方1, 岩波書店, 166p.

守屋以智雄(1997): イタリア半島の火山. 貝塚編『世界の地形』, 東京大学出版会, 76-90.

森山昭雄・丹羽正則(1985): 土岐面・藤岡面の対比と土岐面形成に関連する諸問題. 地理学評論, 58(Ser. A), 275-294.

森山昭雄(1987): 木曾川・矢作川流域の地形と地殻変動. 地理学評論, 60, 67-92.

森山昭雄(1990): 中部山岳地域における山地形成の時代性—山はいつ高くなったか? 米倉伸之ほか編『変動地形とテクトニクス』, 古今書院, 87-109.

村田貞蔵(1930): 侵食谷に関する一考察. 地理学評論, 6, 526-540.

村田貞蔵(1971): 断層扇状地の純地形学的研究. 矢沢・戸谷・貝塚編『扇状地』, 古今書院, 1-54.

Nadai, A.(1963): The theory of flow and fracture of solids. Engineering Societies Monographs, 2, McGraw-Hill.

Nakagawa, H.(1960): On the Cuesta topography of the Boso Peninsula, Chiba Prefecture, Japan. *Sci. Rep. Tohoku Univ. Japan, 2nd ser.(Geology)*, Spec. Vol. 4, 385-391.

中村一明・太田陽子(1968): 活褶曲—研究史と問題点. 第四紀研究, 7, 200-211.

中村一明・島崎邦彦(1981): 相模・駿河トラフとプレートの沈み込み. 科学, 51, 490-498.

中村一明(1989):『火山とプレートテクトニクス』, 東京大学出版会, 323p.

Nakanishi, M., Tamaki, K. and Kobayashi, K.(1989): Mesozoic magnetic anomaly lineations and sea floor spreading history of the Northwestern Pacific. *Jour. Geophys. Res.*, 94, Bll, 15437-15462.

Nakanishi, M., Tamaki, K. and Kobayashi, K.(1992): A new Mesozoic isochron charts of the northwestern Pacific Ocean: Paleomagnetic and tectonic implications. *Geophys. Res. Lett.*, 19, 693-696.

中西正男・玉木賢策(1997): 海洋底に見るスーパープリューム. 月刊地球, 19, 45-51.

成瀬 洋(1982): 『第四紀』岩波書店, 269p.

日本第四紀学会編(1987): 『日本第四紀地図』, 東京大学出版会, 地図4葉+110p.

日本第四紀学会編(1993): 『第四紀試料分析法』, 東京大学出版会, 88+574p.

新妻信明(1979): 東北日本の地質構造発達ープレートの沈み込み過程をさぐる. 科学, 49, 36-43.

野上道男(1977): 比較形態学的方法による段丘崖斜面発達の研究. 地理学評論, 50(1), 32-44.

野上道男(1980): 段丘崖の斜面発達における従順化係数. 地理学評論, 53(10), 636-645.

野上道男(1996): 大地に刻まれた数理ー地形の老若. 数学セミナー, 35(5), 4-5.

Ohmori, H.(1978): Relief structure of the Japanese mountains and their stages in geomorphic development. *Bull. Dept. Geogr. Univ. Tokyo*, 10, 31-85.

小嶋 稔・斉藤常正編(1978): 『地球年代学』, 岩波講座地球科学6, 255p.

岡 重文・宇野沢昭・故安藤高明(1974): 三浦半島南部の段丘地形. 地調月報, 25, 1-17.

岡田篤正・安藤雅孝(1979): 日本の活断層と地震. 科学, 49, 162-169.

岡山俊雄(1988): 『1: 1, 000, 000日本列島接峰面図』, 岡山俊雄先生を偲ぶ会.

小野有五(1981): 周氷河輪廻. 町田貞ほか編『地形学辞典』, 二宮書店, 260.

太田陽子・貝塚爽平・加藤芳朗・白井哲之・土 隆一・山田 純・伊藤通玄(1963): 三河高原およびその西縁の段丘群. 地理学評論, 36, 617-624.

Ota, Y.(1969): Crustal movements in the late Quaternary considered from the deformed terrace plains in north-eastern Japan. *Japan. Jour. Geol. Geogr.*, 40, 41-61.

太田陽子・鈴木郁夫(1979): 信濃川下流域における活褶曲の資料. 地理学評論, 52, 592-601.

Ota, Y. and Kaizuka, S.(1991): Tectonic geomorphology at active plate boundaries—examples from the Pacific rim. *Z. Geomorph. N. F. Suppl.*, Bd 82, 119-146.

Ota, Y. and Omura, A.(1991): Late Quaternary shorelines in the Japanese Islands. 第四紀研究, 30(3), 175-186.

Ota, Y., Koike, K., Omura, A. and Miyauchi, T. eds.(1992): Last Interglacial Shoreline Map of Japan, Contribution for IGCP 274 and INQUA Commission on Quaternary Shorelines.

太田陽子(1997): ニュージーランドの変動地形. 貝塚編『世界の地形』, 東京大学出版会, 39-56.

大塚弥之助(1931):『第四紀』, 岩波講座, 107p.

大塚弥之助・望月勝海(1932):『地形発達史』, 岩波講座, 69p.

大塚弥之助(1933): 日本の海岸線の発達に関するある考え. 地理学評論, 9, 819-843.

Otuka, Y.(1941): Active rock folding in Japan. *Proc. Imp. Acad. Japan*, 17, 518-522.

大内俊二・貝塚爽平(1997): 合衆国西部のペディメントと構造ベンチ. 貝塚編『世界の地形』, 東京大学出版会, 121-134.

Penck, A. und Brtickner, E.(1901-1909): *Die Alpen im Eiszeitalter*, 3 Bände, Leipzig, 1199S.

Pillans, B.(1994): New Zealand Quaternary stratigraphy: Integrating marine and terrestrial records of environmental changes. 地学雑誌, 103, 760-769.

Plafker, G., Ericksen, E. and Concha, J. F.(1971): Geological aspects of the May 31, 1970, Peril earthquake. *Bull. Seis. Soc. Amer.*, 61, 543-578.

劉 東生ほか(1985):『黄土与環境』, 科学出版社, 481p.

Sato, H.(1994): The relationship between late Cenozoic tectonic events and stress field and basin development in northeast *Japan. Jour. Geophys. Res.*, 99(1311), 22261–22274.

Sclater, J. G., Parsons, B. and Jaupart, C.(1981): Oceans and continents: Similarities and differences in the mechanims of heat loess. *Jour. Geophys. Res.*, 86, 11535–11552.

Scotese, C. R., Gahagan, L. M. and Larson, R. L.(1988): Plate tectonic reconstructions of the Cretaceous and Cenozoic ocean basins. *Tectonophys.*, 155, 27–48.

Shackleton, N. J.(1987): Oxygen isotopes, ice volume and sea level. *Quater. Sci. Rev.*, 6, 183–190.

嶋本利彦(1989): 岩石のレオロジーとプレートテクトニクス. 科学, 59, 170–181.

島野安雄(1978): 日本の河川流域における水系網の特性について. 地理学評論, 31, 776–784.

朱学穏·汪訓一·朱徳浩·龔白珍·覃原仁(1988): 桂林岩溶地貌与洞穴研究. 桂林岩溶地質之五, 249p.

曽田範宗(1971): 『摩擦の話』, 岩波新書, 214p.

Soderblom, L. A., West, R. A., Herman, B. M., Kleidler, T. J. and Condit, C. D.(1974): Martian planetwide crater distributions: implications for geologic history and surface processes. *Icarus*, 22, 239–263.

ストラーホフ(Strakhov, N. M.) 著·平山次郎ほか訳(1967):『堆積岩の生成—そのタイプと進化(I)』, ラテイス, 235p. / Страхов, Н. М.(1963): Типы Литогенеза и их эволюция вистории земли, Государственное научно-техни ческое издательство литературыпогеологии иохране недр, Москва.

須貝俊彦(1992): 赤石山地高山域における周氷河作用による侵食小起伏面の形成—プロセス·レスポンス·モデルによる量的検討. 地理学評論, 65A, 168–179.

Sugden, D. E. and John, B. S.(1976): *Glaciers and Landscape*, Edward Arnold, 376p.

Suggate, R. p.(1965): Late Pleistocene geology of the Northern part of the South Island, New Zealand. *N. Z. Geol. Surv. Bull.*, 77, 91p.

杉村 新(1980): 概論：テクトニクスにおける応力場. 月刊地球, 2, 551-559.

Summerfield, M. A.(1991): *Global Geomorphology*, Longman Scientific & Technical, 537p.

Sunamura, T.(1983): Processes of sea cliff and platform erosion. Komar,p. ed., *CRC handbook of coastal processes and erosion*, Boca Raton, 233-265.

Sunamura, T.(1992): *Geomorphology of Rocky Coast*, John Wiley & Sons, 300p.

Sundborg, A.(1956): The River KlarSlven, a study of fluvial pocesses. *Geogr. Annler.*, 38, 127-316.

鈴木隆介・高橋健一・砂村継夫・寺田 稔(1970): 三浦半島荒崎海岸の波蝕棚にみられる洗濯板状起伏の形成について. 地理学評論, 43, 211-222.

鈴木隆介(1975): 火山地形論. 火山, 20巻特別号, 241-246.

平 朝彦・中村一明編(1986):『日本列島の形成―変動帯としての歴史と現在』, 岩波書店, 414p.

高橋栄一(1990): 島弧火山の深部プロセスの定量的モデル化. 火山, 34巻特別号, S11-S24.

高橋栄一・高橋正樹(1995): 何が島弧火山の深部構造を決めるのか. 科学, 65, 638-647.

高山茂美(1974):『河川地形』, 共立出版, 312p.

武居有恒監修(1980):『地すべり・崩壊・土石流―子測と対策』, 鹿島出版会, 334p.

田村俊和(1996): 斜面の分類と編年をめぐる研究の展開. 藤原健蔵編著『地形学のフロンティア』, 大明堂, 71-93.

Thorarinsson, S.(1979): Tephrochronology and its application in Iceland. *Jokull*, 29, 33-36.

Thornbury, W. P.(1954): *Principles of Geomorphology*, John Wiley & Sons, 618p.

Tokunaga, E.(1994): Selfsimilar natures of drainage basins. Takaki, R. ed., *Research of pattern formation*, KTK Scientific Publishers, Tokyo, 445–468.

Tricart, J. and Cailleux, A.(1972): *Introduction to Climatic Geomorphology*, translated by C. J. Kiewiet de Jonge, Longman, London.

塚本良則(1974): 流域地形がもつ法則性とその林業技術への応用の可能性について. 森林立地, 56, 17–32.

Twidale, C. R.(1985): Old land surfaces and their implications for models of landscape evolution. *Rev. Geomorph, dynam.*, 34, 131–147.

Twidale, C. R.(1997): The great age of some Australian landforms: examples of, and possible explanations for, landscape longevity. Widdowson, M. ed., *Palaeosuraces: Recognition, Reconstruction and Palaeoenvironmental Interpretation*, Geological Society Special Publication, No. 120, 13–23.

Uchupi, E. and Emery, K.(1993): *Morphology of the Rocky Members of the Solar System*, Springer–Verlag, Berlin, 394p.

宇多高明(1996): 海岸における地形学的視点の重要性―千葉県の九十九里海岸を例として. 日本地形学連合編『地形学から工学への提言』, 古今書院, 109–138.

上田誠也・杉村 新(1970):『弧状列島』, 岩波書店, 156p.

上田誠也(1971):『新しい地球観』, 岩波新書, 197p.

上田誠也・都城秋穂(1973): プレートテクトニクスと日本列島. 科学, 43, 338–348.

上田誠也・金森博雄(1978): 海洋プレートの沈み込みと縁海の形成. 科学, 48, 91–102.

Uyeda, S.(1984): Subduction zones: Their diversity, mechanism and human impacts. *Geojournal*, 8, 381–406.

上田誠也(1989):『プレート・テクトニクス』, 岩波書店, 270p.

若浜五郎(1978):『氷河の科学』, NHKブックス, 238p.

Washbum, A. L.(1979): *Geocryology*, Edward Arnold, 406p.

ウェゲナー著・都城秋穂・紫藤文子訳(1981):『大陸と海洋の起源』, 岩波文庫, 上244p.,

下 248p. / Wegener, A.(1929): *Die Entstehung der Kontinente und Ozeane*, 4, umgearbeitete Auflage 231 S. Friedr. Vieweg und Sohn, Braunschweig.

Wilhelms, D. E. W.(1987): The Geologic History of the Moon, *USGS Prof. Pap.*, 1348, 302p. + plates.

Wilson, L.(1968): Morphogenetic classification. Fairbridge, R. W. ed., *Encyclopedia of Geomorphology*, Reinhold, 717-729.

矢部長克(1930): 日本群島最近大陸期の地質時代. 地学雑誌, 42, 329-342.

Yatsu, E.(1966): *Rock control in geomorphology*, Sozosha, Tokyo.

Yatsu, E.(1992): To make geomorphology more scientific. 地形, 13(2), 87-124.

谷津栄寿(1993): 地形学百年, 回顧と展望. 谷津栄寿編『火打山付近の氷河地形・風化論・その他』, 創造社, 117-159.

Yeats, R. S., Sieh, K. and Allen, C. R.(1997): *The Geology of Earthquakes*, Oxford Univ. Press, 568p.

米會伸之(1990): 展望: 日本における変動地形研究. 米食伸之ほか編『変動地形とテクトニクス』, 古今書院, 203-222.

米食伸之(1997): 中部太平洋の完新世サンゴ礁. 貝塚編『世界の地形』, 東京大学出版会, 264-278.

吉川虎雄・杉村新・貝塚爽平・太田陽子・阪口豊(1973):『新編日本地形論』, 東京大学出版会, 428p.

吉山 昭・柳田 誠(1995): 河成地形面の比高分布からみた地殻変動. 地学雑誌, 104, 809-826.

Zeuner, F. E.(1952): *Dating the Past*, Methuen & Co., 495p.

옮긴이의 글

　지표면의 형태를 의미하는 지형은 지표를 구성하고 있는 물질과 이를 변형·변위시키는 원동력인 지형 영력과의 상호작용이 반영된 지형 프로세스를 통해 끊임없이 변화하며, 인간의 활동에 직·간접적으로 영향을 미치는 가장 기본적인 환경 요소이다. 따라서 자연과 인간의 관계를 주요 주제로 삼는 지리학에서 인간의 활동 무대 그 자체인 지표면의 성질을 고찰하는 지형학은 전통적으로 지리학의 핵심 영역으로 취급되어왔다.

　국내에서의 경향도 크게 다르지 않아 지리학 분야에서 지형학이 차지하는 위상이 높고 또 지리학이 비록 사회과학이나 자연과학의 인접 학문 분야보다 인적·물적으로 규모가 작을지라도 자연지리학을 전공하는 연구자가 대부분 지형학자로 분류될 만큼 지리학 분야에서는 상대적으로 인적 비중도 큰 편이다. 그 결과 지형학 전문학회인 한국지형학회를 중심으로 국토지리학회, 대한지리학회, 한국사진지리학회, 한국지리학회, 한국지역지리학회 등 지리학 관련 학회에서 다양한 주제의 연구 성과를 발표하며 우리나라의 지형 특성에 대한 지평을 넓혀가고 있다.

그러나 전문학술지를 통해 소개되는 연구 성과는 특정 장소 지향적인 데다 내용도 대단히 세부적이고 전문적일 수밖에 없으므로 지형에 관심이 있는 일반 시민은 물론이거니와 지리학 전공 학생과 지리 교사 심지어 지형학 비전공 지리학자에게도 접근이 쉽지 않다. 이런 상황을 개선하는 방안 가운데 하나가 지형을 종합적·체계적으로 정리하여 그 특질과 의미를 알기 쉽게 소개하는 개론서의 보급과 활용일 것이다. 하지만 아쉽게도 현재 국내에서는 전문적인 지형학 개론서로 분류될 수 있는 사례가 충분하다고 보기는 어렵다. 물론 지형을 다룬 서적들이 없는 것은 아니고 또 최근에는 영미권에서 출간된 지형학 개론서의 번역서도 등장하여 선택의 폭은 늘어났으나 여전히 양적·질적으로 미흡한 실정이다.

반면에 일찍부터 지리학을 중시했던 일본에서는 지형 연구도 활발하게 이루어졌고 그 성과는 다양한 모습의 지형 관련 서적으로 간행되었다. 예를 들면, 일본 전역을 6개 지역으로 구분하고 해당 지역에서 수행된 지형 연구의 성과들을 종합하여 지형학적으로 지역성을 밝힌 일종의 지형지인 『일본의 지형(日本の地形)』 시리즈(총 7권)가 그 대표적인 사례일 것이다. 지형학 개론서도 쓰지무라(辻村太郎)의 『지형학(地形学)』(1923)부터 마츠쿠라(松倉公憲)의 『지형학(地形学)』(2021)까지 꾸준히 출간되고 있으며, 『복간 하천지형(復刊河川地形)』(2013), 『빙하지형학(氷河地形学)』(2011), 『변동지형학(變動地形学)』(2002), 『미지형학(微地形学)』(2016), 『수리지형학(數理地形学)』(2007)과 같이 하천 지형, 빙하 지형, 구조 지형, 이론 지형 등 유형별로 전문화된 개론서도 나오고 있다. 당연히 학계에서 높게 평가받는 개론서도 있기 마련인데 도쿄대학 출판회에서 간행된 본서가 그런 사례라고 할 수 있다.

『발달사 지형학(發達史地形学)』은 서명에서도 알 수 있듯이 지형발달사 관점에서 쓰인 지형학 개론서이다. 지형의 성인에 관한 연구는 지형 형성의 역사를 추적하여 현재의 지형을 설명하려는 접근법과 지형을 만드는 메커니즘, 즉 지형 형성 작용의 원리를 밝히려는 접근법으로 크게 구분할 수 있다. 연구의 성격상 전자는 시간의 경과와 더불어 변모해가는 지형을 종합적·역사적으로 보는 데 비해 후자는 역사적 시간을 배제한 채 현재의 지형을 분석적으로 들여다본다는 차이가 있다. 따라서 전자를 발달사론적 지형학 그리고 후자를 프로세스론적 지형학으로 구분하여 부르는데, 최근의 경향은 이·공학적 성격이 강한 프로세스 중심의 연구가 주류를 이루고 있다. 그 결과 최근에 출간되는 지형학 개론서는 지형 형성 작용에 초점을 맞추어 내용이 구성되어 있기가 십상이다. 하지만 프로세스 지형학이 연구의 중심을 이루다 보니 지형학에서 지리학적 색채가 엷어지고 있는 것도 부인하기 어렵다.

전통적으로 지형학이 지리학에서 중요한 지위를 차지할 수 있었던 배경에는 인간의 삶에 밀접하게 연결된 지표면의 지역성을 역사적 측면에서 파악했기 때문으로 생각된다. 바꾸어 말하면 발달사 지형학의 성과를 통해 지역을 이해했던 결과라고 볼 수 있다. 그런 측면에서 지형에 대한 발달사론적 접근이 간과되고 있는 현실은 아쉬움이 클 수밖에 없다. 더욱이 프로세스 연구가 발달사 연구의 성과를 포괄할 수 없는 반면 발달사 연구는 프로세스 연구를 포괄함으로써 더욱 종합적·역사적인 것이 될 수 있음을 고려한다면 발달사론적 관점의 재조명이 필요한 시점이다. 따라서 『발달사 지형학』의 국내 소개는 지형 연구에서 발달사론적 접근법의 묘미와 그 가치를 다시 인식시키는 좋은 기회가 될 것으로 생각된다.

『발달사 지형학』의 저자인 고(故) 가이즈카 소헤이(貝塚爽平) 도쿄도립대학 명예교수는 지리학과 지형학뿐 아니라 제4기학, 지질학 등 관련 학계에서 지형발달사에 관한 뛰어난 연구 성과를 발표하며 오랜 기간 일본의 대표적인 지형학자로 활약했다. 또한 왕성한 저술 활동으로 『사진과 지도로 보는 지형학(寫眞と圖でみる地形学)』, 『세계의 지형(世界の地形)』, 『신편 일본 지형론(新編日本地形論)』, 『신편 일본의 활단층(新編日本の斷層)』, 『일본의 평야와 해안(日本の平野と海岸)』 등 다수의 지형학 전문 도서를 집필 · 편찬했을 뿐 아니라 일반 시민을 위한 지형학 교양 도서로도 『일본의 지형(日本の地形)』, 『도쿄의 자연사(東京の自然史)』, 『후지산의 자연사(富士山の自然史)』, 『평야와 해안을 읽다(平野と海岸を讀む)』 등을 저술하여 지형학의 저변 확대와 대중화에도 크게 공헌했다.

그 가운데 『발달사 지형학』은 가이즈카 교수가 타계한 1998년에 출간된 마지막 저서로서 지형학에 대한 그의 열정과 지식이 모두 응축된 그야말로 가이즈카류 지형학의 진수라고도 할 수 있다. 특히 오랜 기간 견지해왔던 발달사 연구의 핵심을 총괄했을 뿐만 아니라 프로세스 연구의 성과도 포함하고 있어 균형 잡힌 지형학 입문서로 부르기에 조금도 부족함이 없다. 또한 가이즈카 교수는 다이어그램과 도표 작성에 대단히 뛰어난 분으로 알려져 있는데, 특유의 다이어그램과 도표를 『발달사 지형학』의 여러 지면에서 만날 수 있는 것도 본서를 읽는 즐거움이 될 것이다.

옮긴이는 도쿄도립대학에서 수학한 덕분에 가이즈카 선생님의 지형학 수업에도 출석하고 선생님이 속한 지형 · 지질계 세미나에서 발표와 토론에도 참여할 수 있었다. 또한 본서에서도 소개되고 있는 사가미천 유역과 후지산 일대의 답사에도 선생님과 동행하며 지형을 보는 안목을 키우고 발달사론적 관점에 대한 가르침도 받을 수 있었다. 이런 인연이 30여 년이 지난 지금 본서의 번역으로 이어진 것으로 생각된다. 늘 온화한 미소로 따뜻하게 격려의 말씀을 주셨던 선생님에게 이 자리를 빌려 늦은 감사 인사를 드리며, 선생님 필생의 연구 성과를 집대성한 『발달사 지형학』을 국내 독자에게 소개할 수 있게 된 것을 큰 기쁨이자 행운으로 여긴다.

끝으로 『발달사 지형학』의 출간을 알려주고 또 당신에게 기증된 책까지 내게 보내주신 당시 도쿄도립대학 지리학과 도서관의 스기자키 준코(杉崎順子) 선생님에게도 고마운 마음을 전한다.

찾아보기[*]

ㄱ

감경사 계수 279

거대 화쇄류 분화 141, 143

건조 지형 24, 208

결정 분화 작용 102, 140

경계층 175

고상선 19, 97

고지리 37, 254, 298, 324, 343, 353

고지자기 연대 83

고토양 160

곡강 126, 136

곡류 173

곡률 123, 124, 134

곡 빙하 191, 198

곡측 적재 65, 67

공역 관계 105, 115

광역 응력장 38, 103

광조 82, 362

구조 지형 49

구조토 202, 203

구조 평야 281, 283

권곡 199, 200

권츠 빙기 194, 276

금성 25, 26, 28

기반 습곡 104

기후 단구 41, 174

기후 변화 41, 53, 195

기후-식생 환경 253

기후 지형 24, 41, 50, 157, 258

기후 지형구 253, 255

길버트(G. K. Gilbert) 40, 285

ㄴ

낙하 197

내륙 유역 51, 164

내적 작용 17, 46, 95, 106

노년 산형 281

누층 70, 77

---

* 쪽수 가운데 고딕체는 그림이나 표에 게재된 쪽수다.

ㄷ

다우기 286
다윈(C. Darwin) 36, 268, 271
다중 환상 크레이터 232
단구 지형 분류도 **246**
단구면 49, 247, 279, 287
단층 70
단층애 81, **136**
단층 지괴 138
단열 산계 **129, 131**
단열대 125, **129, 131**
대비 지층 75, 82, 191, 318
대륙 빙상 **196**, 198
대륙 이동설 254, **354**
대륙 지각 20, 101
대륙판 20, 106, **128**
데이비스(W. M. Davis) 40, 277, 281
데일리(R. A. Daly) 36, 99, 272
도나우 빙기 194
도호 125, 131, 135, 341
도호−해구 시스템 38, 130, 133, **135**
돌리네 181, 183, 272
동결 교란 현상 205
동결 균열 203
동결면 202
동결·융해 작용 159, 201, 204, 206,
    258

동상 202
동위체 스테이지 72, 195, **224**, 276,
    310
동일과정설 36
동적 평형 170, 173, 221, 268, 280
동화 작용 102
드옐(G. de Geer) 196, 197
등변위선 284

ㄹ

라이엘(C. Lyell) 33, 36
라테라이트 **158**, 160
량(梁) 337
뢰스 82, 159, 195, 208, 215, 310, 329
리스 빙기 192, 194
리아스 해안 217, **218**, 222, 297

ㅁ

마르 146
망류 71, 171, 339
매몰 지형 55, 123, 314
맨틀 19, 20, 102
맨틀 플룸 352
모레인 **189**, 192, **193**, 197
모베르크 149
물리적 풍화 155, 159
민델 빙기 194

ㅂ

바다의 기후 지형역 262

바르한 213, **214**

박리 준평원(면) 56, 261

박리 지형 53, 123

방사선 연대 측정법 82

배면 87, 314

배호 분지 **135**

배후 습지 171, 172

버브노프(S. V. Bubnoff) 252

범람원 71, 171, 210

베개 용암 140, 150, **152**

베게너(A. Wegener) 37, 254, **354**

변동 단층 125, 127, 349, 353

변동대 21, 107, **129**, 280

변동 지형 17, 38, 108, 116, 124, 133, 134, 342

변성암 97

보초 35, 271

보크사이트 **158**, 160

부가체 104, **134**, **135**

부양성 섭입 **131**, 132

부정합면 39, 55, 261

부층 70, 77

분출 빙하 189

분화 양식 102, **143**

불칸식 분화 142, 147

봉락 161, 163

뷔름 빙기 192

브뤼크너(E. Brückner) 192, 276

블로우아웃 **213**

비버 빙기 194

빙모 149, 191, 198

빙붕 **187**, 199

빙식 윤회 40

빙저 화산 **152**

빙하 185, 186, 194

빙하성 유수 퇴적평야 **193**, 209, 337, 339

빙하성 해수면 변동 36, 217, 218

빙하 제4기 185, 225

빙하 지형 55, 185, 191, 335

빙하호 336

빙호 점토 88, 196

ㅅ

사구 91, 208, **212**, **213**

사력퇴 71, **171**

사막 **158**, 159, 208, 210

사막 포도 212

사면 변화의 수학 모델 277

사면의 감경사 277

사바나 **158**, 281, 283

사진 지질학 49

삭박 작용 47

삭박면 편년 89

산록 빙하 192, 336

산지 성장 곡선 251

산호초 36, 218, 261, 271, 288

삼각 말단면 136

삼각주 77, 171, 173, 286

삼림 한계 203, 205, 263

샐테이션 210, 211

생층서 구분 70

석회동굴 181, 183

선빙하 제4기 185

선상지 71, 75, 171

선행곡 39, 316

성사구 213, 214

성층 화산 144, 145, 147

소기복면 64, 83, 86

소류력 170, 175, 188, 190

소모역 188, 189

소성 유동 104, 106

수로망의 법칙 167

수성 26

수식성 117

순상 화산 140, 146

슈퍼 스웰 289, 352, 355

슈퍼 플룸 351, 352

스트롬볼리식 분화 142, 143

시·공간도 223, 226, 252, 339, 346

썩은 자갈 156

ㅇ

아이소스타시(지각 평형) 37, 51, 127, 230, 286

안식각 121

안정 대륙 129

안정 지괴 21

안초 36, 78

안행 습곡 104

안행상 균열 136

알칼리암/솔레아이트 경계 101

암석권 19, 20

암석 빙하 199

암석 제약 지형 116, 229

약권 19, 20

양배암 196, 197

얼음 쐐기 204, 207

Si-O 사면체 99

에치플레인 157

역단층 21, 105, 113, 138

연성도 112

연안 사주 217

열대성 삼림대 158

열곡 126, 128, 131

열쇠층 73

열점 30, 126, 149

열카르스트 180, 204

영구동토 159, 202, 206, 207

영국 지형 연구 그룹 154

0차곡 166, 177

외래 작용 17, 47, 229

외적 작용 17, 46, 34, 39, 153

외쿠메네 224, 225

외호 융기대 349

요곡애 81

용식 지형 176, 180

용암돔 143, 147, 148

용암원 143, 149

우각호 171, 172

우곡 67

우발레 182

원추 카르스트 181, 182

윌슨 주기 127

유년 산형 281, 282

유동 161

유안(堰) 332, 333, 334

U자곡 79, 149, 188

육빙 299, 301, 304

응력장 112

이류 144, 161, 163

이수(기) 76, 217

일본 지형학 연합 227, 265

ㅈ

자갈 사막 212

자연 제방 171, 172

장년 산형 281, 282

적색토 160

적재곡 39

적재 하천 308, 311

적황색토 160

전동 91, 210, 211

전호 135

접봉면도 87, 311, 343

정단층 105, 113, 115, 134

조산 운동 21, 52

조족상 삼각주 78, 172, 173

조직 지형 49, 116

종사구 213, 214

종유동 181, 182

주빙하성 솔리플럭션 161, 204

주빙하 윤회 204

주빙하 지형 41, 202

주향 이동 단층 112, 133, 136

중력 20, 30, 51, 230

중력 구조 운동 59, 161

중력 이동 160, 161

중력 지형 160, 165

중간 유출 177

지각 18, 20

지각 응력 109, 111, 142

지구 134, 136

지구조 응력 103, 112, 155

지루 134

지반 침하 179, 269

지세선 65

지사학적 자태 곡선 250

지자기 이상 줄무늬 124, 350

지자기 층서 구분 70

지하수 176

지향사―조산운동 37

지형계 64, 66

지형 (구성) 물질 93, 96, 104, 112, 115, 119

지형면 64, 70, 75, 88

지형 변화 모델 40

지형 분류도 248, 363

지형선 65, 78

지형 (유)형 48, 63, 64, 67

지형학도 44, 245, 322

지형 형성 환경 20, 53, 253

지형 형성 작용 28, 44, 57, 202, 265

ㅊ

최종 간빙기 55, 293, 303

최종 빙기 55, 192, 209, 217, 257, 263

충돌 작용 17, 47

충돌 프로세스 230

충적 저지 225, 298, 316

충적 평야 172, 338

측방 침식 117

측화산 111, 145, 151

층리면 55, 73

침수 카르스트 지형 184

침수 파식대 261

침식 기준면 39, 51, 155, 330

침식 윤회설 40

침식 지형 47, 165, 191, 280, 318

ㅋ

카르스트 지형 49, 180, 183, 254

카올리나이트대 159

칼데라 147, 149

칼데라 화산 140, 142

케스타 116, 311, 312

코튼(C. A. Cotton) 38

크리오페디멘트 205

크리오플래네이션 204

크레이터 17, 229, 232, 237, 357

크레이터 연대학 42, 232

킹(L. C. King) 40, 89, 170, 277

ㅌ

타이가 157, 159

탄소 동위원소14C 연대 82
탁상 화산 149
테프라 88, 249, 303
토르 155, 157, 204
토석류 118, 161, 163
퇴적암 97, 104, 180
퇴적 지형 71, 95, 170, 191
툰드라 158, 159, 207, 263
틸 190

ㅍ

파랑 침식 한계심 220
파식 기준면 219, 298
파식대 118, 219, 221, 270
파크 툰드라 263
판 19, 20, 124, 126
판 경계 21, 129, 130, 346
판구조 21, 30, 52, 123
팔라고나이트 릿지 149
페디멘트 39, 170, 173, 260, 281, 283
페디플레인 39, 165, 260, 281, 283
펭크(A. Penck) 192, 276
펭크(W. Penck) 40, 277, 280
편년도 43, 83, 84
평행 후퇴 277
평형 밀도 234
평형선 187, 188

평활화 작용 17
폐색 구릉 134
포드졸 158, 159
포인트바 171
포행 161, 169, 204, 211
풀어파트 분지 309
풍성 지형 24, 30, 208
풍화 작용 23, 47, 97, 155
풍화 전선 155, 157, 262
프로세스 지형학 44
플라이스토세 54, 82, 185, 191
플레이페어(J. Playfair) 33
플리니식 분화 142, 144
피션트렉(FT) 연대 83
피오르 해안 217, 218, 336
핑고 204

ㅎ

하도 171
하상 75, 170, 171, 173, 275
하성 평야 171
하스라흐 빙기 194
하안 단구 66, 71, 250, 275
하와이식 분화 142, 143
하천 지형 66, 163
함몰 화구 145, 146
함양역 188, 200

해수면 변동 174, 225, 295

해식 윤회 40

해안 단구 36, 309, 339

해안 지형 216, 293, 303

해양저 124, 129

해양 지각 20

해양판 20, 77, 105, 106, 123, 125

해저 지형 23, 32, 77

해저 화산 96, 140

허튼(J. Hutton) 33

헤어핀 사구 213, 214

현곡 188, 190

호상 삼각주 78, 172, 173

호튼(R. E. Horton) 42, 165, 168

혼성 작용 102

홀로세 54, 82, 196, 225

홍수 분화 143

화산성 내호 106

화산 쇄설구 79, 95, 143

화산 쇄설류 144

화산 지형 17, 46, 123, 139

화산 프론트 133, 142, 344

화산호 133, 135

화산회 73, 75, 249, 252, 329

화산회 편년학 42, 216

화석면 56, 314

화석 지형 201

화성 18, 25, 27

화성암 97, 99

화학적 풍화 32, 59, 155

환초 36, 272

활동 161, 211

활습곡 35, 38, 318

황토 180, 208, 332, 333

횡사구 213

후빙기 51, 54, 255, 262, 274

후퇴 계수 278

휼스트롬(F. Hjuström) 89

흔적 밀도 81

지은이

⁞⁞ 가이즈카 소헤이貝塚爽平, 1926~1998

1926년 일본 미에(三重)현에서 태어났다. 도쿄대학 지리학과를 졸업했으며 도쿄대학 대학원에서 이학박사 학위를 받았다. 1950년부터 도쿄도립대학 지리학과에서 재직했으며 1990년 정년 퇴임하여 명예교수가 되었다. 1998년 향년 72세로 타계했다. 전문 분야는 지형학과 제4기학이며 일본제4기학회장을 역임했다. 주요 저서와 번역서로『도쿄의 자연사(東京の自然史)』,『일본의 지형-특질과 유래(日本の地形-特質と由來)』,『홈즈 일반지질학(ホームズ 一般地質学)』,『사진과 지도로 보는 지형학(寫眞と圖でみる地形学)』,『신편 일본의 활단층(新編日本の活斷層)』,『평야와 해안을 읽다(平野と海岸を讀む)』,『세계의 지형(世界の地形)』,『지면과 월면은 지금 몇 살?(地面と月面 いま何さい?)』,『후지산의 자연사(富士山の自然史)』등이 있다.

옮긴이

⁞⁞ 김태호

경희대학교 지리학과를 졸업했으며, 도쿄도립대학 대학원 지리학과에서 박사학위를 받았다. 현재 제주대학교 지리교육과 교수로 재직하고 있으며, 제주도 환경영향평가 심의위원, 제주도 문화재 전문위원, 제주도 세계자연유산 위원 등을 역임했다. 전문 분야는 지형학과 자연지리학이다. 공저로『한국의 자연지리』,『위성으로 본 한국의 화산지형』,『한국의 제4기 환경』,『자연환경과 인간』등이 있고, 번역서로『지구의 물이 위험하다』,『지진과 화산의 궁금증 100가지』,『남극과 북극의 궁금증 100가지』,『황사 그 수수께끼를 풀다』등이 있다.

한국연구재단총서 학술명저번역 641

발달사 지형학

1판 1쇄 찍음 ︱ 2023년 1월 6일
1판 1쇄 펴냄 ︱ 2023년 2월 3일

지은이 ︱ 가이즈카 소헤이
옮긴이 ︱ 김태호
펴낸이 ︱ 김정호

책임편집 ︱ 신종우
디자인 ︱ 이대웅

펴낸곳 ︱ 아카넷
출판등록 ︱ 2000년 1월 24일(제406-2000-000012호)
주소 ︱ 10881 경기도 파주시 회동길 445-3
전화 ︱ 031-955-9511(편집) · 031-955-9514(주문)
팩시밀리 ︱ 031-955-9519
www.acanet.co.kr

ⓒ 한국연구재단, 2023

Printed in Paju, Korea.

ISBN 978-89-5733-839-1 94450
ISBN 978-89-5733-214-6 (세트)

이 번역서는 2019년 대한민국 교육부와 한국연구재단의 지원을 받아 수행된 연구임
(NRF-2019S1A5A7068976)
This work was supported by the Ministry of Education of the Republic of Korea
and the National Research Foundation of Korea. (NRF-2019S1A5A7068976)